"十二五"国家重点图书出版规划项目

CHINA WETLANDS RESOURCES
Hubei Volume

中国湿地资源

湖北卷

◎ 国家林业局组织编写

中国林業出版社

图书在版编目（CIP）数据

中国湿地资源 · 湖北卷 / 国家林业局组织编写；陈毓安分册主编．－北京：中国林业出版社，2015.12

“十二五”国家重点图书出版规划项目

ISBN 978-7-5038-8301-9

Ⅰ.①中… Ⅱ.①国… ②陈… Ⅲ.①湿地资源－研究－湖北省 Ⅳ.①P942.078

中国版本图书馆 CIP 数据核字（2015）第 296582 号

总 策 划：金 旻

策划编辑：徐小英

主要编辑：徐小英 刘香瑞 李 伟 何 鹏 于界芬

美术编辑：赵 芳

出版发行 中国林业出版社（100009 北京西城区刘海胡同 7 号）
http://lycb.forestry.gov.cn
E-mail:forestbook@163.com 电话：(010)83143515、83143543

设计制作 北京天放自动化技术开发公司
北京捷艺轩彩印制版有限公司

印刷装订 北京中科印刷有限公司

版　　次 2015 年 12 月第 1 版

印　　次 2015 年 12 月第 1 次

开　　本 787mm × 1092mm 1/16

字　　数 345 千字

印　　张 13.5

定　　价 100.00 元

中国湿地资源系列图书
编撰工作领导小组

顾　问：陈宜瑜　李文华　刘兴土

组　长：张永利

副组长：马广仁

成　员：（按姓氏笔画排序）

王文宇　王忠武　王海洋　韦纯良　邓乃平　邓三龙
兰宏良　刘建武　刘艳玲　刘新池　李　兴　李三原
李永林　来景刚　吴　亚　张宗启　陆月星　陈则生
陈传进　陈俊光　林云举　呼　群　金　旻　金小麒
周光辉　降　初　孟　沙　侯新华　夏春胜　党晓勇
徐济德　奚克路　阎钢军　程中才　雷桂龙　蔡炳华
樊　辉

中国湿地资源系列图书
编撰工作领导小组办公室

主　任：马广仁

副主任：鲍达明　唐小平　熊智平　马洪兵

成　员：王福田　姬文元　刘　平　闫宏伟　李　忠　田亚玲
王志臣　张阳武　但新球　刘世好　王　侠　徐小英

《中国湿地资源·湖北卷》
编辑委员会

主　　任：刘新池

副 主 任：陈毓安　周建华　侯开举

成　　员：江培奇　周胜利　代新平　朱兆泉　石道良　王晓光
高友珍　苏霓斌　郑治发　余　涛　杨少华　陈宏彦
边　疆　包大斌　秦世华　邓亚楠　何必武　王槐生
肖诗兵　李敏克　谢玉祥　左后福　杨运龙　王兴林

《中国湿地资源·湖北卷》
编写组

主　　编：陈毓安

副 主 编：周建华　江培奇

编 著 者：王春俊　黄绍君　胡　静　郝　涛　蒲云海　陈　伟
陈　波　曹国斌　肖　宇　梅　浩

主　　审：石道良　王春俊

地图绘制：潘自辉　徐　立

总　序

湿地是地球表层系统的重要组成部分，是自然界最具生产力的生态系统和人类文明的发祥地之一。在联合国环境规划署（UNEP）委托世界自然保护联盟（IUCN）编制的《世界自然资源保护大纲》中，湿地与森林和海洋一起并称为全球三大生态系统。湿地具有类型多样、分布广泛的特点；湿地更重要的是还具有多种供给、调节、支持与文化服务功能，是人类重要的生存环境和资源资本。湿地与人类生产生活和社会经济发展息息相关。湿地的重要性受到世界各国和国际社会的普遍关注。早在1971 年，国际社会就建立了全球第一个政府间多边环境公约，即《关于特别是作为水禽栖息地的国际重要湿地公约》（简称《湿地公约》）。同时，该公约也是全球最早针对单一生态系统保护的国际公约。1992 年中国加入《湿地公约》，自此我国湿地保护事业进入了新的发展时期。

我国加入《湿地公约》后，在国家林业局设立了专门的湿地保护和履约机构，对内负责组织、协调、指导和监督全国湿地保护工作，对外负责《湿地公约》的履约工作。近年来，中国各级政府在湿地保护方面开展了大量卓有成效的工作，采取了一系列保护和合理利用湿地资源的措施，在湿地保护规划和重点工程建设、财政补贴政策制定实施、法规制度建设、保护体系建设、科研监测、宣传教育和国际合作等方面取得了长足进步。但我国湿地生态系统仍然面临着盲目围垦与改造、污染、水土流失、泥沙淤积、生物资源过度利用等多种因素的破坏和威胁，导致面积减少，生态功能下降，生物多样性丧失。因此，切实保护和合理利用湿地资源，既是保障生态安全和国土安全的当务之急，更是中国实施可持续发展战略势在必行的要务。

开展湿地资源调查，摸清湿地资源家底，把握湿地资源动态，是所有湿地保护工作的基础，也是履行《湿地公约》各项工作的根基。2009 ～ 2013 年，在中央财政的支持下，国家林业局组织开展了第二次全国湿地资源调查工作。在此期间，我有幸作为第二次全国湿地资源调查专家技术委员会的主任委员，和其他专家一起全程参与了此次湿地资源调查的主要技术环节和成果鉴定。

我认为此次调查具有以下几个特点：一是，此次调查的湿地分类、界定标准、调查方法基本与《湿地公约》规定相接轨，使得调查数据符合《湿地公约》的要求，调查成果易于被国际认可，便于国际间的对比和交流。二是，制定了内容全面、方法科学、符合国际标准的统一技术规程《全国湿地资源调查技术规程（试行）》，进行了同标准、同口径的分期分批调查。三是，本次调查利用“3S”技术与现地验证相结合的技术方法，查清了全国范围内（未包括香港、澳门、台湾）8 公顷以上的湿地资源基本情况。四是，湿地调查分为一般调查和重点调查。重点调查包括，国际重要湿地、国家重要湿地、自然保护区（含自然保护小区）和湿地公园内的湿地以及其他特有、分布濒危物种和红树林等具有特殊保护价值的湿地。五是，组织保障有力。国家层面上，成立了第二次全国湿地资源调查领导小组、专家技术委员会、中央技术支撑单位和国家质量检查组；省级层面上，分别成立了湿地调查专职机构，组建了省级专业调查队伍。

需要指出的是，第二次全国湿地资源调查期间，我国湿地保护事业发展迅速。2009 年，中央启动了“湿地生态效益补偿试点”工作；2010 年开始，中央财政设立了湿地保护补助专项资金；2012 年，党的十八大将建设生态文明纳入中国特色社会主义事业“五位一体”总体布局，提出要“扩大森林、湖泊、湿地面积，保护生物多样性”。期间，国家林业局会同相关部门认真实施了《全国湿地保护工程实施规划 (2005 ～ 2010 年)》和《全国湿地保护工程“十二五”实施规划》。2013 年，国家林业局出台的《推进生态文明建设规划纲要》划定了湿地保护红线，到 2020 年中国湿地面积不少于 8 亿亩。2013 年，国家林业局出台了第一部国家层面的湿地保护部门规章《湿地保护管理规定》。应该说，历时 5 年的湿地资源调查与同期湿地保护事业的发展，是休戚相关，相互促进的。

第二次全国湿地资源调查取得了丰硕成果。在全球范围内，我国率先完成了《湿地公约》倡导的国家湿地资源调查，首次科学、系统地查明了《湿地公约》所定义的我国湿地资源情况。建立了完整的全国湿地资源空间数据库和属性数据库，掌握了近 10 年来湿地资源动态变化情况，建立了稳定的湿地资源调查专业队伍和专家团队，形成了较为完整的湿地资源调查监测技术规范，完成了全国湿地资源总报告、分省报告和多个专题报告，编制了系列成果图。调查成果达到国际先进水平。

党的十八大对建设生态文明作出了全面部署，强调把生态文明建设放在突出地位，融入经济建设、政治建设、文化建设、社会建设各方面和全过程。在全国第二次湿地资源调查成果的基础上，系统编著形成了中国湿地资源系列图书，为新时期我国湿地保护事业奠定了坚实基础。希望本系列图书能够为我国湿地工作者在开展湿地研究、保护与合理利用工作时提供参考和借鉴。

中国科学院院士 陈宜瑜

2015 年 9 月

前言

湖北省位于中国的中部，地处长江中游、洞庭湖以北，位于长江经济带中心区域，是三峡、葛洲坝、丹江口等大型水利枢纽工程的所在地。全省地处亚热带，光能充足，热量丰富，无霜期长，降水充沛，雨热同季，境内河流纵横、湖泊众多，湿地资源丰富且独具魅力，既有体现湖北地理特征的长江、汉江、清江等河流湿地，又有彰显“千湖之省”特色的洪湖、沉湖、龙感湖、东湖、斧头湖、梁子湖等湖泊湿地，既有凸显我省重要生态区位的三峡水库、丹江口水库等人工湿地，又有极具科研价值的神龙架大九湖、咸丰二仙岩等沼泽湿地。全省湿地面积 144.50 公顷，占全省国土面积的 7.8%，湿地率位居全国第十一位、中部第一位；有湿地野生植物 1164 种、湿地野生动物 618 种；已有国际重要湿地 3 处、国家重要湿地 5 处，已建立各类湿地自然保护区 51 处、省级以上湿地公园 91 处，其中国家湿地公园 50 处，国家湿地公园数量居全国第一位，在全国湿地保护管理工作大局中具有十分重要的地位。

根据国家林业局湿地保护管理中心的安排部署，湖北省第二次湿地资源调查从 2010 年 12 月开始至 2012 年 2 月结束，历时 15 个月，分为准备（2010 年 12 月至 2011 年 4 月）、实施（2011 年 5 ～ 10 月）和完成（2011 年 11 月至 2012 年 2 月）3 个阶段。本次湿地调查由湖北省林业厅牵头组织，国家林业局中南林业调查规划设计院负责国家级技术支撑，湖北省林业调查规划院、湖北省野生动植物保护总站负责省级技术支撑，湖北省重点湿地调查专家组与省、市（州）、县（市、区）湿地调查队伍负责具体调查任务。湖北省林业厅建立了重点工作督查机制和重点工作例会机制，厅领导带队开展湿地资源调查进度和质量督查，通过召开例会，及时研究解决湿地调查工作的相关重大问题；湖北省林业调查规划院组建数十人工作专班，长期深入各县市区开展技术指导和调查验证；湖北省野保总站组织来自中国科学院武汉植物园、中国科学院测量与地球物理研究所、华中师范大学、武汉大学、湖北大学等单位的专家教授参加调查工作；通过全省各地林业主管部门及相关大专院校科研院所有关专家的共同努力和扎实工作，第二次湿地资源调查工作得以顺利完成并取得了明显成效。

按照《湖北省第二次湿地资源调查实施细则》，采用遥感判读区划和实地调查相结合的方法，对湖北省境内各类湿地资源，包括面积 8 公顷（含 8 公顷）以上的湖泊湿地、沼泽湿地、人工湿地以及宽度大于 10 米、长 5 公里以上的河流湿地进行了面积、湿地型、分布、植被类型、主要优势植物和保护管理状况等内容的调查，同时按照自然环境要素、湿地水环境要素、湿地野生动物、湿地植物群落和植被、湿地保护和利用状况、受威胁状况等内容，对洪湖国际重要湿地、湖北长江天鹅洲故道区湿地、网湖湿地等全省 82 个重点湿地进行全面调查。通过调查统计，湖北省湿地总面积为 144.50 万公顷，占全省国土面积 1859 万公顷的 7.8%；按照湿地类型可划分为 4 类 12 型，其中：河流湿地 45.04 万公顷，占湿地总面积的 31.17 %；湖泊湿地 27.69 万公顷，占湿地总面积的 19.16%；沼泽湿地 3.69 万公顷，占湿地总面积的 2.55%；人工湿地 68.08 万公顷，占湿地总面积的 47.11%。同时，根据《湖北农村统计年鉴（2011 年）》数据，湖北省还有水稻田 227.85 万公顷。本次调查形成了《湖北省湿地资源调查报告》《湖北省湿地资源数据库》《湖北省湿地资源分布图》及各项专题调查报告等一批重要调查成果。

2014 年 3 月，国家林业局湿地保护管理中心召开中国湿地资源系列图书编写工作布置会，决定以全国第二次湿地资源调查成果为基础，编辑出版《中国湿地资源》系列图书。按照工作要求，我省专门成立了《中国湿地资源 · 湖北卷》编辑委员会和编辑工作组，负责《中国湿地资源 · 湖北卷》的编写工作。《中国湿地资源 · 湖北卷》以第二次湿地资源调查成果为基础，真实反映了湖北省湿地资源的类型、面积、分布、湿地动植物种类和分布以及重点调查湿地的基本情况，客观评价了湖北湿地资源利用和保护管理现状，科学分析了湖北湿地保护和利用的优势和潜力，提出了加强湖北湿地工作的意见和措施，体现了科学性、客观性和实用性等基本原则。《中国湿地资源 · 湖北卷》编写组织严密，校对审核严格、内容丰富完整、数据翔实可靠，是一部高质量的文献著作。

《中国湿地资源·湖北卷》为湖北省湿地保护管理决策、规划编制、法规政策制定、湿地合理利用等提供了科学依据，具有较高的学术和应用价值。它的正式出版将有利于普及湿地知识，宣传湿地与人类生产生活唇齿相依的关系，提高广大人民群众的湿地保护意识，有助于在全社会形成爱护湿地、爱护野生动植物、保护生态环境、崇尚生态文明的良好风尚，有益于弘扬湿地生态文化，建设生态文明。

《中国湿地资源 · 湖北卷》编辑委员会

2015 年 12 月 15 日

目　录

第一章 基本情况

第一节 自然概况

1　地理位置及行政区划

湖北省位于中国的中部，地处长江中游、洞庭湖以北，故称湖北，简称“鄂”。湖北省地跨东经108°21′42″~116°07′50″，北纬29°01′53″~33°06′47″，北接河南，东连安徽，南邻湖南和江西，西靠重庆，西北与陕西为邻。东西长约740公里，南北宽约470公里。全省国土面积18.59万平方公里，占全国总面积的1.94%，居全国第16位。

全省分12个省辖市，1个自治州，1个林区，3个省直管市。省辖市依次是武汉市、黄石市、襄阳市、荆州市、宜昌市、十堰市、孝感市、荆门市、鄂州市、黄冈市、咸宁市、随州市，自治州为恩施土家族苗族自治州（以下简称恩施州），林区为神农架林区，3个省直管市分别为天门、仙桃和潜江。市（州）辖38个县，2个自治县，21个县级市，38个市辖区（表1-1）。

2　地质地貌

湖北经历过几次重要的海陆变迁和造山运动后，到晚第三纪时，逐渐形成了近代地貌的雏形，其后的新构造运动不仅控制着河流湿地的变迁、湖泊湿地的形成，而且为亚高山湿地和库塘湿地的形成创造了地质条件。

湖北省地层及各类岩相建造比较齐全，除缺失上志留统和下泥盆统外，从太古界至新生界皆有分布。以青峰和襄广断裂为界，其北主要为变质岩，其南主要分布沉积岩；岩浆岩于鄂西、鄂西北、鄂东南，特别是鄂东北和鄂东，均有分布；第四系松散松软堆积物于江河河谷中皆有分布，但主要集中于江汉盆地和南襄盆地。

湖北省正处于中国地势第二级阶梯向第三级阶梯过渡地带，地貌以山地丘陵为主，根据海拔高度、形态特征，全省地貌可划分为山地、丘陵、岗地和平原4种类型。其中山地约占全省总面积的44.38%，丘陵和岗地分别占22.59%和13.16%，平原湖区占19.87%。

表 1-1 湖北省行政区划表

市(州)	县(市、区)名称	统计单位
武汉市	江岸区、江汉区、硚口区、汉阳区、武昌区、青山区、洪山区、东西湖区、汉南区、蔡甸区、江夏区、黄陂区、新洲区	13
黄石市	黄石港区、西塞山区、下陆区、铁山区、阳新县、大冶市	6
襄阳市	襄城区、樊城区、襄州区、南漳县、谷城县、保康县、老河口市、枣阳市、宜城市	9
荆州市	沙市区、荆州区、江陵县、公安县、监利县、石首市、洪湖市、松滋市	8
宜昌市	西陵区、伍家岗区、点军区、猇亭区、夷陵区、秭归县、远安县、兴山县、长阳土家族自治县、五峰土家族自治县、宜都市、当阳市、枝江市	13
十堰市	茅箭区、张湾区、郧县、郧西县、竹山县、竹溪县、房县、丹江口市	8
孝感市	孝南区、孝昌县、云梦县、大悟县、应城市、安陆市、汉川市	7
荆门市	东宝区、掇刀区、沙洋县、京山县、钟祥市	5
鄂州市	鄂城区、华容区、梁子湖区	3
黄冈市	黄州区、团风县、浠水县、蕲春县、黄梅县、英山县、罗田县、红安县、麻城市、武穴市	10
咸宁市	咸安区、通山县、崇阳县、通城县、嘉鱼县、赤壁市	6
随州市	曾都区、随县、广水市	3
恩施土家族苗族自治州	恩施市、利川市、建始县、咸丰县、巴东县、宣恩县、来凤县、鹤峰县	8
省直管市(林区)	仙桃市、潜江市、天门市、神农架林区	4

注：下文中，各自治州、自治县都用简称，如“长阳土家族自治县”简称“长阳县”。

山地。全省山地大致分为四大块，即西北秦巴山地、西南云贵东延山地、东北大别山地、中部荆山山地。西北山地为秦岭东延部分和大巴山的东段。秦岭东延部分称武当山脉，呈北西—南东走向，群山叠嶂，岭脊海拔一般在1000米以上，最高处为武当山天柱峰，海拔1621米。大巴山东段由神农架、荆山、巫山组成，森林茂密，河谷幽深。神农架最高峰为神农顶，海拔3105米，素有“华中第一峰”之称。荆山山地东南谷地宽广，西北巍峨陡峻盘亘省境西北部，呈北西—南东走向，其地势向南趋降为海拔250～500米的丘陵地带。巫山地质复杂，水流侵蚀作用强烈，一般相对高度在700～1500米之间，局部达2000余米。长江自西向东横贯其间，形成雄奇壮美的长江三峡，水利资源极其丰富。西南山地为云贵高原的东北延伸部分，主要有大娄山和武陵山，呈北东—南西走向，一般海拔高度700～1000米，最高处狮子垴海拔2152米。东北山地为绵亘于豫、鄂、皖边境的桐柏山、大别山脉，呈北西—南东走向。桐柏山主峰太白顶海拔1140米，大别山主峰天堂寨海拔1729米。东南山地为蜿蜒于湘、鄂、赣边境的幕阜山脉，略呈西南—东北走向，主峰老鸦尖海拔1656米。此外，全省山地丘陵地区也是我省石漠化土地分布区域，主要集中分布在鄂西山地，其次分布在鄂东南。

丘陵、岗地。全省丘陵主要分布在两大区域，一为鄂中丘陵，一为鄂东北丘陵。鄂中丘陵包括荆山与大别山之间的江汉河谷丘陵，大洪山与桐柏山之间的涢水流域丘陵。鄂东北丘陵以低丘为主，地势起伏较小，丘间沟谷开阔，土层较厚，宜农宜林。

平原。省内主要平原为江汉平原和鄂东沿江平原。江汉平原由长江及其支流汉江冲积而成，是比较典型的河积-湖积平原，面积4万多平方公里，整个地势由西北微向东南倾斜，地面平坦，湖泊密布，河网交织。大部分地面海拔20~100米。鄂东沿江平原也是江湖冲积平原，主要分布在嘉鱼至黄梅沿长江一带，为长江中游平原的组成部分。这一带注入长江的支流短小，河口三角洲面积狭窄，加之河间地带河湖交错，夹有残山低丘，因而平原面积收缩，远不及江汉平原平坦宽阔。

3　土　壤

湖北省地带土壤分布与生物气候带相适应，地带性土壤主要分为3个类型：红壤、黄壤和黄棕壤。

红壤主要分布于鄂东南海拔800米以下低山、丘陵或垅岗，鄂西南海拔500米以下丘陵、台地或盆地。该分布区包括咸宁市和恩施州各县市，以及黄石、鄂州、武昌、洪山、江夏、青山、汉阳、汉南、蔡甸、武穴、黄梅、石首、公安、松滋等县(市、区)。红壤营养状况为有机质含量较低，严重缺磷、硼，大部分缺氮、钾，局部缺锌、铜、锰、铁。

黄壤分布于鄂西南(恩施州和宜昌市)海拔500~1200米的中山区，居基带红壤之上，山地黄棕壤之下。土壤层次分异明显，呈酸性，有机质含量较高，平均比红壤高22.4%，其他矿质养分与红壤相近或略丰，富铝化作用、淋溶作用和黏粒淀积现象较为明显。

黄棕壤分布于全省各市(州)，其中，以十堰、黄冈、宜昌、孝感、襄阳等地的面积较大。多表现较为严重的水土侵蚀，该土壤的农业垦种历史较长，利用方式多种多样，结构面上经常覆有铁、胶膜或结核。一般质地黏重，土体紧实。

此外，因母质、水文地质及人类活动等影响，还有石灰土、紫色土、潮土、草甸土和水稻土等非地带性土壤类型。

4　气　候

湖北地处亚热带，位于典型的季风区内。全省除高山地区外，大部分为亚热带季风性湿润气候，光能充足，热量丰富，无霜期长，降水充沛，雨热同季。全省大部分地区太阳年辐射总量为356~477千卡/平方厘米，多年平均实际日照时数为1100~2150小时。其地域分布是鄂东北向鄂西南递减，鄂北、鄂东北最多，为2000~2150小时；鄂西南最少，为1100~1400小时。其季节分布是夏季最多，冬季最少，春、秋两季因地而异。全省年平均气温15~17℃，大部分地区冬冷、夏热，春季气温多变，秋季气温下降迅速。一年之中，1月最冷，大部分地区平均气温2~4℃；7月最热，除高山地区外，平均气温27~29℃，极端最高气温可达40℃以上。全省无霜期在230~300天之间。

各地平均降水量在800~1600毫米之间。降水地域分布呈由南向北递减趋势，鄂西南最多，达1400~1600毫米，鄂西北最少，为800~1000毫米。降水量分布有明显的季节变化，一般是夏季最多，冬季最少，全省夏季雨量在300~700毫米之间，冬季雨量在30~190毫米之间。6月中旬至7月中旬雨量最多，强度最大，是湖北的梅雨期。

5 水 文

5.1 主要河流水系

据本次调查数据统计，湖北境内河流总长7.37万公里。河长5公里以上的河流共有4967条，其中河长在100公里以上的河流63条。长江自西向东，流贯省内26个县市，西起巴东县鳊鱼溪河口入境，东至黄梅滨江出境，流程1800公里。境内的长江支流有汉江、沮水、漳水、清江、东荆河、陆水、滠水、倒水、举水、巴水、浠水、富水等。其中汉江为长江中游最大支流，在湖北境内由西北趋东南，流经13个县市，由陕西白河县将军河进入湖北郧西县，至武汉汇入长江，流程1304公里。

5.2 主要湖泊湿地

湖北素有“千湖之省”之称。境内湖泊主要分布在江汉平原上。面积8公顷以上的湖泊1065个，湖泊湿地总面积27.69万公顷。面积大于1万公顷的湖泊有洪湖、长湖、梁子湖、斧头湖。

5.3 地下水资源

根据地下水赋存的含水介质情况、储存和运移的空间形态特征，全省地下水基本可归结为松散岩类孔隙水、碎屑岩类裂隙孔隙水、碎屑岩类裂隙水及碳酸盐岩类岩溶水等4种基本类型。

松散岩类孔隙水。分布于江汉平原河流一级阶梯或河漫滩，含水岩组主要由第四系全新统粉细砂及砂砾石组成，潜水面含水层厚3~10米，水位埋深0.5~5米。

碎屑岩类裂隙孔隙水。分布于江汉盆地和南襄盆地，含水岩组由上第三系、下更新统松散、半松散、半胶结的砂(岩)、砂砾石(岩)组成，含水层水位埋深及富水性变化较大，岗地区潜水面含水层埋深10~20米，水位埋深15~35米，平原区潜水面含水层埋深大于47米，水位埋深0~6米。

碎屑岩类裂隙水。广泛分布于丘陵山区，主要由元古界—下震旦统，中、上三叠统，侏罗系、白垩—第三系各含水岩组组成，透水性和富水性差。

碳酸盐岩类岩溶水，主要分布于鄂西南、鄂西、鄂东南和大洪山地区，由上震旦统—奥陶系和石炭—下三叠统的各含水岩组构成，地下水赋存于碳酸盐岩裂隙、溶隙、孔洞和管道中。

5.4 湖北省总水资源表

湖北省水资源丰富，2008、2009、2010年总水资源量分别为1033.95亿立方米、825.28亿立方米、1268.72亿立方米，主要由地表水、地下水、降水量3部分组成(表1-2)。

6 动植物概况

通过调查，结合相关资料分析统计，湖北湿地植物共有1164种，隶属于172科560属。其中，苔藓植物15科19属21种，蕨类植物24科36属57种，裸子植物2科4属4种，被子植物

131科501属1082种。湿地野生动物618种，隶属于5纲37目104科。其中，鱼类12目26科201种(亚种)，占湖北省湿地野生动物物种总数的32.52%；湿地两栖类2目10科68种(亚种)，占11.00%；湿地爬行类2目9科43种，占6.69%；湿地鸟类15目46科272种，占44.01%；湿地哺乳类6目13科34种，占5.50%。

表1-2 湖北省总水资源表(亿立方米)

年份	总水资源	地表水	地下水	年降水量
2008	1033.95	1003.75	282.03	2254.97
2009	825.28	794.45	263.45	1982.18
2010	1268.72	1239.07	306.13	2378.25

来源：2008~2010年湖北省水资源公报。

第二节 社会经济状况

1 人口和民族

根据2011年《湖北年鉴》，湖北省常住人口为5723.77万人，人口总量呈现持续低速增长的态势。其中，城镇人口2844.95万人，乡村人口2878.82万人。常住总人口中，男性人口为2939.29万人，占总人口的51.35%，女性人口为2784.48万人，占总人口的48.65%。全省平均每户人数为3.16人，比2000年第五次全国人口普查的3.51人减少了0.35人(表1-3)。

湖北省是一个多民族省份，含56个民族成分，少数民族人口283万人，占全省总人口的4.68%。过万人的少数民族有：土家族(217.7万)、苗族(21.4万)、回族(7.8万)、侗族(7万)、满族(1.5万)和蒙古族(1.1万)。全省民族自治地方区域面积约3万平方公里，占全省总面积的1/6；民族自治地方总人口440万，占全省总人口的7.34%。

表1-3 湖北省人口统计表(万人)

行政区	人口数量	行政区	人口数量	行政区	人口数量
武汉市	978.54	荆门市	287.37	恩施州	329.03
黄石市	242.93	孝感市	484.45	仙桃市	117.51
十堰市	334.08	荆州市	569.17	潜江市	94.63
宜昌市	405.97	黄冈市	616.21	天门市	141.89
襄阳市	550.03	咸宁市	246.26	神农架林区	7.61
鄂州市	104.87	随州市	216.22	合 计	5723.77

2 经济发展与工农业生产情况

据《湖北省2010年国民经济和社会发展统计公报》，2010年全省完成生产总值15806.09亿元。

其中：第一产业完成增加值 2147 亿元，增长 4.6%；第二产业完成增加值 7764.65 亿元，增长 21.1%；第三产业完成增加值 5894.44 亿元，增长 10.1%。三次产业结构由 2009 年的 13.8∶46.6∶39.6 调整为 13.6∶49.1∶37.3。在第三产业中交通运输仓储和邮政、批发和零售、住宿和餐饮、金融保险、房地产及其他服务业分别增长 10.6%、9.5%、11.1%、6.7%、7.3% 和 11.5%。

工业生产保持较快增长。2010 年全省规模以上工业企业数达到 15878 家，比上年净增 1851 家，增长 13.2%。完成工业增加值 6136.51 亿元，按可比价格计算，比上年增长 23.6%。其中：国有及国有控股企业完成增加值 2512.96 亿元，增长 18.6%；国有企业增加值 1083.75 亿元，增长 11.8%；集体企业增加值 63.61 亿元，增长 10.6%；股份合作企业增加值 33.06 亿元，增长 21.8%；股份制企业增加值 3300.01 亿元，增长 25.5%；外商及港澳台投资企业增加值 1261.57 亿元，增长 27.9%；其他经济类型企业增加值 394.51 亿元，增长 34.7%；轻工业增加值 1844.10 亿元，增长 25.0%；重工业增加值 4292.41 亿元，增长 23.1%。

2010 年农林牧渔业增加值达到 2147 亿元，按可比价计算比上年增长 4.6%。粮食种植面积 406.84 万公顷，比上年增加 5.58 万公顷；棉花种植面积 48.01 万公顷，增加 2 万公顷；油料种植面积 144.87 万公顷，减少 0.63 万公顷。粮食总产量 2315.80 万吨，比上年增产 6.70 万吨，增长 0.3%；棉花总产量 47.18 万吨，减产 0.87 万吨，下降 1.8%；油料产量 311.80 万吨，减产 0.22 万吨，下降 0.07%。

第二章 湿地类型

第一节 湿地类型与面积

1 湿地概况

湖北省位于长江中游，河流水网发达，湖泊、库塘众多。特有的地貌类型，孕育了丰富多样的湿地类型(图2-1)。根据本次调查统计，湖北省湿地总面积为144.50万公顷，占全省国土面积1859万公顷的7.77%，按照湿地类型可划分为4类12型。其中，自然湿地(包括河流湿地、湖泊湿地、沼泽湿地)76.42万公顷，占湿地总面积的52.89%；人工湿地68.08万公顷，占湿地总面积47.11%(表2-1)。此外，湖北省还有水稻田227.85万公顷(水稻田不作数据统计)。

表2-1 湖北湿地概况表

湿地类	湿地型	面积(公顷)	湿地型比例(%)	湿地类面积(公顷)	湿地类比例(%)
合 计		1444994.93	100		
河流湿地	永久性河流	364757.81	25.24	450382.94	31.17
	洪泛平原湿地	85625.13	5.93		
湖泊湿地	永久性淡水湖	276919.87	19.16	276919.87	19.16
沼泽湿地	藓类沼泽	1279.77	0.09	36916.33	2.55
	草本沼泽	34453.11	2.38		
	灌丛沼泽	241.36	0.02		
	森林沼泽	283.07	0.02		
	沼泽化草甸	659.02	0.05		
人工湿地	库塘	302244.73	20.92	680775.79	47.11
	运河/输水河	95941.64	6.64		
	水产养殖场	282589.42	19.56		

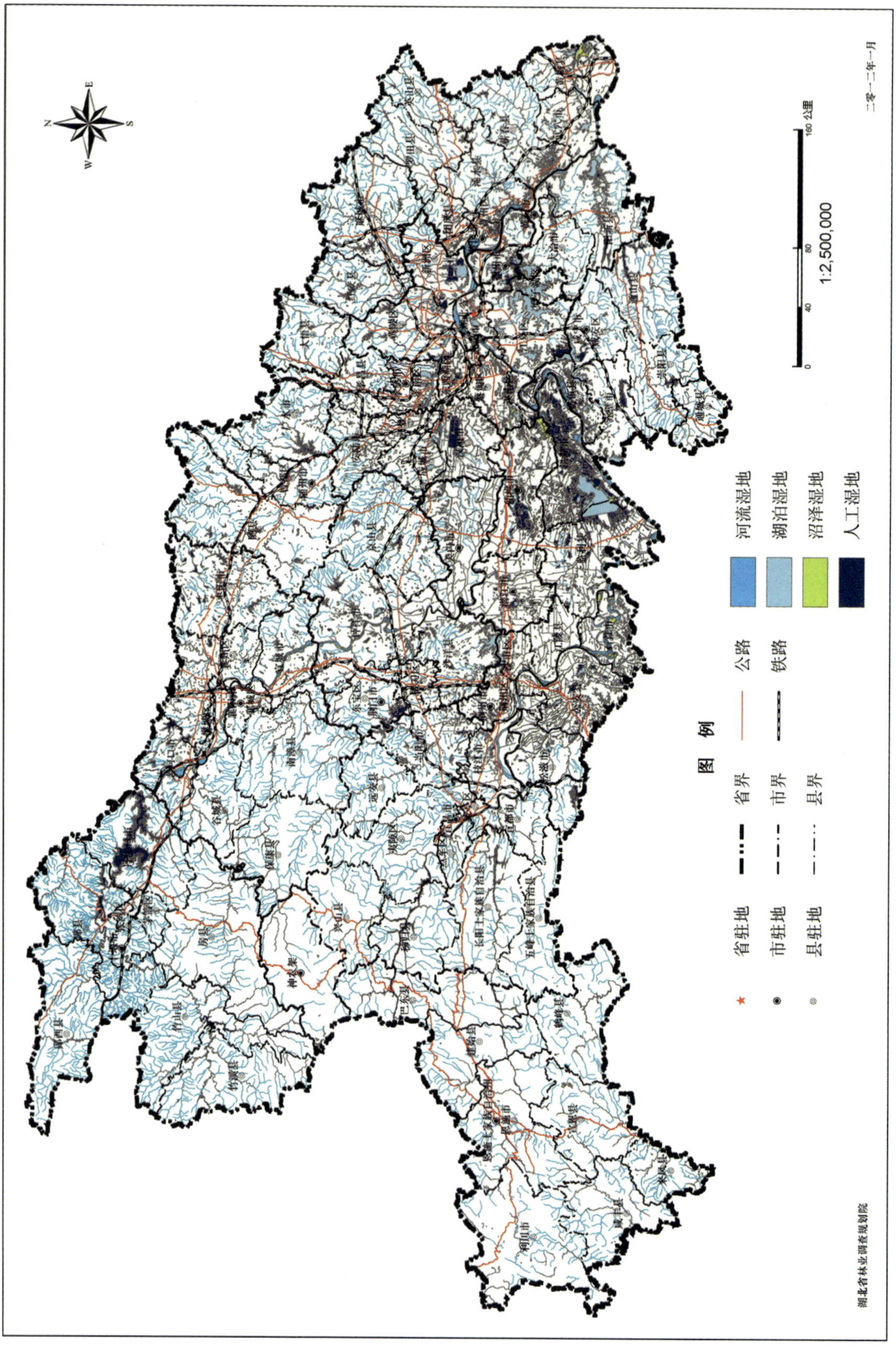

图 2-1 湖北省湿地资源分布图

1.1　各湿地类型的湿地面积

湖北省有湿地4类12型，其中自然湿地有河流湿地、湖泊湿地、沼泽湿地3类8型，人工湿地有库塘、运河/输水河、水产养殖场、水稻田4型(水稻田不作数据统计)。

从湿地类来看，湖北省有河流湿地45.04万公顷，占湿地总面积的31.17%；湖泊湿地27.69万公顷，占湿地总面积的19.16%；沼泽湿地3.69万公顷，占湿地总面积的2.55%；人工湿地68.08万公顷，占湿地总面积的47.11%(图2-2)。

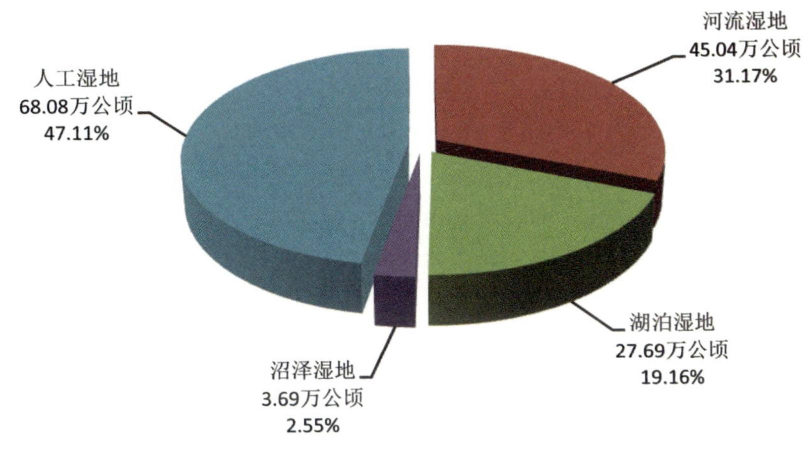

图**2-2**　湖北省各湿地类面积比例构成图

从湿地型来看，湖北省有永久性河流36.48万公顷，占湿地总面积的25.24%；洪泛平原湿地8.56万公顷，占湿地总面积的5.93%；永久性淡水湖27.69万公顷，占湿地总面积的19.16%；草本沼泽3.45万公顷，占湿地总面积的2.38%；森林沼泽0.03万公顷，占湿地总面积的0.02%；藓类沼泽0.13万公顷，占湿地面积的0.09%；沼泽化草甸0.07万公顷，占湿地面积的0.05%；库塘湿地30.22万公顷，占湿地总面积的20.92%；运河/输水河9.59万公顷，占湿地总面积的6.64%；水产养殖场28.26万公顷，占湿地总面积的19.56%。

1.2　各湿地区湿地类及面积

根据《全国湿地资源调查技术规程(试行)》和《湖北省湿地资源调查实施细则》要求，全省划为136个湿地区，其中单独区划湿地区27个，零星湿地区109个(表2-2)。各湿地区在单独区划的湿地区中湿地面积最大的是长江干流湿地区(葛洲坝以下)，丹江口水库湿地区次之，第三为梁子湖湿地区。河流湿地面积最大的湿地区是长江干流湿地区(葛洲坝以下)和汉江干流(丹江口—钟祥皇庄段)湿地区；湖泊湿地主要集中于洪湖、梁子湖湿地区；沼泽湿地主要集中于长江干流湿地区(葛洲坝以下)、龙感湖湿地区；人工湿地在各个湿地区当中皆有分布，其中丹江口水库湿地区分布面积最大。

表 2-2 湖北省各湿地区概况表(公顷)

序号	湿地区名称	合 计	湿地类			
			河流湿地	湖泊湿地	沼泽湿地	人工湿地
总 计		1444994.93	450382.94	276919.87	36916.33	680775.79
1	长江干流湿地区(葛洲坝以下)	146369.00	139481.04		6405.55	482.41
2	汉江干流(丹江口—钟祥皇庄段)	36173.44	35244.79		919.98	8.67
3	汉江干流(钟祥皇庄以下段)	23559.02	23117.23	17.34	204.64	219.81
4	万江河大鲵自然保护区湿地区	9.18	9.18			
5	忠建河大鲵自然保护区湿地区	154.41	154.41			
6	长江新螺段白鳖豚保护区湿地区	20633.80	20633.80			
7	长江宜昌段中华鲟保护区湿地区	844.76	844.76			
8	石首天鹅洲长江故道湿地区	4239.58	3024.31		1110.97	104.30
9	沉湖湿地区	6917.04	285.24	3045.33	2465.08	1121.39
10	斧头湖湿地区	14662.98		7949.19	32.97	6680.82
11	洪湖湿地区	42677.56		34353.56	3066.13	5257.87
12	梁子湖湿地区	52407.34	775.15	39718.02	1890.77	10023.40
13	龙感湖湿地区	13667.81	272.74	4717.36	4987.06	3690.65
14	网湖湿地	11859.84	1165.26	7983.53	204.63	2506.42
15	长湖湿地区	13113.02		13113.02		
16	神农架大九湖湿地区	1055.81		211.16	745.08	99.57
17	湖北三峡库区湿地	16221.81				16221.81
18	葛洲坝库区湿地	2787.58				2787.58
19	丹江口水库湿地区	54680.59	5497.41			49183.18
20	漳河水库湿地区	8200.89				8200.89
21	水布垭库区	7101.36				7101.36
22	隔河岩库区	6881.57				6881.57
23	高坝州库区	2822.86				2822.86
24	湖北大别山自然保护区	102.47	86.87			15.60
25	湖北星斗山国家级自然保护区	399.24	310.40			88.84
26	武汉城市湖泊群	12948.93		12948.93		
27	襄樊谷城汉江国家湿地公园	602.79	517.89			84.90
28	江岸区零星湿地区	335.37	270.64	46.66		18.07
29	江汉区零星湿地区	8.92		8.92		
30	硚口区零星湿地区	46.83		34.95		11.88
31	汉阳区零星湿地区	425.12		202.22	17.79	205.11
32	武昌区零星湿地区	18.80		18.80		
33	青山区零星湿地区	9.68				9.68
34	洪山区零星湿地区	2798.72	111.75	1745.70	97.36	843.91

（续）

序号	湿地区名称	合　计	湿地类			
			河流湿地	湖泊湿地	沼泽湿地	人工湿地
35	东西湖区零星湿地区	8952.30	1292.04	1521.03	17.21	6122.02
36	汉南区零星湿地区	5766.46	962.32	219.14	228.97	4356.03
37	蔡甸区零星湿地区	17750.11	1416.98	8523.64	937.51	6871.98
38	江夏区零星湿地区	12143.74	855.51	7063.08	949.08	3276.07
39	黄陂区零星湿地区	21651.61	4833.30	6841.52		9976.79
40	新洲区零星湿地区	21112.31	2482.80	7928.49		10701.02
41	黄石港区零星湿地区	523.17		513.40		9.77
42	西塞山区零星湿地区	703.69	11.02	568.24		124.43
43	下陆区零星湿地区	163.23		104.76		58.47
44	阳新县零星湿地区	21611.77	2481.31	10616.72	226.07	8287.67
45	大冶市零星湿地区	14738.71	810.23	7892.94	848.06	5187.48
46	茅箭区零星湿地区	681.01	479.85			201.16
47	张湾区零星湿地区	1612.47	1555.29			57.18
48	武当山特区零星湿地区	280.32	263.30			17.02
49	郧县零星湿地区	6772.98	6322.89			450.09
50	郧西县零星湿地区	5172.71	5061.56			111.15
51	竹山县零星湿地区	8622.70	4360.30			4262.40
52	竹溪县零星湿地区	5773.55	2174.30			3599.25
53	房县零星湿地区	5185.75	4915.11			270.64
54	丹江口市零星湿地区	3186.00	2786.64			399.36
55	宜昌市市辖区零星湿地区	320.61	66.04		254.57	
56	西陵区零星湿地区	44.26	23.70			20.56
57	伍家岗区零星湿地区	201.89	106.21	42.16		53.52
58	点军区零星湿地区	625.14	463.34			161.80
59	猇亭区零星湿地区	57.80	11.40			46.40
60	夷陵区零星湿地区	4232.28	3222.58	120.98	70.16	818.56
61	远安县零星湿地区	3270.34	2820.04			450.30
62	兴山县零星湿地区	2122.17	1714.56		28.50	379.11
63	秭归县零星湿地区	1372.31	1280.47			91.84
64	长阳土家族自治县零星湿地区	1734.57	1726.26			8.31
65	五峰土家族自治县零星湿地区	1292.91	1039.19		9.63	244.09
66	宜都市零星湿地区	2738.97	1891.36	208.42		639.19
67	当阳市零星湿地区	13122.66	2707.43		1140.98	9274.25
68	枝江市零星湿地区	8538.93	1852.09	1394.37		5292.47
69	襄城区零星湿地区	2429.00	120.69	8.36		2299.95

（续）

序号	湿地区名称	合 计	湿地类			
			河流湿地	湖泊湿地	沼泽湿地	人工湿地
70	樊城区零星湿地区	2264.42	201.58			2062.84
71	襄州区零星湿地区	16432.11	3893.48	8.43		12530.20
72	南漳县零星湿地区	8426.15	4666.46		16.46	3743.23
73	谷城县零星湿地区	5264.30	4388.17			876.13
74	保康县零星湿地区	3614.30	3585.38			28.92
75	老河口市零星湿地区	7250.80	338.20	151.51		6761.09
76	枣阳市零星湿地区	20192.21	2796.92			17395.29
77	宜城市零星湿地区	8417.16	1465.94	263.46		6687.76
78	梁子湖区零星湿地区	463.68	98.04	17.90		347.74
79	华容区零星湿地区	1345.68	83.37	963.44		298.87
80	鄂城区零星湿地区	4531.15	145.11	2916.14	707.02	762.88
81	东宝区零星湿地区	3099.31	1095.69	63.37		1940.25
82	掇刀区零星湿地区	2756.50	478.80			2277.70
83	京山县零星湿地区	13390.08	3657.12	9.38	414.25	9309.33
84	沙洋县零星湿地区	14145.22	1630.99	3653.38		8860.85
85	钟祥市零星湿地区	25810.97	2143.38	6346.20	13.91	17307.48
86	孝南区零星湿地区	15319.87	5244.15	4191.18		5884.54
87	孝昌县零星湿地区	5707.49	2504.58			3202.91
88	大悟县零星湿地区	5681.95	3442.45			2239.50
89	云梦县零星湿地区	4329.04	1945.14	404.11		1979.79
90	应城市零星湿地区	11186.83	2286.78	4979.65		3920.40
91	安陆市零星湿地区	6569.86	3236.86	260.33		3072.67
92	汉川市零星湿地区	30905.35	3122.06	6278.33	34.63	21470.33
93	沙市区零星湿地区	4758.21	30.43	240.45		4487.33
94	荆州区零星湿地区	14064.89	1359.91	2764.40		9940.58
95	公安县零星湿地区	35308.40	6411.25	6785.08	236.45	21875.62
96	监利县零星湿地区	43317.29	3319.96	3068.05		36929.28
97	江陵县零星湿地区	7071.80	316.55			6755.25
98	石首市零星湿地区	17239.04	3665.55	7277.86	70.36	6225.27
99	洪湖市零星湿地区	79482.98	3936.42	1928.19		73618.37
100	松滋市零星湿地区	18130.44	5918.01	2486.69	250.67	9475.07
101	黄冈市市辖区零星湿地区	345.80		320.41		25.39
102	黄州区零星湿地区	4952.89	963.66	814.53		3174.70
103	团风县零星湿地区	5395.18	1418.74	873.22	28.58	3074.64
104	红安县零星湿地区	7160.38	3522.84			3637.54

（续）

序号	湿地区名称	合 计	湿地类			
			河流湿地	湖泊湿地	沼泽湿地	人工湿地
105	罗田县零星湿地区	6433.91	3560.36	10.98		2862.57
106	英山县零星湿地区	3803.38	2000.70			1802.68
107	浠水县零星湿地区	12718.31	4702.18	3933.36	91.52	3991.25
108	蕲春县零星湿地区	15868.31	3229.19	5308.46	46.74	7283.92
109	黄梅县零星湿地区	9040.41	1761.98	2203.36	27.68	5047.39
110	麻城市零星湿地区	12903.03	6654.82	9.87		6238.34
111	武穴市零星湿地区	10550.21	418.64	4442.60		5688.97
112	咸安区零星湿地区	6368.02	1280.84	884.62		4202.56
113	嘉鱼县零星湿地区	18798.42	730.53	7287.68	418.89	10361.32
114	通城县零星湿地区	2686.12	1207.89			1478.23
115	崇阳县零星湿地区	5228.48	2500.03	30.94		2697.51
116	通山县零星湿地区	10348.51	2659.75	13.45		7675.31
117	赤壁市零星湿地区	19898.77	1609.74	8160.13	328.93	9799.97
118	曾都区零星湿地区	6255.73	3037.93			3217.80
119	随县零星湿地区	17626.80	6867.77	107.75		10651.28
120	广水市零星湿地区	14449.77	4164.44			10285.33
121	恩施市零星湿地区	2910.41	1984.41		315.16	610.84
122	利川市零星湿地区	3311.39	3115.45		31.43	164.51
123	建始县零星湿地区	1888.73	1299.62			589.11
124	巴东县零星湿地区	1391.03	1289.11	93.57		8.35
125	宣恩县零星湿地区	3314.31	1903.83		974.46	436.02
126	咸丰县零星湿地区	2075.55	1474.03		20.61	580.91
127	来凤县零星湿地区	2045.62	1478.44			567.18
128	鹤峰县零星湿地区	3897.47	1353.22		22.24	2522.01
129	仙桃市零星湿地区	47144.61	3724.99	924.56	5766.56	36728.50
130	潜江市零星湿地区	21632.98	4582.69	1246.55		15803.74
131	天门市零星湿地区	16822.95	3196.98	5474.12		8151.85
132	沙洋监狱零星湿地区	254.26		14.15		240.11
133	襄北农场零星湿地区	26.55				26.55
134	襄南农场零星湿地区	77.13		26.09		51.04
135	神农架林区零星湿地区	1071.00	1071.00			
136	神农架自然保护区零星湿地区	574.48	295.43		241.03	38.02

1.3 各流域湿地类及面积

根据水利部全国一、二、三级流域分类规定，湖北省涉及 2 个一级流域、7 个二级流域、14

个三级流域(表2-3)。

表2-3 湖北省各流域湿地概况表(公顷)

一级流域	二级流域	三级流域	面积	湿地类型			
				河流湿地	湖泊湿地	沼泽湿地	人工湿地
总计			1444994.93	450382.94	276919.87	36916.33	680775.79
长江区	合计		1440172.57	448133.94	276911.04	36916.33	678211.26
	乌江	思南以下	4037.87	3081.15		45.11	911.61
	宜宾至宜昌	宜宾至宜昌干流区	31081.02	9573.11	83.21	808.53	20616.17
	洞庭湖水系	小计	81520.44	22407.18	15942.83	1753.94	41416.49
		澧水	4096.62	1523.63		31.87	2541.12
		沅江浦市镇以下	3990.14	2448.50		974.46	567.18
		洞庭湖环湖区	73433.68	18435.05	15942.83	747.61	38308.19
	汉江	小计	417864.08	140411.96	39438.94	11805.96	226207.22
		丹江口以上	90855.78	31391.41	211.16	837.08	58416.13
		唐白河	28788.43	6700.23	19.36		22068.84
		丹江口以下干流区	298219.87	102320.32	39208.42	10968.88	145722.25
	宜昌至湖口	小计	864259.85	260278.67	210893.61	17488.05	375599.52
		清江	37512.95	18094.86	326.90	66.72	19024.47
		宜昌至武汉左岸	329472.37	74587.29	60967.01	10368.16	183549.91
		武汉至湖口左岸	201265.37	69347.75	33418.10	184.05	98315.47
		城陵矶至湖口右岸	296009.16	98248.77	116181.60	6869.12	74709.67
	湖口以下干流区	巢滁皖及沿江诸河	41409.31	12381.87	10552.45	5014.74	13460.25
淮河区	淮河上游	王家坝以上南岸	4822.36	2249.00	8.83		2564.53

1.3.1 一级流域

一级流域包括长江区、淮河区。

(1)长江区。长江区在湖北省有6个二级流域13个三级流域，涉及全省13个市(州)。该区湿地总面积为144.02万公顷，包括河流湿地44.81万公顷、湖泊湿地27.69万公顷、沼泽湿地3.69万公顷、人工湿地67.82万公顷。

该区占湖北省湿地面积的99.67%，是湖北省乃至我国淡水河流、湖泊湿地的集中分布区之一。

(2)淮河区。淮河区在湖北省涉及1个二级流域1个三级流域，涉及孝感市、随州市2个市(州)的随县、广水市、大悟县共3个县(市)。该区湿地总面积为4822.36公顷，包括河流湿地2249.00公顷、湖泊湿地8.83公顷、人工湿地2564.53公顷。

1.3.2 二级流域

二级流域包括长江区乌江水系、宜宾至宜昌水系、洞庭湖水系、汉江水系、宜昌至湖口水系、湖口以下干流区水系等6个二级流域和淮河区淮河上游水系流域。长江区宜昌至湖口水系湿地面积最大，长江区乌江水系湿地面积最小。

(1)长江区乌江水系流域，湿地总面积0.40万公顷，其中河流湿地面积0.31万公顷，沼泽湿地面积0.005万公顷，人工湿地面积0.09万公顷。

(2)长江区宜宾至宜昌流域，湿地总面积3.11万公顷，其中河流湿地面积0.96万公顷，湖泊湿地面积0.0083万公顷，沼泽湿地面积0.08万公顷，人工湿地面积2.06万公顷。

(3)长江区洞庭湖水系流域，湿地总面积8.15万公顷，其中河流湿地面积2.24万公顷，湖泊湿地面积1.59万公顷，沼泽湿地面积0.18万公顷，人工湿地面积4.14万公顷。

(4)长江区汉江水系流域，湿地总面积41.79万公顷，其中河流湿地面积14.04万公顷，湖泊湿地面积3.94万公顷，沼泽湿地面积1.18万公顷，人工湿地面积22.62万公顷。

(5)长江区宜昌至湖口水系流域，湿地总面积86.43万公顷，其中河流湿地面积26.03万公顷，湖泊湿地面积21.09万公顷，沼泽湿地面积1.75万公顷，人工湿地面积37.56万公顷。

(6)长江区湖口以下干流区水系流域，湿地总面积4.14万公顷，其中河流湿地面积1.24万公顷，湖泊湿地面积1.06万公顷，沼泽湿地面积0.50万公顷，人工湿地面积1.35万公顷。

(7)淮河区淮河上游水系流域，湿地总面积0.48万公顷，其中河流湿地面积0.22万公顷，湖泊湿地面积0.001万公顷，人工湿地面积0.26万公顷。

1.3.3 三级流域

三级流域包括了思南以下、宜宾至宜昌干流区等14个流域，其中宜昌至武汉左岸区流域湿地面积最大，思南以下流域湿地面积最小。

(1)思南以下流域，湿地总面积0.40万公顷，其中河流湿地面积0.31万公顷，沼泽湿地面积0.005万公顷，人工湿地面积0.09万公顷。

(2)宜宾至宜昌干流区流域，湿地总面积3.11万公顷，其中河流湿地面积0.96万公顷，湖泊湿地面积0.008万公顷，沼泽湿地面积0.08万公顷，人工湿地面积2.06万公顷。

(3)澧水流域，湿地总面积0.41万公顷，其中河流湿地面积0.15万公顷，沼泽湿地面积0.003万公顷，人工湿地面积0.25万公顷。

(4)沅江浦市镇以下流域，湿地总面积0.40万公顷，其中河流湿地面积0.24万公顷，沼泽湿地面积0.097万公顷，人工湿地面积0.057万公顷。

(5)洞庭湖环湖区流域，湿地总面积7.34万公顷，其中河流湿地面积1.84万公顷，湖泊湿地面积1.59公顷，沼泽湿地面积0.07万公顷，人工湿地面积3.83万公顷。

(6)丹江口以上流域，湿地总面积9.09万公顷，其中河流湿地面积3.14公顷，湖泊湿地面积0.021万公顷，沼泽湿地面积0.084万公顷，人工湿地面积5.84万公顷。

(7)唐白河流域，湿地总面积2.88万公顷，其中河流湿地面积0.67万公顷，湖泊湿地面积0.002万公顷，人工湿地面积2.21万公顷。

(8)丹江口以下干流区流域，湿地总面积29.82万公顷，其中河流湿地面积10.23万公顷，湖泊湿地面积3.92万公顷，沼泽湿地面积1.10万公顷，人工湿地面积14.57万公顷。

(9)清江流域，湿地总面积3.75万公顷，其中河流湿地面积1.81万公顷，湖泊湿地面积0.033万公顷，沼泽湿地面积0.007万公顷，人工湿地面积1.90万公顷。

(10)宜昌至武汉左岸流域，湿地总面积32.95万公顷，其中河流湿地面积7.46万公顷，湖泊湿地面积6.10万公顷，沼泽湿地面积1.04万公顷，人工湿地面积18.35万公顷。

(11)武汉至湖口左岸流域，湿地总面积20.13万公顷，其中河流湿地面积6.93万公顷，沼泽湿地面积3.34万公顷，沼泽湿地面积0.018万公顷，人工湿地面积9.83万公顷。

(12)城陵矶至湖口右岸流域，湿地总面积29.60万公顷，其中河流湿地面积9.82万公顷，湖泊湿地面积11.62万公顷，沼泽湿地面积0.69万公顷，人工湿地面积7.47万公顷。

(13)巢滁皖及沿江诸河流域，湿地总面积4.14万公顷，其中河流湿地面积1.24万公顷，湖泊湿地面积1.06万公顷，沼泽湿地面积0.50万公顷，人工湿地面积1.35万公顷。

(14)王家坝以上南岸流域，湿地总面积0.48万公顷，其中河流湿地面积0.22万公顷，湖泊湿地面积0.001万公顷，人工湿地面积0.26万公顷。

1.4　各行政区湿地类及面积

全省13个市(州)、4个省直管市(林区)湿地分布状况如图2-3、表2-4。湿地总面积排在前三位的分别是荆州市、武汉市、黄冈市。

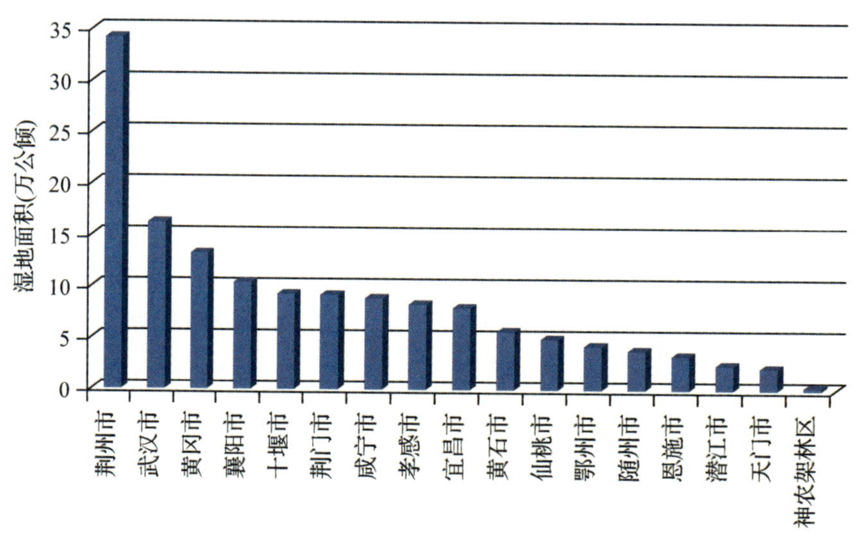

图2-3　湖北省各市(州)湿地面积排序

荆州市湿地面积为34.20万公顷，其中河流湿地面积9.35万公顷，人工湿地面积17.50万公顷，均列全省第一。湖泊湿地面积6.34万公顷，列全省第二，沼泽湿地面积1.00万公顷。境内有洪湖、长江天鹅洲故道区国际重要湿地，石首麋鹿、长江天鹅洲白鳖豚国家级自然保护区，荆州市长湖湿地市级自然保护区等湿地保护区，是全省湿地生物多样性最丰富的区域之一。

武汉市湿地面积为16.25万公顷，湖泊湿地面积7.10万公顷，该类湿地列全省第一；河流湿地面积3.67万公顷，列全省第三。境内沉湖是省级湿地自然保护区。

黄冈市湿地面积为13.21万公顷，河流湿地面积5.77万公顷，列全省第二。境内有龙感湖国家级自然保护区。

表 2-4　湖北省 13 个市(州)、4 个省直管市(林区)湿地类型面积概况表(公顷)

序　号	行政区	合　计	湿地类型			
			河流湿地	湖泊湿地	沼泽湿地	人工湿地
湖北省		1444994. 93	450382. 94	276919. 87	36916. 33	680775. 79
(一)	武汉市	162461. 39	36674. 36	71025. 20	5090. 69	49671. 14
1	江岸区	1478. 22	1413. 49	46. 66		18. 07
2	江汉区	112. 63	103. 71	8. 92		
3	硚口区	260. 76	213. 93	34. 95		11. 88
4	汉阳区	2333. 09	1056. 71	963. 14	108. 13	205. 11
5	武昌区	1714. 17	1155. 97	558. 20		
6	青山区	727. 70	718. 02			9. 68
7	洪山区	16215. 79	6565. 39	8709. 13	97. 36	843. 91
8	东西湖区	9516. 61	1856. 35	1521. 03	17. 21	6122. 02
9	汉南区	9562. 01	4680. 71	219. 14	228. 97	4433. 19
10	蔡甸区	27279. 97	3859. 95	12024. 06	3402. 59	7993. 37
11	江夏区	45792. 65	3030. 16	32169. 96	1236. 43	9356. 10
12	黄陂区	22251. 79	5433. 48	6841. 52		9976. 79
13	新洲区	25216. 00	6586. 49	7928. 49		10701. 02
(二)	黄石市	56726. 25	10131. 30	27803. 17	1454. 28	17337. 50
14	黄石港区	937. 13	413. 96	513. 40		9. 77
15	西塞山区	2395. 14	1702. 47	568. 24		124. 43
16	下陆区	163. 23		104. 76		58. 47
18	阳新县	37029. 68	7204. 64	18600. 25	430. 70	10794. 09
19	大冶市	16201. 07	810. 23	8016. 52	1023. 58	6350. 74
(三)	襄阳市	103688. 02	50270. 28	457. 85	411. 99	52547. 90
20	襄城区	5609. 15	3265. 48	8. 36	35. 36	2299. 95
21	樊城区	8002. 60	5604. 13		335. 63	2062. 84
22	襄州区	17524. 31	4959. 13	8. 43		12556. 75
23	南漳县	8426. 15	4666. 46		16. 46	3743. 23
24	谷城县	9375. 62	8390. 05		24. 54	961. 03
25	保康县	3614. 30	3585. 38			28. 92
26	老河口市	13902. 76	6990. 16	151. 51		6761. 09
27	枣阳市	20192. 21	2796. 92			17395. 29
28	宜城市	17040. 92	10012. 57	289. 55		6738. 80
(四)	荆州市	341951. 73	93535. 97	63443. 55	9974. 79	174997. 42

（续）

序 号	行政区	合 计	湿地类型			
			河流湿地	湖泊湿地	沼泽湿地	人工湿地
29	沙市区	9657.05	883.80	4285.92		4487.33
30	荆州区	16326.38	3127.60	3258.20		9940.58
31	江陵县	11215.15	4216.02		243.88	6755.25
32	公安县	41780.54	11672.88	6785.08	1432.30	21890.28
33	监利县	75230.99	21966.35	16335.36		36929.28
34	石首市	39529.11	20626.05	7277.86	4981.81	6643.39
35	洪湖市	128489.21	23532.40	23014.44	3066.13	78876.24
36	松滋市	19723.30	7510.87	2486.69	250.67	9475.07
（五）	宜昌市	79613.16	34985.64	1765.93	1503.84	41357.75
37	西陵区	858.39	287.23			571.16
38	伍家岗区	1030.08	934.40	42.16		53.52
39	点军区	2268.92	1712.10			556.82
40	猇亭区	902.56	856.16			46.40
41	夷陵区	8085.78	3288.62	120.98	324.73	4351.45
42	秭归县	10181.17	1280.47			8900.70
43	远安县	3270.34	2820.04			450.30
44	兴山县	3007.72	1714.56		28.50	1264.66
45	长阳县	10304.26	1726.26			8578.00
46	五峰县	1292.91	1039.19		9.63	244.09
47	宜都市	6836.09	4853.74	208.42		1773.93
48	当阳市	13122.66	2707.43		1140.98	9274.25
49	枝江市	18452.28	11765.44	1394.37		5292.47
（六）	十堰市	92787.13	34144.55		82.48	58560.10
50	茅箭区	681.01	479.85			201.16
51	张湾区	1612.47	1555.29			57.18
52	郧县	19510.77	10361.24			9149.53
53	郧西县	6755.20	6520.62			234.58
54	竹山县	8622.70	4360.30			4262.40
55	竹溪县	5782.73	2183.48			3599.25
56	房县	5185.75	4915.11			270.64
57	丹江口市	44636.50	3768.66		82.48	40785.36
（七）	孝感市	82796.62	24878.25	16113.60	34.63	41770.14
58	孝南区	15319.87	5244.15	4191.18		5884.54

（续）

序　号	行政区	合　计	湿地类型			
			河流湿地	湖泊湿地	沼泽湿地	人工湿地
59	孝昌县	5707.49	2504.58			3202.91
60	云梦县	4329.04	1945.14	404.11		1979.79
61	大悟县	5681.95	3442.45			2239.50
62	应城市	11186.83	2286.78	4979.65		3920.40
63	安陆市	6569.86	3236.86	260.33		3072.67
64	汉川市	34001.58	6218.29	6278.33	34.63	21470.33
（八）	荆门市	91796.34	23997.73	18677.57	984.43	48136.61
65	东宝区	11300.20	1095.69	63.37		10141.14
66	掇刀区	2756.50	478.80			2277.70
67	沙洋县	24821.02	3478.78	12241.28		9100.96
68	京山县	13390.08	3657.12	9.38	414.25	9309.33
69	钟祥市	39528.54	15287.34	6363.54	570.18	17307.48
（九）	鄂州市	42725.00	7508.91	22912.74	2134.92	10168.43
70	鄂城区	14898.17	3769.65	5562.69	980.46	4585.37
71	华容区	12317.66	3269.45	5852.58		3195.63
72	梁子湖区	15509.17	469.81	11497.47	1154.46	2387.43
（十）	黄冈市	132134.34	57708.20	22634.15	5181.58	46610.41
73	黄州区	12517.92	8182.89	1134.94		3200.09
74	团风县	8717.67	4741.23	873.22	28.58	3074.64
75	浠水县	17494.64	9478.51	3933.36	91.52	3991.25
76	蕲春县	18078.29	5439.17	5308.46	46.74	7283.92
77	黄梅县	28885.12	8167.95	6920.72	5014.74	8781.71
78	英山县	3843.30	2040.62			1802.68
79	罗田县	6496.46	3607.31	10.98		2878.17
80	红安县	7160.38	3522.84			3637.54
81	麻城市	12903.03	6654.82	9.87		6238.34
82	武穴市	16037.53	5872.86	4442.60		5722.07
（十一）	咸宁市	88731.07	25839.65	24028.40	1946.13	36916.89
83	咸安区	10665.93	1280.84	5149.56	32.97	4202.56
84	通山县	10348.51	2659.75	13.45		7675.31
85	崇阳县	5228.48	2500.03	30.94		2697.51
86	通城县	2686.12	1207.89			1478.23
87	嘉鱼县	38926.04	15604.18	10674.32	1584.23	11063.31

（续）

序　号	行政区	合　计	湿地类型			
			河流湿地	湖泊湿地	沼泽湿地	人工湿地
88	赤壁市	20875.99	2586.96	8160.13	328.93	9799.97
（十二）	随州市	38332.30	14070.14	107.75		24154.41
89	曾都区	6255.73	3037.93			3217.80
90	随县	17626.80	6867.77	107.75		10651.28
91	广水市	14449.77	4164.44			10285.33
（十三）	恩施州	33325.99	14362.92	93.57	1363.90	17505.60
92	恩施市	5063.95	2034.70		315.16	2714.09
93	利川市	3645.97	3369.45		31.43	245.09
94	建始县	3209.21	1299.62			1909.59
95	咸丰县	2244.33	1634.55		20.61	589.17
96	巴东县	9542.86	1289.11	93.57		8160.18
97	宣恩县	3676.58	1903.83		974.46	798.29
98	来凤县	2045.62	1478.44			567.18
99	鹤峰县	3897.47	1353.22		22.24	2522.01
（十四）	仙桃市	49421.43	5782.00	924.56	5766.56	36948.31
100	仙桃市	49421.43	5782.00	924.56	5766.56	36948.31
（十五）	潜江市	24296.96	7246.67	1246.55		15803.74
101	潜江市	24296.96	7246.67	1246.55		15803.74
（十六）	天门市	21505.91	7879.94	5474.12		8151.85
102	天门市	21505.91	7879.94	5474.12		8151.85
（十七）	神农架林区	2701.29	1366.43	211.16	986.11	137.59
103	神农架林区	2701.29	1366.43	211.16	986.11	137.59

2 河流湿地

2.1 河流湿地型及面积

全省河流湿地共45.04万公顷，包括永久性河流和洪泛平原湿地2个湿地型(图2-4、图2-5)。

(1)永久性河流湿地。永久性河流湿地指常年有河水径流的河流，仅包括河床部分。全省永久性河流湿地面积达36.48万公顷，占河流湿地总面积的80.99%。

(2)洪泛平原湿地。洪泛平原湿地指在丰水季节由洪水泛滥的河滩、河心洲、河谷、季节性泛滥的草地以及保持了常年或季节性被水浸润内陆三角洲所组成的湿地。全省洪泛平原湿地面积达8.56万公顷，占河流湿地总面积的19.01%。

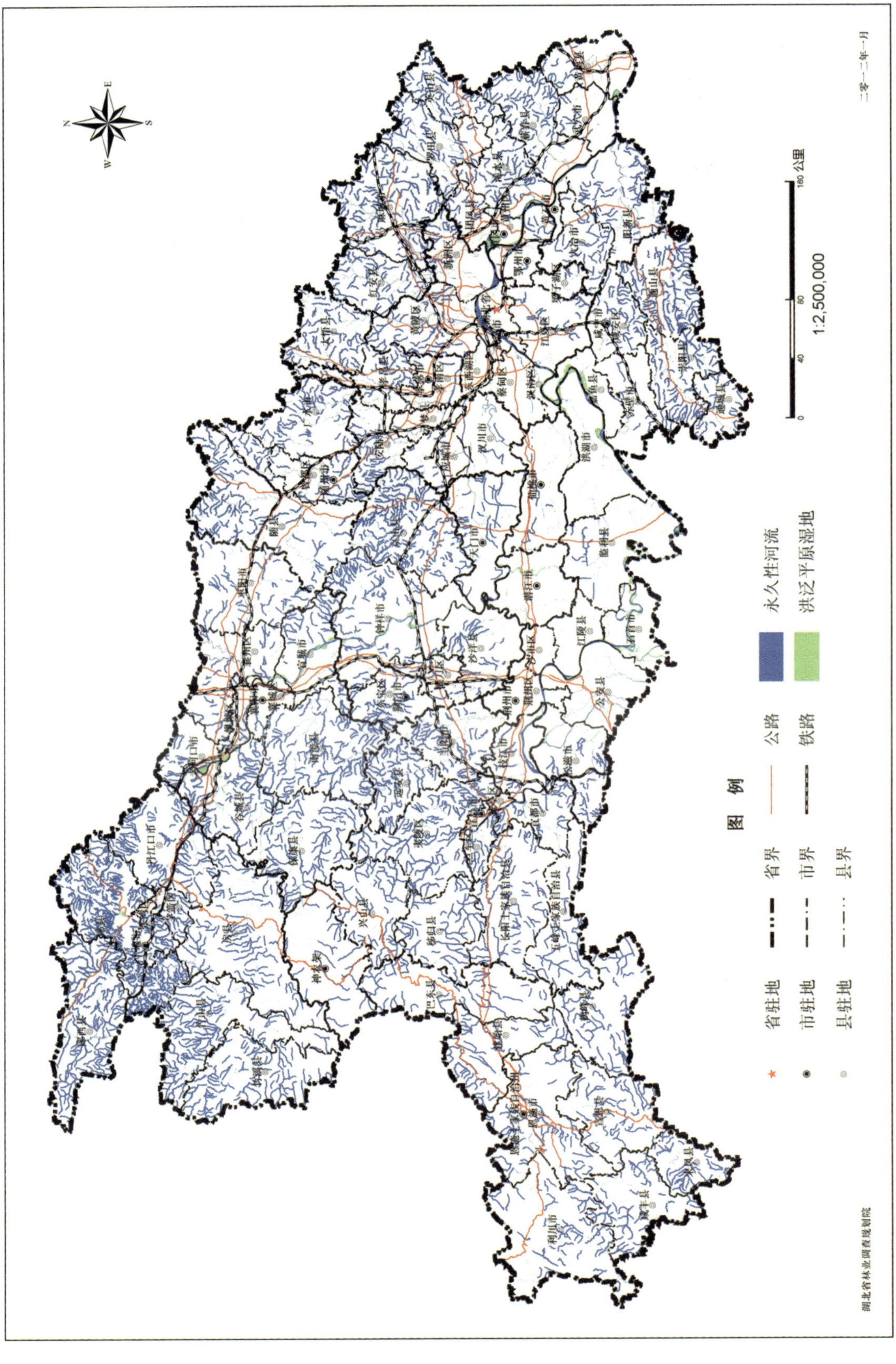

图 2-4　湖北省河流湿地分布图

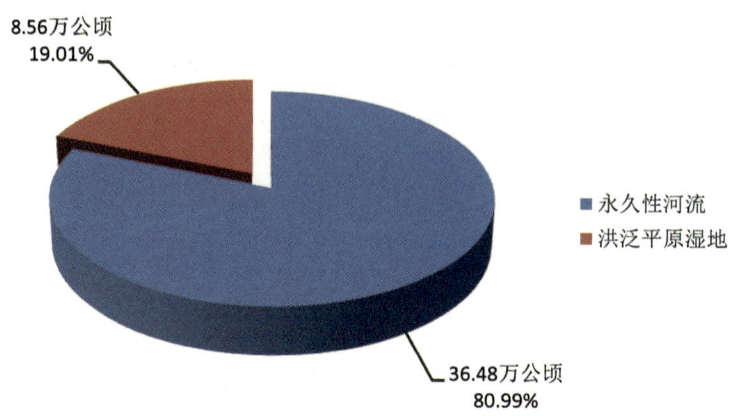

图 2-5 湖北省河流湿地型比例构成图

2.2 各流域湿地型及面积

全省有 2 个一级流域 7 个二级流域 14 个三级流域。一级流域中长江区河流湿地 44.81 万公顷，淮河区河流湿地 0.22 万公顷(表 2-5)。湖北河流较多，长江区流域面积大，区内有大量河流分布，其中河网密度最高的为长江区的洞庭湖水系、汉江流域、宜昌至湖口流域，永久性河流湿地面积最大的是城陵矶至湖口右岸流域，最小的是澧水以下流；洪泛平原湿地面积最大的是丹江口以下干流区(表 2-5)。

表 2-5 湖北省河流湿地流域概况表(公顷)

一级流域	二级流域	三级流域	合计	湿地类型	
				永久性河流	洪泛平原湿地
总 计			450382.94	364757.81	85625.13
长江区	合 计		448133.94	362547.27	85586.67
	乌江	思南以下	3081.15	3081.15	
	宜宾至宜昌	宜宾至宜昌干流区	9573.11	9515.97	57.14
	洞庭湖水系	小 计	22407.18	15761.01	6646.17
		洞庭湖环湖区	18435.05	11788.88	6646.17
		澧水	1523.63	1523.63	
		沅江浦市镇以下	2448.50	2448.50	
	汉江	小 计	140411.96	113264.1	27147.86
		丹江口以上	31391.41	29880.48	1510.93
		唐白河	6700.23	6467.49	232.74
		丹江口以下干流区	102320.32	76916.13	25404.19

（续）

一级流域	二级流域	三级流域	合　计	湿地类型	
				永久性河流	洪泛平原湿地
长江区	宜昌至湖口	小　计	260278.67	210703.28	49575.39
		武汉至湖口左岸	69347.75	63168.24	6179.51
		宜昌至武汉左岸	74587.29	51918.68	22668.61
		清江	18094.86	17622.35	472.51
		城陵矶至湖口右岸	98248.77	77994.01	20254.76
	湖口以下干流区	巢滁皖及沿江诸河	12381.87	10221.76	2160.11
淮河区	淮河上游	王家坝以上南岸	2249.00	2210.54	38.46

2.3 各湿地区湿地型及面积

全省136个湿地区河流湿地面积分布见表2-6。湖北地处长江中下游，湿地区中河流湿地面积最大的为长江干流湿地区(葛洲坝以下)，其湿地面积占所有河流湿地面积的30.97%。湿地区中河流湿地面积第二大的是汉江干流(丹江口—钟祥皇庄段湿地区)，第三是长江新螺段白鳖豚保护区湿地区地区。各个湿地区中，永久性河流湿地面积最大的是长江干流湿地区(葛洲坝以下)、汉江干流(丹江口—钟祥皇庄段)、长江新螺段白鳖豚保护区湿地区，洪泛平原湿地面积最大是长江干流湿地区(葛洲坝以下)。

表2-6　湖北省各湿地区河流湿地分布概况表(公顷)

序号	湿地区名称	合　计	湿地类型	
			永久性河流	洪泛平原湿地
总　计		450382.94	364757.81	85625.13
1	长江干流湿地区(葛洲坝以下)	139481.04	102378.99	37102.05
2	汉江干流(丹江口—钟祥皇庄段)	35244.79	21168.92	14075.87
3	汉江干流(钟祥皇庄以下段)	23117.23	18747.30	4369.93
4	万江河大鲵自然保护区湿地区	9.18	9.18	
5	忠建河大鲵自然保护区湿地区	154.41	154.41	
6	长江新螺段白鳖豚保护区湿地区	20633.80	13000.49	7633.31
7	长江宜昌段中华鲟保护区湿地区	844.76	844.76	
8	石首天鹅洲长江故道湿地区	3024.31	2383.31	641.00
9	沉湖湿地区	285.24	285.24	
10	斧头湖湿地区			
11	洪湖湿地区			
12	梁子湖湿地区	775.15	775.15	
13	龙感湖湿地区	272.74	272.74	
14	网湖湿地	1165.26	1040.84	124.42

（续）

序号	湿地区名称	合 计	湿地类型	
			永久性河流	洪泛平原湿地
15	长湖湿地区			
16	神农架大九湖湿地区			
17	湖北三峡库区湿地			
18	葛洲坝库区湿地			
19	丹江口水库湿地区	5497.41	4181.18	1316.23
20	漳河水库湿地区			
21	水布垭库区			
22	隔河岩库区			
23	高坝州库区			
24	湖北大别山自然保护区	86.87	86.87	
25	湖北星斗山国家级自然保护区	310.40	310.40	
26	武汉城市湖泊群	0.00		
27	襄樊谷城汉江国家湿地公园	517.89	238.07	279.82
28	江岸区零星湿地区	270.64	270.64	
29	江汉区零星湿地区			
30	硚口区零星湿地区			
31	汉阳区零星湿地区			
32	武昌区零星湿地区			
33	青山区零星湿地区			
34	洪山区零星湿地区	111.75	111.75	
35	东西湖区零星湿地区	1292.04	1292.04	
36	汉南区零星湿地区	962.32	789.90	172.42
37	蔡甸区零星湿地区	1416.98	1232.44	184.54
38	江夏区零星湿地区	855.51	855.51	
39	黄陂区零星湿地区	4833.30	4833.30	
40	新洲区零星湿地区	2482.80	2482.80	
41	黄石港区零星湿地区			
42	西塞山区零星湿地区	11.02	11.02	
43	下陆区零星湿地区			
44	阳新县零星湿地区	2481.31	2411.12	70.19
45	大冶市零星湿地区	810.23	810.23	
46	茅箭区零星湿地区	479.85	479.85	
47	张湾区零星湿地区	1555.29	1555.29	
48	武当山特区零星湿地区	263.30	263.30	
49	郧 县零星湿地区	6322.89	6216.43	106.46

（续）

序号	湿地区名称	合　计	湿地类型	
			永久性河流	洪泛平原湿地
50	郧西县零星湿地区	5061.56	5061.56	
51	竹山县零星湿地区	4360.30	4360.30	
52	竹溪县零星湿地区	2174.30	2174.30	
53	房县零星湿地区	4915.11	4915.11	
54	丹江口市零星湿地区	2786.64	2786.64	
55	宜昌市市辖区零星湿地区	66.04	66.04	
56	西陵区零星湿地区	23.70	23.70	
57	伍家岗区零星湿地区	106.21	106.21	
58	点军区零星湿地区	463.34	463.34	
59	猇亭区零星湿地区	11.40	11.40	
60	夷陵区零星湿地区	3222.58	3222.58	
61	远安县零星湿地区	2820.04	2820.04	
62	兴山县零星湿地区	1714.56	1657.42	57.14
63	秭归县零星湿地区	1280.47	1280.47	
64	长阳土家族自治县零星湿地区	1726.26	1726.26	
65	五峰土家族自治县零星湿地区	1039.19	1039.19	
66	宜都市零星湿地区	1891.36	1891.36	
67	当阳市零星湿地区	2707.43	2707.43	
68	枝江市零星湿地区	1852.09	1458.06	394.03
69	襄城区零星湿地区	120.69	120.69	
70	樊城区零星湿地区	201.58	201.58	
71	襄州区零星湿地区	3893.48	3660.74	232.74
72	南漳县零星湿地区	4666.46	4639.91	26.55
73	谷城县零星湿地区	4388.17	4028.44	359.73
74	保康县零星湿地区	3585.38	3313.19	272.19
75	老河口市零星湿地区	338.20	338.20	
76	枣阳市零星湿地区	2796.92	2796.92	
77	宜城市零星湿地区	1465.94	1465.94	
78	梁子湖区零星湿地区	98.04	98.04	
79	华容区零星湿地区	83.37	83.37	
80	鄂城区零星湿地区	145.11	145.11	
81	东宝区零星湿地区	1095.69	1095.69	
82	掇刀区零星湿地区	478.80	478.80	
83	京山县零星湿地区	3657.12	3641.32	15.80
84	沙洋县零星湿地区	1630.99	1630.99	

（续）

序号	湿地区名称	合　计	湿地类型	
			永久性河流	洪泛平原湿地
85	钟祥市零星湿地区	2143.38	2143.38	
86	孝南区零星湿地区	5244.15	5244.15	
87	孝昌县零星湿地区	2504.58	2504.58	
88	大悟县零星湿地区	3442.45	3386.12	56.33
89	云梦县零星湿地区	1945.14	1945.14	
90	应城市零星湿地区	2286.78	2286.78	
91	安陆市零星湿地区	3236.86	3227.74	9.12
92	汉川市零星湿地区	3122.06	3122.06	
93	沙市区零星湿地区	30.43	30.43	
94	荆州区零星湿地区	1359.91	522.89	837.02
95	公安县零星湿地区	6411.25	4895.97	1515.28
96	监利县零星湿地区	3319.96	3117.38	202.58
97	江陵县零星湿地区	316.55	316.55	
98	石首市零星湿地区	3665.55	1561.92	2103.63
99	洪湖市零星湿地区	3936.42	1920.13	2016.29
100	松滋市零星湿地区	5918.01	4411.84	1506.17
101	黄冈市市辖区零星湿地区			
102	黄州区零星湿地区	963.66	834.68	128.98
103	团风县零星湿地区	1418.74	1060.96	357.78
104	红安县零星湿地区	3522.84	3062.63	460.21
105	罗田县零星湿地区	3560.36	3027.28	533.08
106	英山县零星湿地区	2000.70	1955.76	44.94
107	浠水县零星湿地区	4702.18	3160.76	1541.42
108	蕲春县零星湿地区	3229.19	2680.74	548.45
109	黄梅县零星湿地区	1761.98	1747.92	14.06
110	麻城市零星湿地区	6654.82	5308.81	1346.01
111	武穴市零星湿地区	418.64	418.64	
112	咸安区零星湿地区	1280.84	974.18	306.66
113	嘉鱼县零星湿地区	730.53	730.53	
114	通城县零星湿地区	1207.89	1207.89	
115	崇阳县零星湿地区	2500.03	2500.03	
116	通山县零星湿地区	2659.75	2645.59	14.16
117	赤壁市零星湿地区	1609.74	1519.81	89.93
118	曾都区零星湿地区	3037.93	2520.70	517.23
119	随县零星湿地区	6867.77	6770.74	97.03

（续）

序号	湿地区名称	合 计	湿地类型	
			永久性河流	洪泛平原湿地
120	广水市零星湿地区	4164.44	4099.55	64.89
121	恩施市零星湿地区	1984.41	1984.41	
122	利川市零星湿地区	3115.45	3115.45	
123	建始县零星湿地区	1299.62	1299.62	
124	巴东县零星湿地区	1289.11	1289.11	
125	宣恩县零星湿地区	1903.83	1828.49	75.34
126	咸丰县零星湿地区	1474.03	1474.03	
127	来凤县零星湿地区	1478.44	1478.44	
128	鹤峰县零星湿地区	1353.22	1353.22	
129	仙桃市零星湿地区	3724.99	3320.72	404.27
130	潜江市零星湿地区	4582.69	2000.52	2582.17
131	天门市零星湿地区	3196.98	2408.93	788.05
132	沙洋监狱零星湿地区			
133	襄北农场零星湿地区			
134	襄南农场零星湿地区			
135	神农架林区零星湿地区	1071.00	1041.37	29.63
136	神农架自然保护区零星湿地区	295.43	295.43	

2.4 各行政区河流湿地型及面积

全省13个市(州)、4个省直管市(林区)河流湿地面积分布见表2-7。荆州市河流湿地面积达9.35万公顷，居13个市(州)之首；黄冈市河流湿地面积达5.77万公顷，居第二位；襄阳市河流湿地面积5.03万公顷，居第三位。

表2-7 湖北省13个市(州)、4个省直管市(林区)河流湿地分布概况表(公顷)

序号	行政区	合 计	湿地类型	
			永久性河流	洪泛平原湿地
总 计		450382.94	364757.81	85625.13
1	武汉市	36674.36	34530.69	2143.67
2	黄石市	10131.30	9488.65	642.65
3	襄阳市	50270.28	36980.29	13289.99
4	荆州市	93535.97	60173.40	33362.57
5	宜昌市	34985.64	33847.21	1138.43
6	十堰市	34144.55	32633.62	1510.93
7	孝感市	24878.25	24669.93	208.32

（续）

序号	行政区	合　计	湿地类型	
			永久性河流	洪泛平原湿地
8	荆门市	23997.73	18901.71	5096.02
9	鄂州市	7508.91	6998.15	510.76
10	黄冈市	57708.20	42803.29	14904.91
11	咸宁市	25839.65	18376.24	7463.41
12	随州市	14070.14	13390.99	679.15
13	恩施州	14362.92	14287.58	75.34
14	仙桃市	5782.00	5235.89	546.11
15	潜江市	7246.67	4127.97	3118.70
16	天门市	7879.94	6975.40	904.54
17	神农架林区	1366.43	1336.80	29.63

3 湖泊湿地

3.1 湖泊湿地型及面积

永久性淡水湖指由淡水组成的永久性湖泊。全省湖泊湿地共27.69万公顷，全部为永久性淡水湖(图2-6)。

3.2 各流域湿地型及面积

湖北省湖泊众多，资源丰富，湖泊湿地主要分布在宜昌至湖口、汉江流域，淮河上游分布最少。在地理位置上可以看出，湖北省境大型湖泊主要集中在丹江口至宜昌一线以东的地区，主要大型湖泊有洪湖、梁子湖、长湖、斧头湖、龙感湖、网湖等(图2-6、表2-8)。

表2-8　湖北省各流域湖泊湿地分布概况表(公顷)

一级流域	二级流域	三级流域	合　计	湿地类型
				永久性淡水湖
总　计			276919.87	276919.87
长江区	合　计		276911.04	276911.04
	乌江	思南以下		
	宜宾至宜昌	宜宾至宜昌干流区	83.21	83.21
	洞庭湖水系	小　计	15942.83	15942.83
		洞庭湖环湖区	15942.83	15942.83
		澧水		
		沅江浦市镇以下		

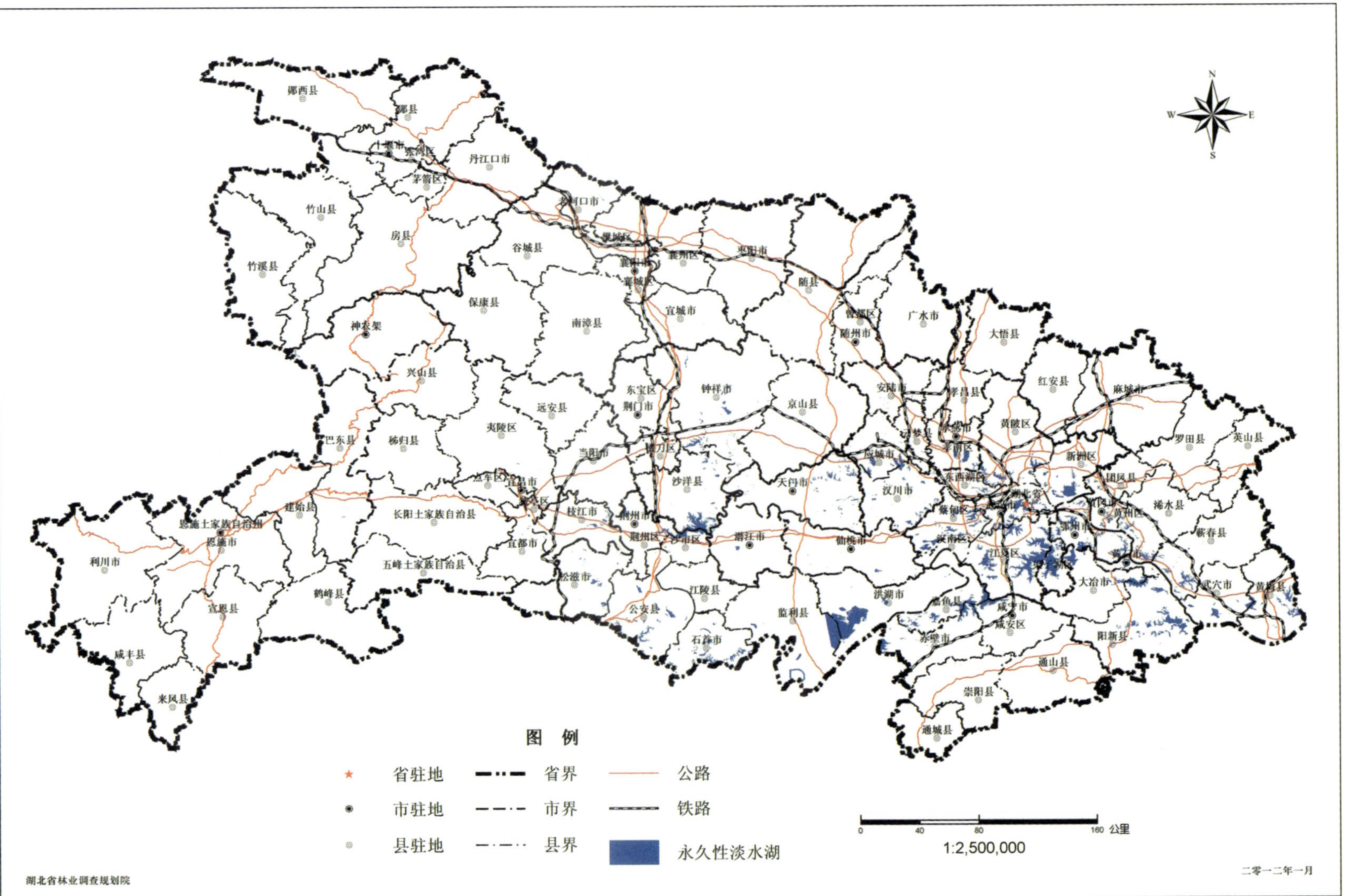

图 2-6　湖北省湖泊湿地分布图

（续）

一级流域	二级流域	三级流域	合 计	湿地类型
				永久性淡水湖
长江区	汉江	小 计	39438.94	39438.94
		丹江口以上	211.16	211.16
		唐白河	19.36	19.36
		丹江口以下干流区	39208.42	39208.42
	宜昌至湖口	小 计	210893.61	210893.61
		武汉至湖口左岸	33418.10	33418.10
		宜昌至武汉左岸	60967.01	60967.01
		清江	326.90	326.90
		城陵矶至湖口右岸	116181.60	116181.60
	湖口以下干流区	巢滁皖及沿江诸河	10552.45	10552.45
淮河区	淮河上游	王家坝以上南岸	8.83	8.83

3.3 各湿地区湿地型及面积

全省75个湿地区湖泊湿地面积分布详见表2-9。单独区划的湿地区中，湖泊湿地面积最大的湿地区为梁子湖湿地区，湿地面积3.97万公顷；洪湖湿地区次之，湿地面积3.44万公顷。在零星湿地区中，湖泊湿地面积最大的是阳新县零星湿地区，面积1.06万公顷。

表2-9 湖北省各湿地区湖泊湿地分布概况表(公顷)

序号	湿地区名称	合 计	序号	湿地区名称	合 计
总 计		276919.87	14	汉阳区零星湿地区	202.22
1	汉江干流(钟祥皇庄以下段)	17.34	15	武昌区零星湿地区	18.80
2	沉湖湿地区	3045.33	16	洪山区零星湿地区	1745.70
3	斧头湖湿地区	7949.19	17	东西湖区零星湿地区	1521.03
4	洪湖湿地区	34353.56	18	汉南区零星湿地区	219.14
5	梁子湖湿地区	39718.02	19	蔡甸区零星湿地区	8523.64
6	龙感湖湿地区	4717.36	20	江夏区零星湿地区	7063.08
7	网湖湿地	7983.53	21	黄陂区零星湿地区	6841.52
8	长湖湿地区	13113.02	22	新洲区零星湿地区	7928.49
9	神农架大九湖湿地区	211.16	23	黄石港区零星湿地区	513.40
10	武汉城市湖泊群	12948.93	24	西塞山区零星湿地区	568.24
11	江岸区零星湿地区	46.66	25	下陆区零星湿地区	104.76
12	江汉区零星湿地区	8.92	26	阳新县零星湿地区	10616.72
13	硚口区零星湿地区	34.95	27	大冶市零星湿地区	7892.94

（续）

序号	湿地区名称	合　计	序号	湿地区名称	合　计
28	伍家岗区零星湿地区	42.16	52	石首市零星湿地区	7277.86
29	夷陵区零星湿地区	120.98	53	洪湖市零星湿地区	1928.19
30	宜都市零星湿地区	208.42	54	松滋市零星湿地区	2486.69
31	枝江市零星湿地区	1394.37	55	黄冈市市辖区零星湿地区	320.41
32	襄城区零星湿地区	8.36	56	黄州区零星湿地区	814.53
33	襄州区零星湿地区	8.43	57	团风县零星湿地区	873.22
34	老河口市零星湿地区	151.51	58	罗田县零星湿地区	10.98
35	宜城市零星湿地区	263.46	59	浠水县零星湿地区	3933.36
36	梁子湖区零星湿地区	17.90	60	蕲春县零星湿地区	5308.46
37	华容区零星湿地区	963.44	61	黄梅县零星湿地区	2203.36
38	鄂城区零星湿地区	2916.14	62	麻城市零星湿地区	9.87
39	东宝区零星湿地区	63.37	63	武穴市零星湿地区	4442.60
40	京山县零星湿地区	9.38	64	咸安区零星湿地区	884.62
41	沙洋县零星湿地区	3653.38	65	嘉鱼县零星湿地区	7287.68
42	钟祥市零星湿地区	6346.20	66	崇阳县零星湿地区	30.94
43	孝南区零星湿地区	4191.18	67	通山县零星湿地区	13.45
44	云梦县零星湿地区	404.11	68	赤壁市零星湿地区	8160.13
45	应城市零星湿地区	4979.65	69	随县零星湿地区	107.75
46	安陆市零星湿地区	260.33	70	巴东县零星湿地区	93.57
47	汉川市零星湿地区	6278.33	71	仙桃市零星湿地区	924.56
48	沙市区零星湿地区	240.45	72	潜江市零星湿地区	1246.55
49	荆州区零星湿地区	2764.40	73	天门市零星湿地区	5474.12
50	公安县零星湿地区	6785.08	74	沙洋监狱零星湿地区	14.15
51	监利县零星湿地区	3068.05	75	襄南农场零星湿地区	26.09

3.4　各行政区湿地型及面积

全省13个市(州)、4个省直管市(林区)湖泊湿地面积分布见表2-10。武汉、荆州、黄石湖泊众多，湖泊湿地面积在全省14个市州中分别居第一、二、三位，湖泊湿地面积分别为7.10万公顷、6.34万公顷、2.78万公顷。

表 2-10 湖北省 13 个市(州)、4 个省直管市(林区)湖泊湿地分布概况表(公顷)

序号	行政区	合 计	湿地类型
			永久性淡水湖
湖北省		276919.87	276919.87
1	武汉市	71025.20	71025.20
2	黄石市	27803.17	27803.17
3	襄阳市	457.85	457.85
4	荆州市	63443.55	63443.55
5	宜昌市	1765.93	1765.93
6	十堰市		
7	孝感市	16113.60	16113.60
8	荆门市	18677.57	18677.57
9	鄂州市	22912.74	22912.74
10	黄冈市	22634.15	22634.15
11	咸宁市	24028.40	24028.40
12	随州市	107.75	107.75
13	恩施州	93.57	93.57
14	仙桃市	924.56	924.56
15	潜江市	1246.55	1246.55
16	天门市	5474.12	5474.12
17	神农架林区	211.16	211.16

4 沼泽湿地

4.1 沼泽湿地型及面积

全省沼泽湿地共 3.69 万公顷，包括藓类沼泽、草本沼泽、灌丛沼泽、森林沼泽和沼泽化草甸 5 个湿地类型(图 2-7、图 2-8)。

4.1.1 藓类沼泽

藓类沼泽是指发育在有机土壤上具有泥炭层的以苔藓植物为优势群落的沼泽。全省藓类沼泽湿地面积为 1279.77 公顷，占沼泽湿地总面积的 3.47%。

4.1.2 草本沼泽

草本沼泽即由水生和沼生的草本植物组成优势群落的淡水沼泽。全省草本沼泽湿地面积 34453.11 公顷，占全省沼泽湿地总面积的 93.33%。

4.1.3 灌丛沼泽

灌丛沼泽指以灌丛植物为优势群落的淡水沼泽。全省灌丛沼泽湿地面积为 241.36 公顷，占沼

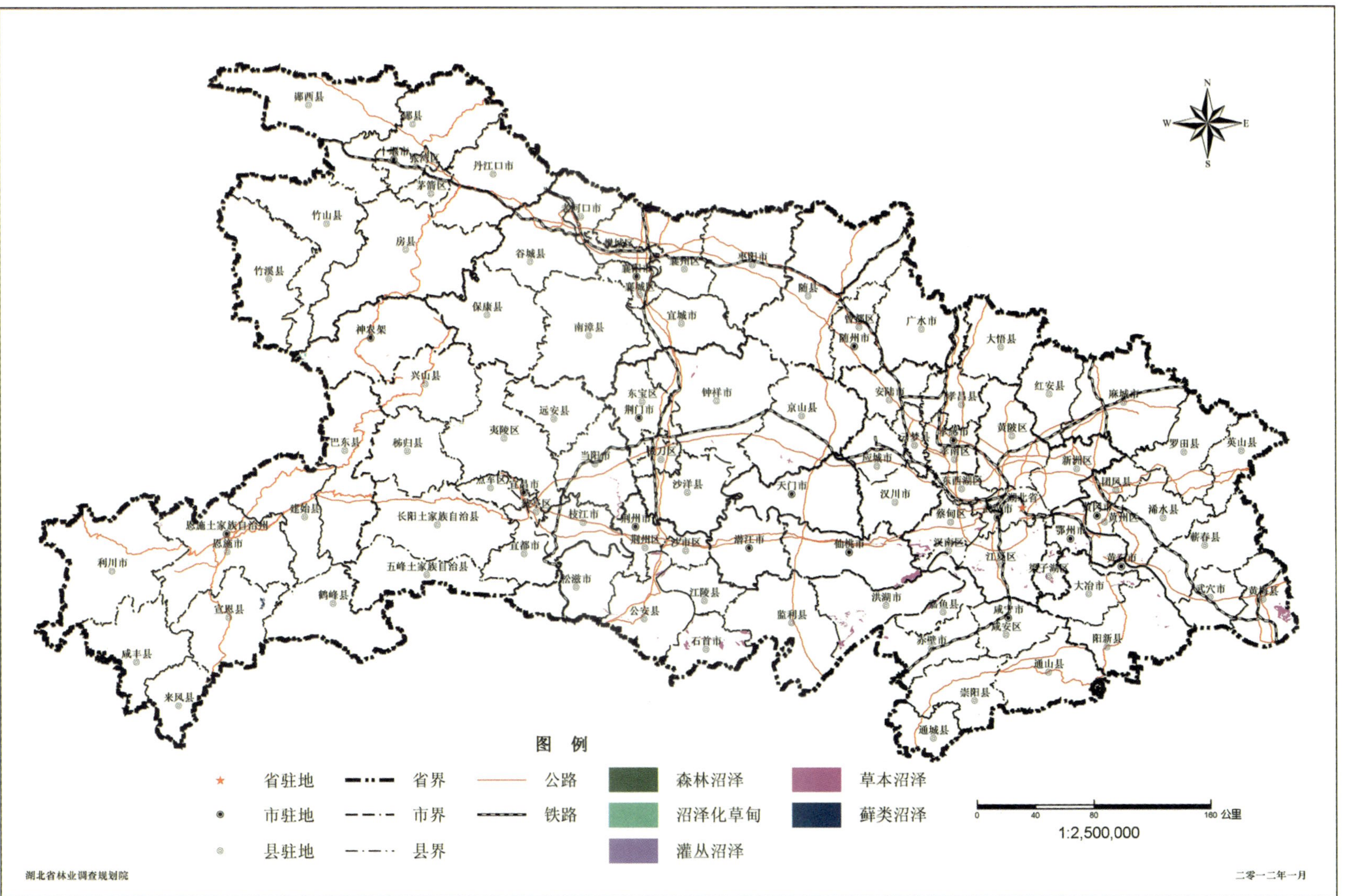

图 2-7　湖北省沼泽湿地分布图

泽湿地总面积的0.65%。

4.1.4　森林沼泽

森林沼泽指以乔木森林植物为优势群落的淡水沼泽。全省森林沼泽湿地面积为283.07公顷，占沼泽湿地总面积的0.77%。

4.1.5　沼泽化草甸

沼泽化草甸是典型草甸向沼泽植被的过渡类型，是在地势低洼、排水不畅、土壤过分潮湿、通透性不良等环境条件下发育起来的。全省沼泽化草甸湿地面积659.02公顷，占沼泽湿地总面积的1.79%。

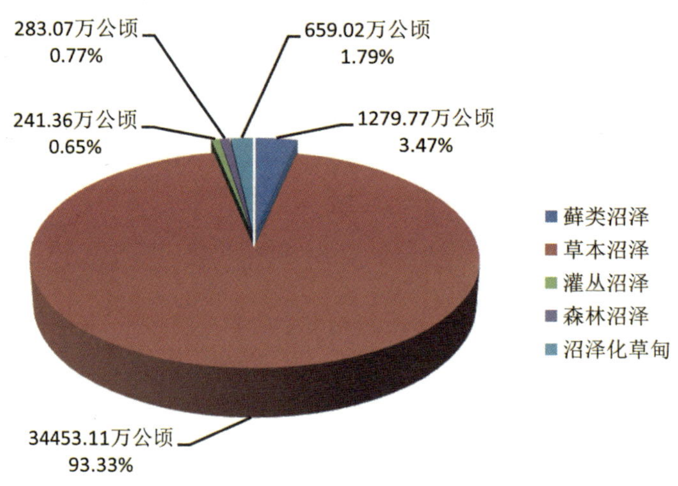

图2-8　湖北省沼泽湿地型比例构成图

4.2　各流域湿地型及面积

全省所有沼泽湿地都集中在一级流域长江区。湖北此类湿地为零星分布，主要分布在山间盆地、冰蚀谷底和河湖漫滩至江心洲上(表2-11)。

表2-11　湖北省各流域沼泽湿地分布概况(公顷)

一级流域	二级流域	三级流域	湿地类型					
			合计	藓类沼泽	草本沼泽	灌丛沼泽	森林沼泽	沼泽化草甸
总　计			36916.32	1279.77	34453.10	241.36	283.07	659.02
长江区	合　计		36916.32	1279.77	34453.10	241.36	283.07	659.02
	乌江	思南以下	45.11	24.50		20.61		
	宜宾至宜昌	宜宾至宜昌干流区	808.53		156.48	220.75	283.07	148.23
		小　计	1753.94	974.46	769.85			9.63

（续）

一级流域	二级流域	三级流域	湿地类型					
			合计	藓类沼泽	草本沼泽	灌丛沼泽	森林沼泽	沼泽化草甸
长江区	洞庭湖水系	澧水	31.87		22.24			9.63
		沅江浦市镇以下	974.46	974.46				
		洞庭湖环湖区	747.61		747.61			
		小　计	11805.95	280.81	11090.70			434.44
	汉江	丹江口以上	837.08	280.81	121.83			434.44
		唐白河						
		丹江口以下干流区	10968.88		10968.88			
		小　计	17488.05		17421.33			66.72
	宜昌至湖口	清江	66.72					66.72
		宜昌至武汉左岸	10368.16		10368.16			
		武汉至湖口左岸	184.05		184.05			
		城陵矶至湖口右岸	6869.12		6869.12			
	湖口以下干流区	巢滁皖及沿江诸河	5014.74		5014.74			
淮河区	淮河上游	王家坝以上南岸						

4.3　各湿地区湿地型及面积

全省49个湿地区沼泽湿地面积分布详见表2-12。从湿地区内沼泽湿地的分布看，湖北沼泽湿地多分布于长江干流湿地区（葛洲坝以下），湿地面积为0.64万公顷，其次为仙桃零星湿地区，湿地面积0.58万公顷。

表2-12　湖北省各湿地区沼泽湿地分布概况（公顷）

序号	湿地区名称	合　计	湿地类型				
			藓类沼泽	草本沼泽	灌丛沼泽	森林沼泽	沼泽化草甸
总　计		36916.33	1279.77	34453.11	241.36	283.07	659.02
1	长江干流湿地区（葛洲坝以下）	6405.55		6405.55			
2	汉江干流（丹江口—钟祥皇庄段）	919.98		919.98			
3	汉江干流（钟祥皇庄以下段）	204.64		204.64			
4	石首天鹅洲长江故道湿地区	1110.97		1110.97			
5	沉湖湿地区	2465.07		2465.07			
6	斧头湖湿地区	32.97		32.97			
7	洪湖湿地区	3066.13		3066.13			
8	梁子湖湿地区	1890.77		1890.77			
9	龙感湖湿地区	4987.06		4987.06			
10	网湖湿地	204.63		204.63			

（续）

序号	湿地区名称	合　计	湿地类型				
			藓类沼泽	草本沼泽	灌丛沼泽	森林沼泽	沼泽化草甸
11	神农架大九湖湿地区	745.08	280.81	29.83			434.44
12	汉阳区零星湿地区	17.79		17.79			
13	洪山区零星湿地区	97.36		97.36			
14	东西湖区零星湿地区	17.21		17.21			
15	汉南区零星湿地区	228.97		228.97			
16	蔡甸区零星湿地区	937.51		937.51			
17	江夏区零星湿地区	949.08		949.08			
18	阳新县零星湿地区	226.07		226.07			
19	大冶市零星湿地区	848.06		848.06			
20	宜昌市市辖区零星湿地区	254.57				254.57	
21	夷陵区零星湿地区	70.16					70.16
22	兴山县零星湿地区	28.50				28.5	
23	五峰土家族自治县零星湿地区	9.63					9.63
24	当阳市零星湿地区	1140.98		1140.98			
25	南漳县零星湿地区	16.46		16.46			
26	鄂城区零星湿地区	707.02		707.02			
27	京山县零星湿地区	414.25		414.25			
28	钟祥市零星湿地区	13.91		13.91			
29	汉川市零星湿地区	34.63		34.63			
30	公安县零星湿地区	236.45		236.45			
31	石首市零星湿地区	70.36		70.36			
32	松滋市零星湿地区	250.67		250.67			
33	团风县零星湿地区	28.58		28.58			
34	浠水县零星湿地区	91.52		91.52			
35	蕲春县零星湿地区	46.74		46.74			
36	黄梅县零星湿地区	27.68		27.68			
37	嘉鱼县零星湿地区	418.89		418.89			
38	赤壁市零星湿地区	328.93		328.93			
39	恩施市零星湿地区	315.16	24.50	71.01	74.86		144.79
40	利川市零星湿地区	31.43		31.43			
41	宣恩县零星湿地区	974.46	974.46				
42	咸丰县零星湿地区	20.61			20.61		
43	鹤峰县零星湿地区	22.24		22.24			
44	仙桃市零星湿地区	5766.56		5766.56			
45	神农架自然保护区零星湿地区	241.03		95.14	145.89		

4.4　各行政区湿地型及面积

全省 13 个市(州)、4 个省直管市(林区)沼泽湿地面积分布见表 2-13。从行政区内沼泽湿地的分布情况看，湖北沼泽湿地分布较多的是荆州、仙桃、黄冈三市，面积分别为 1.0 万公顷、0.58 万公顷、0.52 万公顷。藓类沼泽湿地主要分布在恩施州和神农架区，草本沼泽主要分布于荆州、武汉、黄冈、仙桃等市，灌丛沼泽分布于恩施州、神农架林区，森林沼泽分布于宜昌市，沼泽化草甸分布于宜昌市、恩施州和神农架林区。

表 2-13　湖北省 13 个市(州)、4 个省直管市(林区)沼泽湿地分布概况(公顷)

序号	行政区	合　计	湿地类型				
			藓类沼泽	草本沼泽	灌丛沼泽	森林沼泽	沼泽化草甸
湖北省		36916.33	1279.77	34453.11	241.36	283.07	659.02
1	武汉市	5090.69		5090.69			
2	黄石市	1454.28		1454.28			
3	襄阳市	411.99		411.99			
4	荆州市	9974.79		9974.79			
5	宜昌市	1503.84		1140.98		283.07	79.79
6	十堰市	82.48		82.48			
7	孝感市	34.63		34.63			
8	荆门市	984.43		984.43			
9	鄂州市	2134.92		2134.92			
10	黄冈市	5181.58		5181.58			
11	咸宁市	1946.13		1946.13			
12	随州市						
13	恩施州	1363.90	998.96	124.68	95.47		144.79
14	仙桃市	5766.56		5766.56			
15	潜江市						
16	天门市						
17	神农架林区	986.11	280.81	124.97	145.89		434.44

5　人工湿地

5.1　人工湿地型及面积

全省人工湿地 68.08 万公顷，占湿地总面积的 47.11%，主要有库塘、运河/输水河、水产养殖场 3 种类型(图 2-9、图 2-10)。

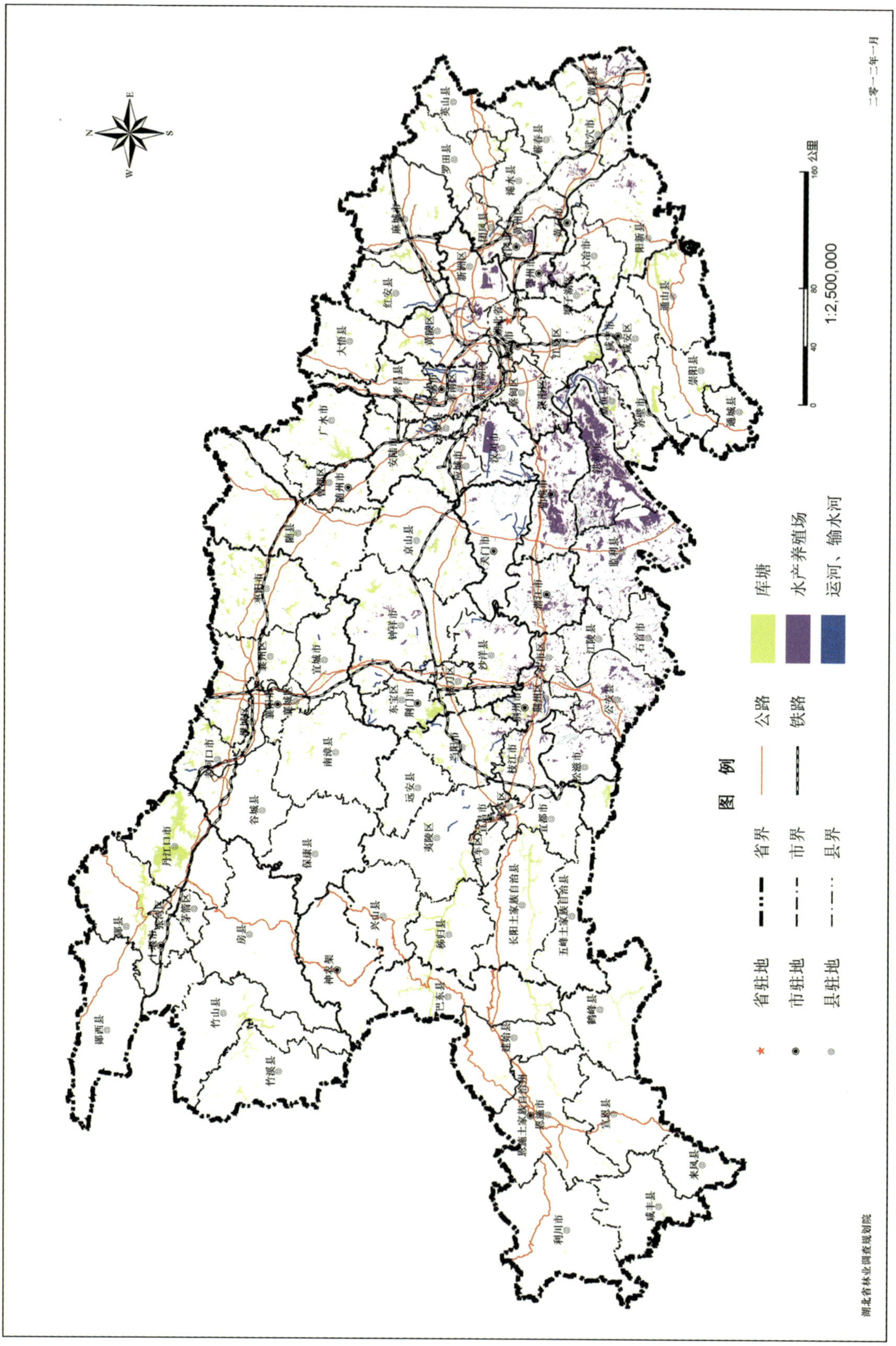

图 2-9 湖北省人工湿地分布图

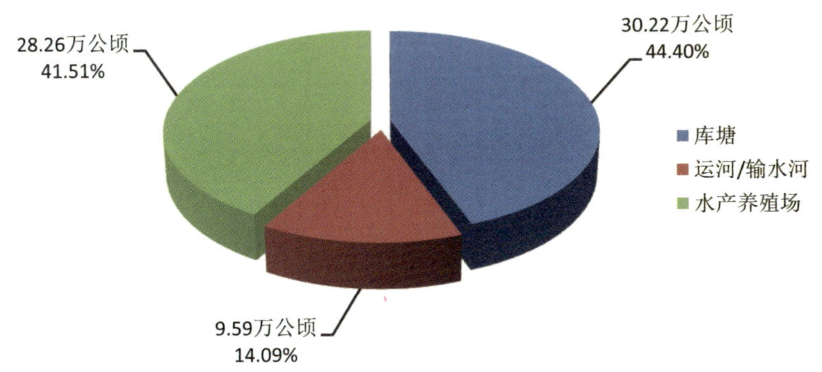

图 **2-10**　湖北省人工湿地面积及比例构成图

5.1.1　库　塘

库塘湿地主要是为灌溉、水电、防洪等目的而建造的，面积不小于 8 公顷的人工蓄水区。全省库塘湿地面积 30.22 万公顷。全省有大中小型水库 5800 座，不仅起到防洪、灌溉、发电、航运、城乡供水、养殖等作用，而且弥补了天然湖泊因围垦而造成的经济生态损失，同时改变了水体空间分布，改善了水库所在区域的生态环境。

5.1.2　运河/输水河

运河/输水河包括全省为水运、输水而建造的人工河流湿地，以及以灌溉、疏浚等为主要目的的沟、渠，面积为 9.59 万公顷。

5.1.3　水产养殖场

水产养殖场指以水产养殖为主要目的而建造的人工湿地。湖北省淡水水源广阔，水产养殖业发达，特别是近几十年来，大量湖泊、河流开阔水域被围垦用于养殖。全省水产养殖场面积达 28.26 万公顷，主要分布于洞庭湖水系、汉江、宜昌至湖口等水网地区。

5.2　各流域湿地型及面积

湖北省一级流域人工湿地的分布分为长江流域和淮河流域两个区，面积最大的是长江流域湿地区，为 67.82 万公顷。其中，库塘湿地面积最大，为 29.97 万公顷；第二位是水产养殖场湿地，面积为 28.26 万公顷；运河/输水河湿地面积最小，为 9.59 万公顷。从二级流域人工湿地的分布看，宜昌至湖口流域人工湿地面积最大，为 37.56 万公顷。其中，水产养殖场面积最大，为 18.97 万公顷；第二位是库塘湿地，面积为 14.07 万公顷；运河/输水河湿地面积最小，为 4.52 万公顷。湖北省各流域人工湿地分布概况见表 2-14。

5.3　各湿地区湿地型及面积

全省各湿地区人工湿地分布见表 2-15。从湿地区内人工湿地的分布看，人工湿地面积最大的洪湖市零星湿地区，面积为 7.36 万公顷，主要湿地类型为水产养殖场地；第二位是丹江口水库湿地区，面积为 4.92 万公顷，主要为库塘湿地；第三位的监利县零星湿地区，面积 3.69 万公顷，主要为水产养殖场。

表 2-14 湖北省各级流域人工湿地分布概况(公顷)

一级流域	二级流域	三级流域	合 计	湿地类型		
				库塘	运河/输水河	水产养殖场
总 计			680775.79	302244.73	95941.64	282589.42
长江区	合 计		678211.26	299680.20	95941.64	282589.42
	乌江	思南以下	911.61	911.61		
	宜宾至宜昌	宜宾至宜昌干流区	20616.17	20557.46	19.83	38.88
	洞庭湖水系	小 计	41416.49	8169.02	12602.72	20644.75
		洞庭湖环湖区	38308.19	5069.04	12602.72	20636.43
		澧水	2541.12	2541.12		
		沅江浦市镇以下	567.18	558.86		8.32
	汉江	小计	226207.22	125929.59	34246.13	66031.5
		丹江口以上	58416.13	58416.13		
		唐白河	22068.84	19804.04	2127.88	136.92
		丹江口以下干流区	145722.25	47709.42	32118.25	65894.58
	宜昌至湖口	小计	375599.52	140672.94	45204.54	189722.04
		武汉至湖口左岸	98315.47	57813.46	10069.23	30432.78
		宜昌至武汉左岸	183549.91	26219.18	28077.38	129253.35
		清江	19024.47	18981.94		42.53
		城陵矶至湖口右岸	74709.67	37658.36	7057.93	29993.38
	湖口以下干流区	巢滁皖及沿江诸河	13460.25	3439.58	3868.42	6152.25
淮河区	淮河上游	王家坝以上南岸	2564.53	2564.53		

表 2-15 湖北省各湿地区人工湿地分布概况(公顷)

序号	湿地区名称	合 计	湿地类型		
			库塘	运河/输水河	水产养殖场
总 计		680775.79	302244.73	95941.64	282589.42
1	长江干流湿地区(葛洲坝以下)	482.41	174.32		308.09
2	汉江干流(丹江口—钟祥皇庄段)	8.67	8.67		
3	汉江干流(钟祥皇庄以下段)	219.81			219.81
4	石首天鹅洲长江故道湿地区	104.30			104.30
5	沉湖湿地区	1121.39		110.49	1010.90
6	斧头湖湿地区	6680.82	5891.01		789.81
7	洪湖湿地区	5257.87		96.15	5161.72
8	梁子湖湿地区	10023.40	292.25	20.30	9710.85
9	龙感湖湿地区	3690.65	45.53	265.93	3379.19
10	网湖湿地	2506.42	106.11	24.48	2375.83

（续）

序号	湿地区名称	合　计	湿地类型		
			库塘	运河/输水河	水产养殖场
11	神农架大九湖湿地区	99.57	99.57		
12	湖北三峡库区湿地	16221.81	16221.81		
13	葛洲坝库区湿地	2787.58	2787.58		
14	丹江口水库湿地区	49183.18	49183.18		
15	漳河水库湿地区	8200.89	8200.89		
16	水布垭库区	7101.36	7101.36		
17	隔河岩库区	6881.57	6881.57		
18	高坝州库区	2822.86	2822.86		
19	湖北大别山自然保护区	15.60	15.60		
20	湖北星斗山国家级自然保护区	88.84	88.84		
21	襄樊谷城汉江国家湿地公园	84.90	84.90		
22	江岸区零星湿地区	18.07		18.07	
23	硚口区零星湿地区	11.88		0.89	10.99
24	汉阳区零星湿地区	205.11	92.84	63.40	48.87
25	青山区零星湿地区	9.68		9.68	
26	洪山区零星湿地区	843.91	170.36	297.00	376.55
27	东西湖区零星湿地区	6122.02	271.83	1363.58	4486.61
28	汉南区零星湿地区	4356.03	47.24	451.31	3857.48
29	蔡甸区零星湿地区	6871.98	1480.13	1230.83	4161.02
30	江夏区零星湿地区	3276.07	1063.68	1228.42	983.97
31	黄陂区零星湿地区	9976.79	5172.28	827.24	3977.27
32	新洲区零星湿地区	10701.02	854.39		9846.63
33	黄石港区零星湿地区	9.77		9.77	
34	西塞山区零星湿地区	124.43	24.87	85.96	13.60
35	下陆区零星湿地区	58.47		58.47	
36	阳新县零星湿地区	8287.67	6151.43	704.76	1431.48
37	大冶市零星湿地区	5187.48	1244.59	554.22	3388.67
38	茅箭区零星湿地区	201.16	201.16		
39	张湾区零星湿地区	57.18	57.18		
40	武当山特区零星湿地区	17.02	17.02		
41	郧县零星湿地区	450.09	450.09		
42	郧西县零星湿地区	111.15	111.15		
43	竹山县零星湿地区	4262.40	4262.40		
44	竹溪县零星湿地区	3599.25	3599.25		
45	房县零星湿地区	270.64	270.64		

（续）

序号	湿地区名称	合 计	湿地类型		
			库塘	运河/输水河	水产养殖场
46	丹江口市零星湿地区	399.36	399.36		
47	西陵区零星湿地区	20.56	20.56		
48	伍家岗区零星湿地区	53.52	19.04		34.48
49	点军区零星湿地区	161.80	122.92		38.88
50	猇亭区零星湿地区	46.40	46.40		
51	夷陵区零星湿地区	818.56	777.72	40.84	
52	远安县零星湿地区	450.30	450.30		
53	兴山县零星湿地区	379.11	379.11		
54	秭归县零星湿地区	91.84	91.84		
55	长阳县零星湿地区	8.31	8.31		
56	五峰县零星湿地区	244.09	244.09		
57	宜都市零星湿地区	639.19	596.66		42.53
58	当阳市零星湿地区	9274.25	6700.52	212.42	2361.31
59	枝江市零星湿地区	5292.47	2272.63	303.11	2716.73
60	襄城区零星湿地区	2299.95	1754.74	545.21	
61	樊城区零星湿地区	2062.84	1557.42	505.42	
62	襄州区零星湿地区	12530.20	9916.44	2583.49	30.27
63	南漳县零星湿地区	3743.23	3679.48	14.33	49.42
64	谷城县零星湿地区	876.13	854.14	21.99	
65	保康县零星湿地区	28.92	28.92		
66	老河口市零星湿地区	6761.09	5592.04	938.50	230.55
67	枣阳市零星湿地区	17395.29	15259.24	1999.13	136.92
68	宜城市零星湿地区	6687.76	4663.77	1838.05	185.94
69	梁子湖区零星湿地区	347.74	110.99	193.32	43.43
70	华容区零星湿地区	298.87	8.47	290.40	
71	鄂城区零星湿地区	762.88	351.74	262.82	148.32
72	东宝区零星湿地区	1940.25	1708.23	122.14	109.88
73	掇刀区零星湿地区	2277.70	2063.67	194.12	19.91
74	京山县零星湿地区	9309.33	6758.20	1427.27	1123.86
75	沙洋县零星湿地区	8860.85	3309.08	215.57	5336.20
76	钟祥市零星湿地区	17307.48	10337.17	3380.86	3589.45
77	孝南区零星湿地区	5884.54	1286.39	1008.13	3590.02
78	孝昌县零星湿地区	3202.91	2769.40	424.48	9.03
79	大悟县零星湿地区	2239.50	2239.50		
80	云梦县零星湿地区	1979.79	588.91	1210.90	179.98

（续）

序号	湿地区名称	合　计	湿地类型		
			库塘	运河/输水河	水产养殖场
81	应城市零星湿地区	3920.40	2012.91	1185.01	722.48
82	安陆市零星湿地区	3072.67	2542.47	453.30	76.90
83	汉川市零星湿地区	21470.33		5781.06	15689.27
84	沙市区零星湿地区	4487.33	502.52	1697.59	2287.22
85	荆州区零星湿地区	9940.58	2705.23	1900.81	5334.54
86	公安县零星湿地区	21875.62	471.68	7161.54	14242.40
87	监利县零星湿地区	36929.28	185.90	8488.59	28254.79
88	江陵县零星湿地区	6755.25	251.97	3724.53	2778.75
89	石首市零星湿地区	6225.27	130.93	2873.53	3220.81
90	洪湖市零星湿地区	73618.37		6716.44	66901.93
91	松滋市零星湿地区	9475.07	4203.88	2432.42	2838.77
92	黄冈市市辖区零星湿地区	25.39			25.39
93	黄州区零星湿地区	3174.70	102.57	511.37	2560.76
94	团风县零星湿地区	3074.64	1914.86	261.30	898.48
95	红安县零星湿地区	3637.54	3589.87	47.67	
96	罗田县零星湿地区	2862.57	2695.00	167.57	
97	英山县零星湿地区	1802.68	1568.78	90.12	143.78
98	浠水县零星湿地区	3991.25	2060.12	737.77	1193.36
99	蕲春县零星湿地区	7283.92	3168.66	1294.38	2820.88
100	黄梅县零星湿地区	5047.39	1643.65	1754.15	1649.59
101	麻城市零星湿地区	6238.34	5944.43		293.91
102	武穴市零星湿地区	5688.97	2472.54	1858.85	1357.58
103	咸安区零星湿地区	4202.56	1421.57	473.70	2307.29
104	嘉鱼县零星湿地区	10361.32	2103.04	1018.69	7239.59
105	通城县零星湿地区	1478.23	1437.65	40.58	
106	崇阳县零星湿地区	2697.51	2478.31	219.20	
107	通山县零星湿地区	7675.31	7566.93	108.38	
108	赤壁市零星湿地区	9799.97	7235.36	1457.78	1106.83
109	曾都区零星湿地区	3217.80	2515.85	636.27	65.68
110	随县零星湿地区	10651.28	9605.70	958.75	86.83
111	广水市零星湿地区	10285.33	10186.29	99.04	
112	恩施市零星湿地区	610.84	610.84		
113	利川市零星湿地区	164.51	164.51		
114	建始县零星湿地区	589.11	589.11		
115	巴东县零星湿地区	8.35	8.35		

（续）

序号	湿地区名称	合 计	湿地类型		
			库塘	运河/输水河	水产养殖场
116	宣恩县零星湿地区	436.02	436.02		
117	咸丰县零星湿地区	580.91	580.91		
118	来凤县零星湿地区	567.18	558.86		8.32
119	鹤峰县零星湿地区	2522.01	2522.01		
120	仙桃市零星湿地区	36728.50	50.81	5316.92	31360.77
121	潜江市零星湿地区	15803.74	400.80	5166.97	10235.97
122	天门市零星湿地区	8151.85	972.25	6153.91	1025.69
123	沙洋监狱零星湿地区	240.11			240.11
124	襄北农场零星湿地区	26.55	26.55		
125	襄南农场零星湿地区	51.04	51.04		
126	神农架自然保护区零星湿地区	38.02	38.02		

5.4 各行政区湿地型及面积

全省13个市(州)、4个省直管市(林区)人工湿地分布见表2-16。荆州市人工湿地面积最大，面积17.50万公顷，水产养殖场大量分布；十堰市人工湿地排名第二，面积5.86万公顷，其中丹江口库区是南水北调工程重要的水源地；襄阳市人工湿地排名第三，面积5.25万公顷。

表2-16 湖北省13个市(州)、4个省直管市(林区)人工湿地分布概况(公顷)

序号	行政区	合 计	湿地类型		
			库塘	运河/输水河	水产养殖场
湖北省		680775.79	302244.73	95941.64	282589.42
1	武汉市	49671.14	15070.81	5600.91	28999.42
2	黄石市	17337.50	7527.00	1437.66	8372.84
3	襄阳市	52547.90	43468.68	8446.12	633.10
4	荆州市	174997.42	8549.66	35091.60	131356.16
5	宜昌市	41357.75	35607.45	556.37	5193.93
6	十堰市	58560.10	58560.10		
7	孝感市	41770.14	11439.58	10062.88	20267.68
8	荆门市	48136.61	32377.24	5339.96	10419.41
9	鄂州市	10168.43	736.40	766.84	8665.19
10	黄冈市	46610.41	25298.38	6989.11	14322.92
11	咸宁市	36916.89	22242.86	3318.33	11355.70
12	随州市	24154.41	22307.84	1694.06	152.51
13	恩施州	17505.60	17497.28		8.32

（续）

序号	行政区	合 计	湿地类型		
			库塘	运河/输水河	水产养殖场
14	仙桃市	36948.31	50.81	5316.92	31580.58
15	潜江市	15803.74	400.80	5166.97	10235.97
16	天门市	8151.85	972.25	6153.91	1025.69
17	神农架林区	137.59	137.59		

6 重点调查湿地

根据《全国湿地资源调查技术规程(试行)》和《湖北省湿地资源调查实施细则》(2011)对重点调查湿地的界定，湖北省本次湿地调查中重点调查湿地有82处，包括10处国家级自然保护区，21处省级自然保护区，8处市级自然保护区，13处自然保护小区，湿地公园20处(其中国家级湿地公园14处，省级湿地公园6处)，其他具有特殊保护意义湿地10处(图2-11、附录3)。

6.1 调查面积统计

重点调查湿地总面积为55.29万公顷，占全省湿地面积(144.50万公顷)的38.26%。在重点调查湿地中，自然湿地面积40.73万公顷，占重点调查湿地面积的73.66%，人工湿地面积14.56万公顷，占重点调查湿地面积的26.34%。在自然湿地中，河流湿地面积23.04万公顷，占重点调查湿地面积的41.68%；湖泊湿地面积14.94万公顷，占重点调查湿地面积的27.03%；沼泽湿地面积2.74万公顷，占重点调查湿地面积的4.95%，具体情况见表2-17。

表2-17 湖北省重点调查湿地面积统计

湿地类	湿地型	面积(公顷)	湿地类面积(公顷)	比例(%)
河流湿地	永久性河流	164706.33	230440.85	41.68
	洪泛平原湿地	65541.06		
	季节性或间歇性河流	193.46		
湖泊湿地	永久性淡水湖	146489.42	149430.85	27.03
	季节性淡水湖	2941.43		
沼泽湿地	草本沼泽	25223.24	27413.81	4.95
	森林沼泽	254.57		
	灌丛沼泽	166.5		
	藓类沼泽	1255.27		
	沼泽化草甸	514.23		
人工湿地	库塘	117911.97	145611.58	26.34
	运河/输水河	554.50		
	水产养殖场	27145.11		
合 计			552897.09	100

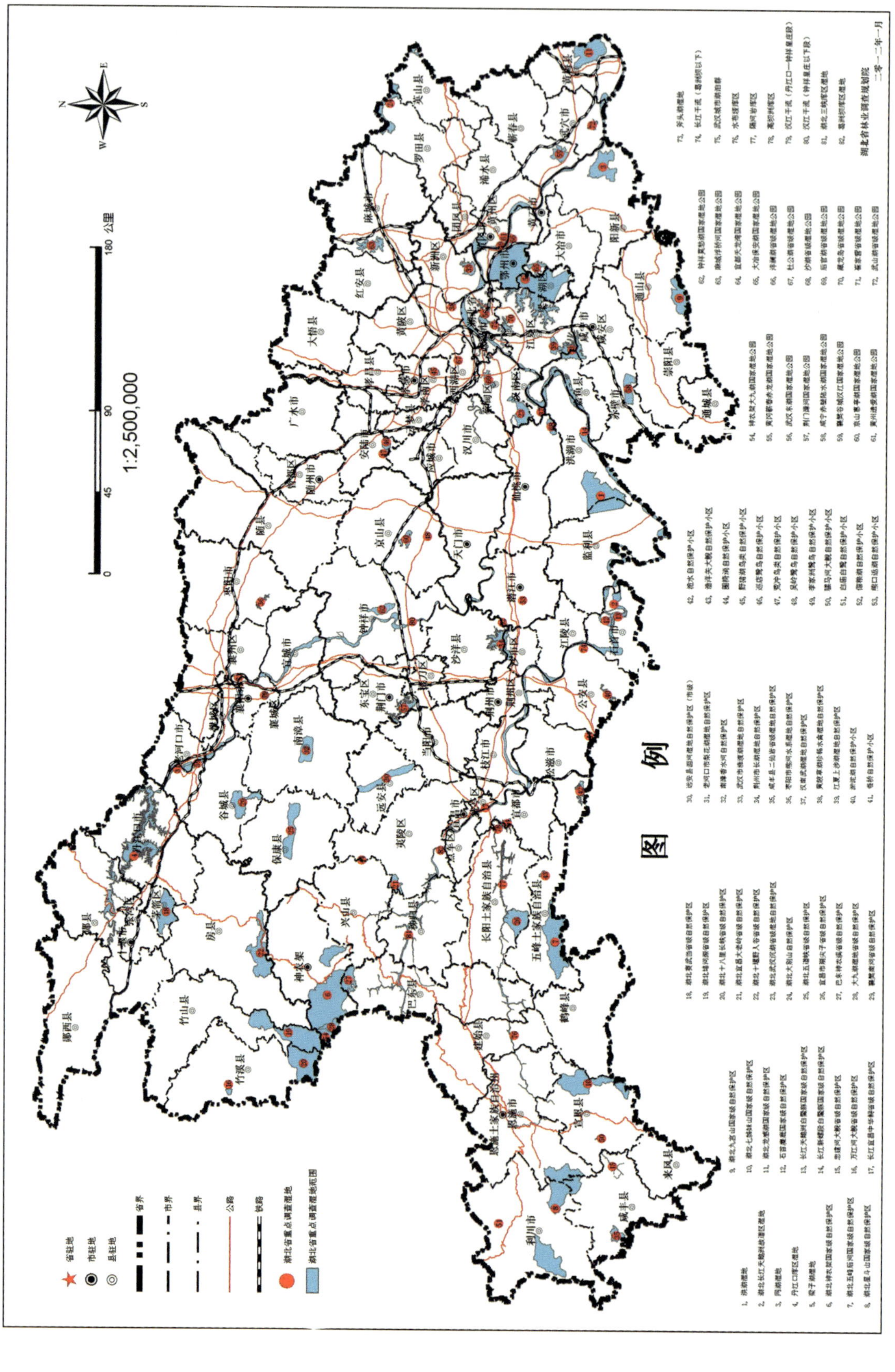

图 2-11 湖北省重点调查湿地分布图

6.2　总体分布

湖北省重点调查湿地所属二级流域包括宜昌至湖口、汉江、湖口以下干流区、宜宾至宜昌、洞庭湖水系、乌江等；三级流域主要包括城陵矶至湖口右岸、宜昌至武汉左岸、丹江口以下干流、丹江口以上、巢滁皖及沿江诸河、清江、武汉至湖口左岸、宜宾至宜昌干流、洞庭湖环湖区、唐白河、沅江浦市镇以下、思南以下、澧水等。重点调查湿地范围分别属于洪湖湿地区等独立湿地区及其他零星湿地区。

6.3　水环境状况

重点调查湿地水源补给可分为综合补给、地表径流补给和人工补给，其中以综合补给为最重要的补给方式，水质整体表现为Ⅰ～Ⅴ类水质标准。湖北星斗山国家级自然保护区等保护区内河流湿地生态环境良好，湿地水源以地下水、大气降水和地表径流补给为主，整体水质达到Ⅰ～Ⅱ类标准；长江干流、汉江干流区域内的河流重点调查湿地水源多以大气降水和地表径流补给为主，水质常为Ⅱ～Ⅲ类标准；洪湖湿地等湖泊和库塘湿地水源补给以大气降水、地表径流和人工补给为主，湿地生境退化、水产养殖、水污染等情况较为普遍，整体水质多表现为Ⅲ～Ⅴ类水质标准。

6.4　保护管理状况

截至2015年12月，湖北省有与湿地相关的各级自然保护区24处，包括6处国家级自然保护区，10处省级自然保护区，8处市级自然保护区，还有湿地类自然保护小区27处，总面积达39.80万公顷。湿地自然保护区业务主管部门为地方人民政府林业主管部门。

重点调查湿地中，国际重要湿地（洪湖湿地）、国家级自然保护区（湖北神农架国家级自然保护区、湖北五峰后河国家级自然保护区、湖北七姊妹山国家级自然保护区等）、国家重要湿地（网湖湿地、丹江口库区湿地、梁子湖湿地）以及部分国家湿地公园（神农架大九湖国家湿地公园、襄樊谷城汉江国家湿地公园等），在管理权属、机构、人员配备以及经费方面都得到落实和支持，且自然环境条件良好，人为活动干扰较少，保护管理状况总体较好。省级以下自然保护区、部分湿地公园及未建立保护区或湿地公园的重点调查湿地，则面临日益严重的资源使用压力，以及围垦、污染等多种影响。

例如国际重要湿地——洪湖湿地，始建于1996年，2000年被湖北省人民政府批准晋升为省级自然保护区，2008年被列入《国际重要湿地名录》。现总面积41412公顷，其中核心区12851公顷，以保护湿地生态环境和鸟类为主要目的。自保护区建立以来，采取了一系列有效措施，对洪湖湿地进行了抢救性保护和恢复，并取得了显著成效。洪湖湿地自然保护区现已成为我国重要的湿地保护与恢复示范基地，是长江中下游湿地保护区网络成员和湖北省示范保护区，同时也是有关科研单位和大专院校的科研和教学实习基地，还是洪湖周边地区中小学生的环境科普教育基地。2006年11月，在第十一届世界生命湖泊大会上，洪湖被授予“最佳湖泊保护实践奖”。洪湖湿地也被誉为“鱼米之乡”“长江流域的一颗明珠”“中南之肾”“世界濒危物种的重要栖息地”。而相反，在某些自然环境条件较好，动植物资源丰富的地区，例如梨花湖湿地、汉南武湖湿地等虽然已经建立市级自然保护区，但既无人员配置，也无相应的经费支持，且得不到政府部门的支持，导致湿地处于一种无人管理的状态。

6.5 受威胁状况

调查表明，重点调查湿地主要受到的威胁因子有基建和城市化、围垦、污染、过度捕捞、围栏养殖、外来物种入侵等。例如荆州市长湖湿地自然保护区由于过度开发与利用，导致湖区内及其周边的生态环境遭到破坏，野生动物栖息地面积逐渐减小，同时大规模围网(围栏)养殖对水体水质和水生植物造成严重的影响，极大地影响其湖泊功能的正常发挥和可持续发展。武汉市城市湖泊群由于围湖造田、房地产业对湖州浅滩的开发、过度养殖和污水排放，导致湖泊数量和面积急剧减少，水体富营养化趋势明显，水体质量下降；湿地生态环境日趋恶化、生物多样性急剧下降。长江干流区、汉江干流区等河流湿地区主要威胁因子为水利水电工程和排水的负面影响、泥沙淤积、污染、围垦、过度捕捞和采集等，由于泥沙淤积导致部分地段河床抬升，呈现出不同程度的沼泽化现象。水布垭库区、高坝洲库区、隔河岩库区、白庙白鹭自然保护小区等人工水库湿地，湿地植物种类少、种群小，湿地植被所占面积小，其主要威胁因子为泥沙淤积、养殖污染等。

外来生物入侵也日益成为威胁湿地生态健康的因素之一。空心莲子草(水花生)为最广泛分布的外来入侵湿地植物，在某些湿地形成大面积的优势群落，不同程度阻塞河道，阻碍了排灌和泄洪，并导致湿地生态系统不同程度破坏。凤眼莲(水葫芦)、小白酒草等和食用或观赏用途引进的鱼类、虾类和贝类等也是湿地中威胁较大的入侵物种。

第二节 湿地特点及分布规律

1 湿地特点

(1)长江及其支流和通江湖泊组成湖北湿地长藤结瓜的骨架，人工湿地以纵横交错的沟渠和星罗棋布的库塘与自然湿地相连或点缀其控制的广袤空间。

湖北省是湿地大省，湿地面积占全省国土面积的7.77%，自然湿地占全省湿地面积的一半多，为52.89%，人工湿地占47.11%。

湖北省湿地资源受地形、地势影响，形成以长江、汉江为轴线的向心水系，使自然水体交互连通。长江作为湖北省湿地资源分布的主轴，境内的支流众多，主要有汉江、沮水、漳水、清江、东荆河、陆水、滠水、倒水、举水、巴水、浠水、富水等，众多支流与全省境内1000余个大小通江湖泊集中汇入长江，形成一张以长江流域为主体的水网，覆盖全省99%以上的地区。人工湿地中的库塘和沟渠也零星分布在长江流域周围，与河流、湖泊等自然湿地相互呼应，构成湖北省大中小相结合的湿地系统。

(2)湖泊湿地资源丰富，大型湖泊众多。

本次湖北湿地资源调查显示，湖泊湿地总面积 27.69 万公顷，占全省湿地类比例为 19.16%，斑块个数共有 1065 个，更有效地体现了湖北省历史上“千湖之省”的美誉。

湖北省湖泊湿地资源丰富，境内大型湖泊主要集中分布在江汉平原和鄂东沿江平原，面积大于 1 万公顷的湖泊有 4 个，它们是洪湖、长湖、梁子湖、斧头湖。全省 82 个重点调查湿地区中，湖泊湿地就有 28 个，占重点调查湿地区的 34%。其中国际重要湿地 1 个，国家重要湿地 2 个，国家级保护区 1 个，省级保护区 2 个，市级保护区 5 个，保护小区 4 个，国家湿地公园 6 个，省级湿地公园 5 个，具有特殊意义湿地 2 个。湖北省湖泊湿地生态地位极其重要，洪湖湿地于 2008 年正式列入《国际重要湿地名录》，网湖湿地和梁子湖湿地是《中国湿地保护行动计划》所列的国家重要湿地。

(3)三峡水库 、丹江口水库等水库湿地生态区位独特，生态功能突出。

湖北三峡水库 、丹江口水库地处长江中上游段，生态区位重要。三峡水库湿地是全国最大和最有影响力的人工湿地，兼顾防洪，发电和航运三大主体功能，并辅以水产养殖、供水、灌溉和旅游等的综合利用。对国民经济的发展和国家安全影响重大。依托三峡水库建设的全世界目前最大的水利发电站——三峡水利发电站，总装机容量 1820 万千瓦，年平均发电量 846.8 亿千瓦时。能减轻洪灾对生态环境的破坏，减少燃煤对环境的污染，减轻洞庭湖的淤积。同时三峡水库湿地自然景观丰富，人文景观独特，特别是建有举世瞩目的三峡大坝，每年吸引大量国内外游客慕名前来，创造了巨大的经济效益。

丹江口水库是亚洲第一大人工淡水湖、国家一级水源保护区，同时也是我国南水北调中线工程重要的水源地。南水北调中线工程供水直达京、津、冀、豫四省市，远期年调水 130 亿立方米，南水北调中线工程是解决我国京、津等华北地区水资源短缺，优化水资源配置的重大基础性、战略性工程，在逐步改善我国北方及西部地区缺水的严重问题、增加水资源承载能力和提高资源的配置效率等方面都发挥了重大的支撑作用。丹江口水库还兼顾了防洪、发电、航运、灌溉、养殖和旅游的综合利用，使附近受益区域 1860 多万亩耕地免除洪水威胁，为其大部分工农业用电提供了有力的保障，大大改善了当地交通落后的面貌。同时库区也正在成为集旅游观光、疗养度假、水上娱乐、生态观赏为一体的旅游景区。

(4)湖北省湿地资源集中分布在长江流域，在全国湿地保护管理大局中具有重要地位。

长江是中华民族的母亲河，是中华灿烂文明的发源地之一。万里长江自西向东，迂回曲折，流贯我省 26 个县市，西起巴东县鳊鱼溪河口入境，东至黄梅滨江出境，流程 1800 公里。长江中游支流众多，有汉江、沮水、漳水、清江、东荆河、陆水、溾水、倒水、举水、巴水、浠水、富水等，其中汉江为长江中游最大支流，在湖北境内由西北趋东南，流经 13 个县市，占流域全长的 28.98%，由陕西白河县将军河进入湖北郧西县，至武汉汇入长江，流程 1304 公里。长江流域水系发达，湖泊众多，湖区气候适宜，水热条件优越，拥有种类多样的生物资源，在湖北省涉及 6 个二级流域 13 个三级流域，涉及全省 13 个市(州)，占湖北省湿地面积的 99.67%，湖北省湿地是长江流域湿地的重要组成部分。

长江流域地处我国腹地，全长 6211.31 公里，水资源总量 96.16 亿立方米，约占全国河流径流总量的 36%，其流域面积占国土面积的 19%，是中国第一、世界第三大流域，湿地资源极其丰富，是我国重要湿地分布区，湿地价值功能多样，有着巨大的社会经济效益和生态效应。长江沿途汇集了700多条大小支流，形成一个巨大的河流、湖泊网系，中下游流域分布有中国五大淡水湖，湖泊面积占全国淡水湖面积的60%以上。长江发挥着防洪、发电、灌溉、养殖、蓄洪供水、调蓄、航运、旅游等多种综合效益；长江流域灌溉面积1467万公顷，占耕地的63.3%，占全国灌溉面积的30%；水能资源也极富，可开发量达1.97亿千瓦，年发电量可达1万亿千瓦时，已建成的葛洲坝水利枢纽装机容量271.5万千瓦，三峡水利枢纽装机1820万千瓦，居世界之首。长江流域两岸有支民堤和海塘数万公里，还建有大小40处蓄洪区，可以有效减缓洪水威胁。不仅如此，长江流域内水生生物资源丰富，水域生态类型多样，长江流域在我国湿地生态系统中占有十分重要的地位。据不完全统计，长江流域现有水生生物1100多种，其中鱼类370多种、底栖动物220多种和其他上百种水生植物。长江流域是我国众多珍稀濒危水生野生动物的重要栖息繁衍场所，拥有白鱀豚、中华鲟、白鲟、江豚、大鲵、胭脂鱼等国家Ⅰ、Ⅱ级保护水生野生动物，其中白鱀豚、白鲟、达氏鲟、胭脂鱼等为长江特有种。

(5)神农架大九湖、咸丰二仙岩沼泽湿地类型独特，保护利用价值突出。

神农架大九湖湿地保护区湿地总面积1055.81公顷，沼泽湿地面积为745.08公顷，占整个保护区总面积的70.57%。它保存有完好的亚高山泥炭藓沼泽类湿地，其湿地生态系统主要包括亚高山草甸、泥炭藓沼泽、睡菜沼泽、薹草沼泽、香蒲沼泽、紫茅沼泽以及河塘水渠等湿地类型，在全国具有典型性、特殊性、代表性和稀有性，有极其重要的保护、科研和利用价值。特色在于，是亚热带地区不可多得的亚高山湿地类型，具有重要科研价值，现存以沼泽草甸为主的植物群落较丰富，植被垂直分布带谱明显。大九湖湿地还是汉江一级支流堵河的发源地，是我国“南水北调”中线工程的水源涵养地，更是我国自然湿地资源中不可多得的一块宝地。

湖北咸丰二仙岩湿地省级自然保护区位于湖北恩施土家族苗族自治州咸丰县境内，属云贵高原东北的延伸部分，是内陆湿地和水域生态系统型自然保护区。保护区平均海拔1400米，总面积5404公顷，其中湿地面积29公顷，是鄂西南少有的高山台地，为喀斯特地貌。咸丰二仙岩湿地自然保护区属于具有较为显著的泥炭累积的中亚热带高山草甸沼泽湿地，重点保护物种野生莼菜群落和鹅掌楸群落等及其生境，是长江支流乌江水系水源地。保护区湿地类型在地球同纬度地区具有较强的稀有性和独特性，由于总体受人为干扰较少，其地质地貌、气候变化过程与该特殊类型湿地发育过程的相互关系等方面研究具有很高的科学意义。

(6)湿地的土地权属以国有权属为主。

湖北省湿地权属主要分为国有和集体，其中国有权属占调查湿地总面积的63.50%，集体权属占36.50%。河流湿地、湖泊湿地、沼泽湿地以及库塘主要以国有权属为主，运河/输水河以及水产养殖场则以集体权属为主(表2-17)。

(7)湖北湿地生物多样性丰富，国家重点保护动植物繁多。

湖北地处南北过渡地带，地域辽阔，湿地生境复杂多样，湿地成为众多野生动植物得天独厚的栖息和繁衍场所。

湖北湿地植物共有1164种，隶属于172科560属(详见附录1)。其中苔藓植物15科19属21种，蕨类植物24科36属57种，裸子植物2科4属4种，被子植物131科501属1082种。

湖北省各类湿地生态系统现有野生动物618种，隶属于5纲37目104科。其中，鱼纲12目26科201种(亚种)，占湖北省湿地野生动物物种总数的32.52%；湿地两栖纲2目10科68种(亚

表 2-17 湖北省各湿地类型的权属表

湿地类	湿地类型	国有(公顷)	集体(公顷)	总计(公顷)	占湿地总面积比例(%)
总　计		917518.62	527476.31	1444994.93	100
河流湿地	永久性河流	364551.12	206.69	364757.81	25.24
	洪泛平原湿地	53888.13	31737.00	85625.13	5.93
湖泊湿地	永久性湖泊	198037.70	78882.17	276919.87	19.16
沼泽湿地	藓类沼泽	1279.77		1279.77	0.09
	草本沼泽	23690.44	10762.67	34453.11	2.38
	灌丛沼泽	204.30	37.06	241.36	0.02
	森林沼泽	283.07		283.07	0.02
	沼泽化草甸	330.43	328.59	659.02	0.05
人工湿地	库塘	199471.65	102773.08	302244.73	20.92
	运河/输水河	13812.14	82129.50	95941.64	6.64
	水产养殖场	61969.87	220619.55	282589.42	19.56

种)，占11.00%；湿地爬行纲2目9科43种，占6.96%；湿地鸟纲15目46科272种，占44.01%；湿地哺乳纲6目13科34种，占5.50%。属于国家重点保护动物众多：鸟类有41种，其中国家Ⅰ级保护鸟类6种，国家Ⅱ级保护鸟类有35种；鱼纲共有4种，其中国家Ⅰ级保护鱼类3种，国家Ⅱ级保护鱼类1种；哺乳纲7种，国家Ⅰ级保护哺乳类3种，国家Ⅱ级保护哺乳类4种。

(8)湖北湿地资源的数量和生态质量上升明显。

随着近几年湖北省退渔还湿、退耕还湿等保护恢复工程的实施，湿地资源在数量和生态质量上有明显上升。据统计，湿地野生动物增加95种，与第一次湿地普查数据比较增加率为23.17%，还发现了黄脚渔鸮、褐翅鸦鹃、宁陕小头蛇等多个湖北省动物新记录种。通过调查发现，全省82个重点调查湿地除个别的湿地水质为Ⅳ类外，绝大多数的水质为Ⅲ类以上。湿地植物多样性明显改善，如在大老岭保护区发现了以大叶杨为建群种的森林沼泽湿地，在圈椅淌保护区发现了亚高山金发藓沼泽湿地，在上涉湖发现了全省面积最大的芡实植物群落。通过调查，在全省55万公顷的重点调查湿地范围内，近87%的湿地已得到有效保护，保护力度明显增大。

(9)湖北湿地自然保护区、湿地公园众多，保护体系逐步完善。

建立湿地自然保护区和湿地公园可以有效调节和改善气候，调蓄洪水，补充地下水，维持生物多样性、净化水质、提供珍稀迁徙性鸟类、鱼类、水禽栖息地、减缓湖泊富营养化等生态功能，对防止区域生态环境恶化具有重要作用。截至2015年12月，湖北省已建立湿地类自然保护区24个，总面积38.07万公顷，其中国家级6个，省级10个，市级8个；已建立湿地类自然保护小区27个，总面积1.73万公顷；已建立湿地公园91处，其中，国家湿地公园50处，省级湿地公园41处，总面积17.95万公顷。全省已基本形成涵盖不同层次及多种类型湿地的湿地保护网络，全省自然湿地和大部分重要库塘湿地得到了有效保护，湖北湿地保护体系逐渐完善。

(10)湖北湿地功能多样，地位突出。

湖北湿地的风景旅游资源众多，利用潜力大。湖北境内有国际重要湿地、国家级自然保护区、国家级湿地公园、省级保护区、省级湿地公园等，湿地风景旅游资源众多，湖北三峡、清江画廊峡谷平湖，神农架大九湖湿地、网湖、石首天鹅洲故道、九宫山等亚高山湿地类，东湖等城区休闲类作为风景旅游区，其利用潜力巨大，科学合理地开发湿地旅游资源，能够有效推动湖北省的经济发展。

大中型水利枢纽多，小水电发达，对水资源调配及防洪减灾意义重大。全省共有1153座水库(水电站)，发电量为1249.50亿千瓦时，大中型水利枢纽7个，依靠水利工程对水资源的科学调度，解决了长江三角洲供水安全问题。流域内各类水利工程的建设，特别是长江三峡等枢纽工程的建设以及清江流域的梯级开发将保障长江流域供水安全。通过对大中型水利枢纽的建设，实现对水资源的合理开发、高效利用、优化配置、全面节约和综合治理，实现人与自然和谐相处，保障人口、社会、环境与资源的协调发展。

在防洪减灾方面，大中型水利枢纽也发挥江河堤防防洪屏障的作用，通过科学调度水库、泵站等水利工程设施，发挥其拦截、调泄、削峰、错峰的防洪作用。2010年全省水利防洪工程设施减灾社会效益达652亿元，为全省挽回巨大的经济损失。实施的长江干堤大规模加固，通过三峡水库、丹江口水库、葛洲坝水库调泄，也多次避免了类似1998年长江汛期危机局面。

淡水资源不仅满足本省生产生活用水，还是南水北调工程的水源输出地。湖北省湿地不仅为全省6000多万人提供了生产生活用水，还为缓解我国北方水资源严重短缺问题做出了重大贡献。位于长江支流汉江中上游的丹江口水库是我国南水北调中线工程的重要水源地，丹江口水库引水，自流供水给黄淮海平原大部分地区，促进了南北方经济、社会与人口、资源、环境的协调发展。

水产养殖资源及水产经济作物丰富，在平原湖区形成特色产业。湖北省水域辽阔，河流纵横，鱼类饵料资源丰富，加之良好的水域理化性状和优越的气候条件，是全国淡水鱼、虾及水生蔬菜生产的重要省份之一，其水产品年产量为353.00万吨，水产养殖规模与产值一直位于全国前列。湖北是著名的鱼米之乡，尤其是梁子湖等江汉平原湖区，物产极为丰富，主要经济鱼类有青鱼、草鱼、鲢、鳙、鳊、鲂、黄颡鱼等，武昌鱼是湖北的名产，享誉中外。

湖北省还依托湖区水乡的资源优势，在湖泊、库塘等湿地广泛种植莲藕、芦苇、茭笋、芡实、菱角等经济作物，大力发展水生蔬菜，一些湿地植物的种植在湖区形成了有巨大经济效益的产业。

此外，湖泊广阔的滩涂及河流两岸的坡地，都是牛、马、羊、驴等牲畜的天然牧场，湖滨则是鸭、鹅等家畜的天然放养场。总之，湿地为湖北省经济发展，为农民增收做出了重要贡献。

2 湿地分布规律

(1)河流湿地受长江水系的影响，形成以长江、汉江为轴线的向心水系。长江自西向东横贯全省，汉江自西北入境后，流向东南，于武汉汇入长江。其他中小河流或南或北自山区丘陵顺地势汇入长江、汉江，形成以长江、汉江为轴线的向心水系。除长江、汉江在本省的干流外，全省5公里以上河流共4228条，总长7.73万公里，河网密度每平方公里0.32公里。

(2)湖泊湿地具有密集成片分布的特点，主要分布在长江、汉江两岸广阔的江汉平原上，其分布格局主要是受长江、汉江的干流河道及平原内部起伏的微地貌控制。江汉湖群分布在自鄂西山区经武汉至鄂东南低山丘陵一带的平原地区，北接鄂中丘陵，南衔洞庭湖。全省境内大型湖泊众多，8 公顷以上的湖泊约 1065 个，该区域内分布有 958 个，大于 1 万公顷的大型湖泊有 4 个，它们是洪湖、长湖、梁子湖、斧头湖。

(3)沼泽和沼泽化草甸在江汉湖泊湿滩地以草本沼泽、灌丛沼泽分布为主，亚高山湿地主要分布于鄂西南山区，包括沼泽化草甸湿地、灌丛沼泽、森林沼泽等，如神农架大九湖泥炭藓沼泽湿地、宣恩县的七姊妹亚高山泥炭藓沼泽湿地以及咸丰二仙岩湿地自然保护区属于具有较为显著的泥炭累积的中亚热带高山草甸沼泽湿地。

(4)人工湿地主要分布在丹江口—宜昌一线的地区，大中型水库主要分布在江汉平原泛滥平原外围和长江、汉江间的岗地、丘陵、山区。库塘和水产养殖场是湖北省人工湿地的主要组成部分，全省库塘湿地面积 30.22 万公顷，占人工湿地面积的 44.40%。全国最大和最有影响力的人工湿地——三峡水库湿地和我国南水北调中线工程重要的水源地、亚洲第一大人工淡水湖、国家一级水源保护区——丹江口水库也分布在这一区域之内。水产养殖场面积为 28.26 万公顷，占全省人工湿地面积的 41.51%，也主要分布于洞庭湖水系、汉江、宜昌至湖口等水网地区。

(5)按湿地类分，湖北省有自然湿地和人工湿地 2 种。自然湿地包括河流、湖泊、沼泽。自然湿地总面积为 76.42 万公顷，人工湿地总面积为 68.08 万公顷。在自然湿地中，河流湿地面积最大，总面积为 45.04 万公顷，占湿地总面积的 31.17%；其次为湖泊湿地，总面积 27.69 万公顷，占湿地总面积的 19.16%；沼泽湿地总面积 3.69 万公顷，占湿地总面积的 2.55%。

按湿地型分，湿地面积最大的为自然湿地中河流湿地的永久性河流，总面积为 36.48 万公顷，占湿地总面积的 25.24%；其次为人工湿地的库塘湿地，总面积为 30.22 万公顷，占湿地总面积的 20.92%；第三为水产养殖场，总面积 28.26 万公顷，占湿地总面积的 19.56%；永久性淡水湖排第四，总面积为 27.69 万公顷，占湿地总面积的 19.16%。

(6)按湿地区分，根据《全国湿地资源调查技术规程(试行)》和《湖北省湿地资源调查实施细则》要求，全省划为 136 个湿地区，其中单独区划湿地区 27 个，零星湿地区 109 个。在 27 个单独区划的湿地区中湿地面积最大是长江干流湿地区(葛洲坝以下)地区，总面积为 14.64 万公顷，占湿地面积的 10.13%；其次为丹江口水库湿地区，总面积为 5.47 万公顷，占湿地总面积的 3.78%；第三为梁子湖湿地区，总面积为 5.24 万公顷，占湿地总面积的 3.63%。在 109 个零星湿地区中面积最大的是洪湖市零星湿地区，总面积为 7.95 万公顷，占湿地总面积的 5.50%；其次为仙桃市零星湿地区，总面积为 4.74 万公顷，占湿地总面积的 3.26%；第三为监利县零星湿地区，总面积为 4.33 万公顷，占湿地总面积的 3.00%。

(7)按行政区分，湿地总面积排在前三位的分别是荆州市、武汉市、黄冈市。荆州市湿地面积最大，总面积为 34.20 万公顷，占全省湿地总面积的 23.66%；其次为武汉市，湿地总面积为 16.25 万公顷，占全省湿地总面积的 11.24%；第三为黄冈市，湿地总面积为 13.21 万公顷，占全省湿地总面积的 9.14%。

(8)按流域分，一级流域包括长江区、淮河区。长江区湿地面积最大，总面积为 144.02 万公顷，占全省湿地面积的 99.67%，是湖北省乃至我国淡水河流、湖泊湿地的集中分布区之一；淮河区湿地总面积为0.48万公顷，占全省湿地面积的0.33%。二级流域包括长江区乌江水系、宜宾至宜昌水系、洞庭湖水系、汉江水系、宜昌至湖口水系、湖口以下干流区水系等6个，二级流域长江区宜昌至湖口水系最大，总面积为86.43万公顷，占全省湿地面积的59.81%；其次为汉江水系，总面积为41.79万公顷，占全省湿地面积的28.92%；第三为洞庭湖水系，总面积为8.15万公顷，占全省湿地面积的5.64%。三级流域包括了思南以下、宜宾至宜昌干流区等14个流域，其中宜昌至武汉左岸湿地面积最大，总面积为32.95万公顷，占全省湿地面积的22.80%；其次为丹江口以下干流区，总面积为29.82万公顷，占全省湿地面积的20.64%；第三为城陵矶至湖口右岸，总面积为29.60万公顷，占全省湿地面积的20.49%。

(9)按主体功能区划分，湖北省分为大别山水土保持生态功能区、秦巴山生物多样性生态功能区、武陵山生物多样性和水土保持生态功能区、幕阜山水源涵养生态功能区、长江流域水土保持带生态功能区、汉江流域水土保持带生态功能区、江汉平原湖泊湿地生态功能区。长江流域水土保持带生态功能区湿地面积最大，总面积为74.92万公顷，占全省湿地面积的51.85%；其次为江汉平原流域水土保持带生态功能区，总面积为17.92万公顷，占全省湿地面积的12.4%；第三为汉江流域水土保持带生态功能区，总面积为17.41万公顷，占全省湿地面积的12.05%。

第三章 湿地生物资源

第一节 湿地植物和植被

1 湿地植物概况

1.1 湖北湿地植物种类组成及统计分析

根据本次湿地资源调查结果以及对历年积累的植物区系资料系统的整理，湖北湿地植物共有1164种，隶属于172科560属(详见附录1)。其中苔藓植物15科19属21种，蕨类植物24科36属57种，裸子植物2科4属4种，被子植物131科501属1082种。

1.1.1 科的统计分析

含30种以上的湿地植物大科有8个，即禾本科61属104种，菊科45属88种，莎草科13属74种，蔷薇科21属60种，蓼科5属47种，唇形科19属33种，豆科22属33种，伞形科17属30种，这8个大科共有469种，占总种数的40.29%，所占比例非常高。

含10~29种的较大科有19个，即玄参科11属23种，毛茛科11属28种，荨麻科9属26种等。

1.1.2 属的统计分析

含10种以上的属有6个，蓼属34种，莎草属11种，薹草属29种，蒿属15种，堇菜属10种，悬钩子属10种。含5~9种的有45属，即柳属8种，藨草属8种，凤仙花属7种，眼子菜属7种，荸荠属8种，毛茛属7种，婆婆纳属7种，酸模属7种，委陵菜属6种，茨藻属6种，灯心草属7种，柳叶菜属6种，飘拂草属7种，水芹属5种，香蒲属5种等。含2~4种的有170属，如变豆菜属3种，风轮菜属4种，白酒草属2种，半边莲属3种，扁莎属2种等。仅含1种的属有339属。

1.1.3 种的统计分析

按照植物生活型来划分，在湖北1164种高等湿地植物中，草本植物占绝对优势，共有964种，占总种数的82.82%；木本植物(包括乔木、灌木、木质藤本)仅有200种，占总种数的 17.18%。

在山地沼泽中，偶见有三裂叶海棠、长叶冻绿、猫儿刺、齿缘吊钟花、南岭小檗、襄阳樱、麦李、四川冬青、冬青等种生长，但这些都是偶见种，且大都生长不良，故未将这些种类列入湿地植物范畴。

草本湿地植物中，可分为挺水植物、浮叶植物、漂浮植物、沉水植物，除上述 4 类水生植物，其他均可归为湿生植物。

水生植物的生态类型：

挺水植物主要有：莲、水蓼、白花水八角、慈姑、菖蒲、野芋、水烛、芦苇、菰等。

浮叶植物主要有：芡实、菱、野菱、睡莲等。

漂浮植物种类不多，主要有：浮萍、满江红、芜萍、水鳖、凤眼莲、槐叶苹、紫萍、莼菜)等。

沉水植物主要有：金鱼藻、苦草、菹草、黑藻及多种眼子菜等。

水生植物的习性，与水深有很大的关系，如异叶石龙尾，在较深的水体中，为沉水植物，顶端的花枝露出水面，而在浅水或湿地中，则表现为挺水植物；荇蓬草在较深的水体中，表现为浮叶植物，在较浅的水体或湿地中，表现为挺水植物。

1.1.4 区系分析

1.1.4.1 湿地植物属的区系分析

按吴征镒的《中国种子植物属的分布区类型》的划分系统，湖北湿地植物区系共有 560 属，按 15 个分布区类型划分，各分布区类型数、比例见表 3-1。

表 3-1 湖北省湿地植物区系属的分布区类型统计

分布区类型	属数	所占比例(%)
1. 世界分布	135	24.11
2. 泛热带分布	131	23.39
3. 热带亚洲和热带美洲间断分布	22	3.93
4. 旧世界热带分布	28	5.00
5. 热带亚洲至热带大洋洲分布	12	2.14
6. 热带亚洲至热带非洲分布	11	1.96
7. 热带亚洲分布	31	5.54
8. 北温带分布	97	17.32
9. 东亚和北美洲间断分布	17	3.04
10. 旧世界温带分布	31	5.54
11. 温带亚洲分布	6	1.07
12. 地中海区、西亚至中亚分布	0	/
13. 中亚分布	0	/
14. 东亚分布	31	5.54
15. 中国特有分布	8	1.43
合 计	560	100

注：此外，湖北湿地植物区系还有非中国本地分布的 2 个属，分别是：凤眼莲属、落羽杉属。前者属于外来入侵物种，后者属于引种栽培。

从表 3-1 可看出，湖北湿地植物中，有 15 个分布类型中的 13 个，仅缺地中海区、西亚至中亚分布型(12 型)和中亚分布型(13 型)，说明湖北湿地植物区系类型较为复杂、多样。属数最多的为世界广布型，这与森林环境的好坏有关，因为森林环境越好，世界广布型属所占比例越低。所占比例较大的另两个分布类型分别是泛热带分布和北温带分布，分别是 131 属(占总属数的 23.39%)和 97 属(占总属数的 17.32%)，这也属于广域性分布。这 3 个广域性分布类型所占属数共 363 属，占总属数的 64.82%，所占比例非常大，充分说明了湿地植物的隐域性特征。

若把 15 个分布区类型归并为世界分布、热带分布、温带分布和中国特有分布四大类，湖北湿地植物中，属于世界分布型的有 135 属，占总属数的 24.11%；属于热带分布(2～7 分布型)的共有 235 属，占总属数的 41.96%；属于温带性质(8～14 分布型)的共有 182 属，占总属数的 32.50%，属于中国特有分布的有 8 属，占总属数的 1.43%。热带类型多于温带类型，说明了湖北湿地植物的亚热带类型。

1.1.4.2　湿地植物种的区系分析

按吴征镒的《中国种子植物属的分布区类型》的划分系统，湖北湿地植物区系共有 1164 种，各分布区类型数、比例见表 3-2。

表 3-2　湖北省湿地植物区系种的分布区类型统计

分布区类型	种　数	所占比例(%)
1. 世界分布	376	32.30
2. 泛热带分布	237	20.36
3. 热带亚洲和热带美洲间断分布	37	3.18
4. 旧世界热带分布	44	3.78
5. 热带亚洲至热带大洋洲分布	21	1.80
6. 热带亚洲至热带非洲分布	19	1.63
7. 热带亚洲分布	45	3.87
8. 北温带分布	224	19.24
9. 东亚和北美洲间断分布	26	2.23
10. 旧世界温带分布	72	6.19
11. 温带亚洲分布	9	0.77
12. 地中海区、西亚至中亚分布	0	—
13. 中亚分布	0	—
14. 东亚分布	45	3.87
15. 中国特有分布	9	0.77
合　计	1164	100

注：此外，湖北湿地植物区系还有非中国本地分布的 2 个种，分别是：凤眼莲 *Eichhornia crassipes*、落羽杉 *Taxodium distichum*。前者属于外来入侵物种，后者属于引种栽培。

从表 3-2 可看出，湖北湿地植物中，有 15 个分布类型中的 13 个，仅缺地中海、西亚至中亚分布型(12 型)和中亚分布型(13 型)，说明湖北湿地植物区系类型较为复杂、多样。若把 15 个分布区类型归并为世界分布、热带分布、湿带分布和中国特有分布四大类。种数最多的为世界广布型，共376种，属于热带分布(2～7分布型)的共有403种，属于温带性质(8～14分布型)的共有376种，属于中国特有分布的9种。热带类型多于温带类型，说明了湖北湿地植物的亚热带类型。

1.2 湖北湿地植物的区系特点

(1)湿地植物兼有隐域性和地带性分布的特点。从上节的区系分析中可知，湿地植物以其分布的广布性为显著特点，表现出明显的隐域性特点。同时，湖北湿地植物也表现出较明显的地带性分布特点，除广布种以外，种的分布以亚洲(或至澳洲)分布为主，表现出一定的地带性特征；从湿地植物属的分布区类型中热带和温带所占比例，湖北湿地植物表现出明显的亚热带性质。

(2)湿地植物中，优势种很明显。洪湖湿地区有湖北最大的湿地生态系统，湿地植物优势种主要有芦苇、藕草、菰、莲、菖蒲、水蓼、水烛(狭叶香蒲)、藨草(三棱水葱)、蒌蒿、菱、稗、白茅、狗牙根等。

湖北的山地沼泽湿地中，依不同的水湿环境、海拔等，优势种有较大差异。

湿地植物中，大多数种类为非优势种，有的甚至是偶见种或生态上的狭域种。

湿地植物中，双子叶植物丰富度较高，单子叶植物在多度上占优势，湿地植被中，单子叶植物为优势建群种。

(3)湖北湿地丰富多样，蕴藏大量的珍稀湿地植物。湖北地处中国地势第二级阶梯向第三级阶梯过渡地带，地貌类型多样，山地、丘陵、岗地和平原兼备。从经度和纬度上看，由于水热条件变化都不大，因此湿地植被类型及其分布在水平分布上差别不大。如在西部神农架林区亚高山地带，分布有面积较小但非常独特的泥炭藓沼泽，在平原及丘陵地区的湿地植物也是丰富多样，如泥炭藓、浮苔、芦苇、藕草、菰、莲、菖蒲、空心莲子草、水蓼、水烛(狭叶香蒲)、菱、金鱼藻、苦草、菹草、黑藻及多种眼子菜等。

一些植物种类是非常稀有的，如在神农架林区大九湖海拔1650米处的亚高山湿地发现分布有中国特有的草丛沼泽植被类型——红穗薹草＋羽毛荸荠群丛、灯心草＋红穗薹草群系和湖北唯一的、中国南方山地稀有的藓类沼泽植被类型——泥炭藓群系，发现了湖北藓类沼泽新记录植被类型——金发藓群系(中国目前只有金发藓1个群系，且主要分布于云贵高原)，在神农架林区老君山海拔2450～2470米处发现了中国藓类沼泽新记录植被类型——沼泽皱蒴藓群系，面积约为1.5公顷；在长江河漫滩本体的深切坡面的边缘，发现了中国藓类沼泽新记录植被类型——立碗藓群系。这些特有和新发现湿地植被面积虽小，分布面积也狭，但它是一种特殊的湿地类型，构成特殊的湿地景观，在保护生物多样性和沼泽生态系统方面具有科学价值，应加强保护。

(4)水库等人工湿地中，湿地植物种类少、种群小，湿地植物的作用小。湖北的湿地中，有大量的人工湿地，由河道拦河筑坝修建的水库，其中不乏湖北省的重点调查湿地，如丹江口水库、水布垭库区、隔河岩库区、高坝洲库区、三峡库区、葛洲坝库区等。这类湿地水域面积大，但周围都是陡峭的河道石壁，几乎没有湿地植物，仅在水库库尾有淤泥的地方，才有湿地植物生长的基质。在植物生长季节，水位较高且较恒定，水库库尾的湿地植物也很少，只有到了冬季、早春季节，水位下降，库尾才有较多的淤泥、洲滩露出，此时有季节性湿地植物生长，如菊科、蓼科的一些种类等，都是些较低矮的冷凉型、季节性湿地植物，这类季节性湿地植被，都不列入湿地植被类型中。其他未被列入重点调查湿地的中、小型水库，情况基本相同。

在一些主要用于养鱼的中、小型湖泊湿地及水产养殖场中，由于水位恒定，人为干扰较大，湿地植物也很少见，但其周围的沟渠中，则有大量的湿地植物分布，植被类型也较丰富。

1.3　国家级重点保护野生植物

湖北省湿地区域内分布有国家重点保护野生植物 15 种，其中国家Ⅰ级保护植物 2 种，国家Ⅱ级 13 种(表 3-3)。

表 3-3　湖北省国家级和省级重点保护野生湿地植物

物种名称	保护等级	湖北省内分布区域
水杉 *Metasequoia glyptostroboides*	Ⅰ	武汉市、英山县、罗田县、通山县、竹溪县
莼菜 *Brasenia schreberi*	Ⅰ	宣恩县、咸丰县、利川市
粗梗水蕨 *Ceratopteris pterioides*	Ⅱ	洪湖市、黄陂区、孝感市、黄冈市、大冶市、利川市、沙洋县、阳新县、江夏区、黄梅县、新洲区
水蕨 *Ceratopteris thalictroides*	Ⅱ	恩施市
樟 *Cinnamomum camphora*	Ⅱ	江汉平原
白及 *Bletilla striata*	Ⅱ	神农架区、当阳市、荆门市、京山县、荆门市、远安县、荆门市、谷城县、黄冈市、黄陂区、仙桃市、洪湖市、嘉鱼县、长江干流(葛洲坝以下)
黄连 *Coptis chinensis*	Ⅱ	咸丰县、五峰县
莲 *Nelumbo nucifera*	Ⅱ	老河口市、黄陂区、公安县、枝江市、孝感市、安陆市、荆门市、潜江市、钟祥市、蔡甸区、江夏区
连香树 *Cercidiphyllum japonicum*	Ⅱ	神农架、五峰县
萍蓬草 *Nuphar pumilum*	Ⅱ	嘉鱼县、麻城市
水青树 *Tetracentron sinense*	Ⅱ	五峰县
乌苏里狐尾藻 *Myriophyllum propinquum*	Ⅱ	阳新县
五味子 *Schisandra chinensis*	Ⅱ	五峰县
香果树 *Emmenopterys henryi*	Ⅱ	五峰县
中华猕猴桃 *Actinidia chinensis*	Ⅱ	罗田县、英山县

注：保护等级中Ⅰ、Ⅱ级表示 1998 年国务院公布的《国家重点保护野生植物名录》中的种类及保护级别。

2　湿地植被类型和分布

通过对全省 82 块重要湿地内 2000 多个植物群落样方的调查，结合一般湿地的普查，依据植被型组—植被型—群系的分类系统，湖北省湿地生态系统内湿地植被共有 5 个植被型组，11 个植被型。常见的植被类型和分布状况如下：

2.1　针叶林湿地植被型组

2.1.1　暖性针叶林湿地植被型

(1)水杉群系。全省各地栽培，尤其是在湖边、农田水渠、道路旁，多呈带状。

(2)落羽杉群系。全省常见栽培，尤其在湖泊湿地中成小片栽培。

2.2 阔叶林湿地植被型组

2.2.1 落叶阔叶林湿地植被型

(1)枫杨群系。全省广泛分布，多为自然生长。多见于河岸边或河中洲滩上，多呈带状分布。盖度可达70%，高度可达10米。

(2)旱柳群系。全省广泛栽培，主要用作堤岸防护林，目前所存不多，为成熟林阶段。盖度达70%，高度6~12米。

(3)杨树群系。全省广泛栽培。主要是在长江两岸、河流两岸，用作河堤防护，盖度80%左右，高度一般12米左右。

在一些河流洲滩、河岸甚至湖泊周围等湿地，还有构树、乌桕等落叶阔叶树群落，这些种一般生于中生或旱生环境，不是典型的湿地植物。

(4)桤木群系。全省山地散见。桤木喜生于山地湿润环境。在恩施、利川等市的山地沼泽中，可形成湿地森林。高度8米左右，盖度90%，植株较密集。

(5)构树群系。在全省范围内分布较少。主要分布在河流、湖泊周围，不具有典型性。

(6)江南桤木群系。全省山地散见。江南桤木喜生于山地湿润环境。在神农架林区的山地沼泽中，可形成湿地森林。高度8米左右，盖度90%，植株较密集。

2.3 灌丛湿地植被型组

2.3.1 落叶阔叶灌丛湿地植被型

(1)湖北海棠群系。主要分布于山区中山山地湿地，盖度较小，高约2~3米。

(2)马桑群系。分布于本省山区的山地湿地或溪沟边，或分布于湖泊周围的灌丛中，树形较小，主要是丛生。

(3)水麻灌丛。全省均有分布，多分布于河流两侧，或库塘周围，呈带状或块状分布。

在本省的山地湿地中，常可见到刺梨、火棘等灌木生长，这些湿地中的灌木，大多为散生或小块状分布。

(4)川三蕊柳群系。川三蕊柳群落被称作内陆湖泊的“红树林”，具有很高的生态价值，对湿地生物多样性有着非常重要的作用。川三蕊柳在湖泊洲滩湿地中较常见，为自然群落。由于经济利益的驱使，川三蕊柳群落常被人为替换为芦苇或杨树群落。

(5)圆锥绣球群系。全省山区都有圆锥绣球分布，为次生灌丛的优势种之一。全省山地沼泽中亦常有该种分布。湿地中的圆锥绣球群落参差不齐，盖度30%~70%，高约1米。在山地沼泽中，圆锥绣球生长较差，远不及山坡次生灌丛生长茂盛。

(6)细叶水团花群系。全省均有分布，多分布于河流两侧，或池塘周围，呈带状或块状分布。

(7)白檀群系。分布于本省山地沼泽中，大多为散生或小块状分布。

2.3.2 常绿阔叶灌丛沼泽亚型

(1)中华蚊母灌丛。主要分布于山区的沿河、沿江两岸，尤其以南岸居多，生长于河水的消长地带，高度约为1米的常绿灌丛。

(2)箬竹灌丛。主要分布于本省的低中山地区，在溪流、小河岸边比较常见，成块状丛生。

2.4　草丛湿地植被型组

2.4.1　莎草型湿地植被型

(1)异型莎草群系。全省皆有分布，在水产养殖场、湖泊旁边比较常见，大部分分布于平原地区的湖泊周围，比如洪湖、斧头湖等大型湖泊。

(2)碎米莎草群系。见于全省的湖泊、水产养殖场周围，是一种常见的杂草，盖度30%～80%，高度0.6米左右。

(3)扁穗草群系。见于全省一部分湖泊、库塘等地。盖度40%，高度0.4米左右。

(4)荸荠群系。为人工栽培，在本省平原地区分布较广。其球茎可食。

(5)水莎草群系。见于水库的消长地带或者浅水边等，盖度40%，高度0.5米左右。

(6)藨草(三棱水葱)群系。在湖区浅水滩常大面积分布。盖度80%，高度1米左右。山地沼泽中亦较常见。

(7)陌上菅群系。常见于湖泊周围比较潮湿的草地。秆高0.4～1.0米。

(8)水葱群系。水葱为本省常见的湿地植物，生长于湖泊浅水中，主要集中在洪湖、武汉等地区，盖度60%，高度1.5米左右。

2.4.2　禾草型湿地植被型

(1)拂子茅群系。多见于山地或丘陵沼泽中，湖泊湿地(如洪湖等地)亦有分布，盖度20%～80%，高度1米左右。

(2)狗牙根群系。全省广布，极常见，多见于荒地、路边。全省湿地中亦常见，盖度60%～90%，高度0.05～0.2米左右(铺散状)。

(3)稗群系。全省广布，多见于稻田、水沟，湖泊湿地中常有群落分布。盖度40%～70%，高度1～1.5米左右。

(4)长芒稗群系。以湖泊湿地分布为主，洲滩湿润地或浅水中常见单优群落。盖度50%～80%，高度1～1.5米左右。

(5)双穗雀稗群系。全省广布，湖区常见，稻田区沟边、溪边及输水河亦有，常为单优群落，铺散状。盖度70%～100%，高度0.4米左右。

(6)藕草群系。主要见于湖泊湿地，常大面积分布，是湖泊沉降淤泥、净化水质最重要的植被类型，单优群落，盖度几达100%，高度0.3～0.8米，铺散状。除湖泊湿地外，省内其他湿地环境亦较常见，多为带状分布。

(7)芦苇群系。以湖泊湿地、沼泽湿地为主，常见。因其纤维不及南荻，故在人工经营措施下被南荻取代。芦苇的湿水性比南荻强，故在湖泊芦苇植被(广义的，包括南荻)中，芦苇多沿湖滨、河道两侧等地势相对较低的洲滩分布。省内其他湿地偶见有芦苇分布，但面积不大。

(8)狗尾草群系。全省广布，为最常见的荒地植物之一。省内水库及湖泊等湿地亦有分布。盖度40%～80%，高度0.5～1米。相似的环境，还有金色狗尾草等分布。

(9)苏丹草群系。为人工栽培，多见于鱼塘塘基、堤坝等处，为优良鱼饲料，产量高。盖度70%～100%，成株高度1.5～2米。

(10)菰群系。全省广布，主要分布于浅水区，山地沼泽、稻田区河道及水渠、湖区等都有分布，面积大小不一。常为单优群落，或与狭叶香蒲(水烛)、荷花、空心莲子草等混生。

(11)白茅群系。主要分布于河流湿地的河滩上，常呈带状生长或散生。

(12)牛鞭草群系。主要分布于河滩地及一些洪泛平原湿地，常在洪泛平原湿地中成大面积生长，在河滩上呈带状或者块状生长。

2.4.3 杂草类湿地植被型

(1)水蓼群系。全省广布，村旁、路边、湿地区常见，湖泊、河流等滩地及水体近岸区生长。盖度70%，高度0.8米左右。

(2)红蓼群系。全省散见，分布于湖滨、荒田等。盖度50%~70%，高度0.8~1.2米左右。

(3)野艾蒿群系。全省散见。湖区的湖堤上及河流的河滩上常见。盖度70%~100%，高度1.5~2.5米。野艾蒿多生于湖边及河边较为干旱的环境，并非典型的湿地植物。蒿属的青蒿在河流洲滩湿地中较为常见。

(4)鬼针草群系。全省广布，包括鬼针草、狼把草等种。全省各地溪沟边、沼泽、湖区洲滩等湿地常见。盖度70%，高度0.7~1.5米。

(5)蒌蒿群系。河滩及湖泊洲滩上常大面积分布。盖度30%~80%，高度0.4~1米。蒌蒿嫩茎为著名野生蔬菜，产销量大。

(6)狭叶香蒲群系。全省湿地散见，较常见，湖泊湿地中较多，多见于低地沼泽、田间沟渠、荒田中。盖度80%，高度1.5米左右。多为单优群落，或与菰、空边莲子草、菖蒲等混生。湖北的香蒲属植物，绝大多数为此种。

(7)香蒲群系。主要分布于一些沼泽湿地中。盖度较大，高度1.6米左右。

(8)野芋群系。全省散见，多见于农田区沟渠、小型沼泽中，湖泊湿地也有分布。盖度70%~90%，高度1米左右。

(9)菖蒲群系。全省湿地广布，常见。多见于池沼、河流、沟渠，湖泊洲滩亦常见，面积常较大，山地沼泽中亦有分布。盖度40%~80%，高度1.2米左右。

(10)灯心草群系。全省湿地广布。多见于湖泊洲滩、池沼、水库库尾淤泥裸露的地段，有时因水位变化而成季节性湿地植被(冬春水位低时出现大面积分布，夏季水位高时被淹)。盖度20%~70%，高度0.2米左右。

(11)乌蕨群系。全省分布较少，主要分布于山区的河流岸边，性喜温暖半阴环境，适生富含腐殖质的酸性或微酸性土壤，常与杂草混生，有时单独群栖。盖度70%~100%，高度0.5米左右。

(12)芋群系。为人工栽培，常见于湖泊、水产养殖场及低洼的沼泽湿地中，常以大面积种植。

(13)慈姑群系。全省均有分布。常见于田间水沟、水田等湿地中。

(14)竹节草群系。全省皆有分布。主要分布于河流两岸，在浅水塘、水沟、水田及沼泽湿地中也比较常见，呈散生生长。

2.4.4 苔藓湿地植被型

(1)泥炭藓群系。湖北的泥炭藓主要见于鄂西山区的沼泽湿地中。在神农架、利川等地中山山顶沼泽中，发现有发育很好的泥炭藓群系，这类山顶沼泽，常年有一层很薄的地表水，泥炭藓可形成单优群落，盖度100%，高度0.2～0.4米；或与千金子、拂子茅、沼泽蕨、分株紫萁等混生，形成沼泽植被的第二层。泥炭藓群系对于涵养水源，起着非常重要的作用。泥炭藓被大量采收，用作培养兰花的植料。

(2)金发藓群系。金发藓在湖北山地分布很广。在鄂西山区的山顶沼泽中，可形成金发藓单优群系，盖度100%，厚度0.2～0.3米。

2.5　浅水植物湿地植被型组

2.5.1　漂浮植物型

(1)满江红群系。全省广泛分布，主要发育于水面平静的池塘、水渠、湖泊边缘、稻田。常形成单优势种群落，盖度近100%。

(2)凤眼莲群系。全省分布，为外来入侵植物。分布于池塘、湖泊、沟渠、河流中。在富营养化的水域，可形成大面积群落，盖度达90%。常淤塞河道，给本地生物多样性带来威胁。

(3)浮萍群系。全省广泛分布，主要生长于湖泊、沼泽静水区，稻田中亦很常见，盖度可近100%。

(4)水鳖群系。主要见于湖泊湿地，其他地方少见。生于河道、湖泊、沼泽等静水水域，常与其他漂浮、挺水植物混生，亦可见单优群落。

2.5.2　浮叶植物型

(1)四角刻叶菱群系。全省广布，很常见，多见于静水中。池沼、小河道、湖湾、藕池等处常见，盖度40%～100%。

(2)莲群系。全省各地栽培或逸生，常见于湖泊及库塘中，主要分布于平原地区，面积大，以生产莲子为主，亦有部分藕莲。

(3)芡实群系。仅见于鱼塘、河道中，由于现在的鱼塘多为精养鱼塘，芡实已不多见，保留下来的也是以采收叶柄作蔬菜经营。

(4)睡莲群系。仅见于山地沼泽中，睡莲为珍稀水生植物，很少见(至少在我国东南部人口稠密区如此)，在低海拔人为干扰大的湖泊、稻作区，不见踪迹，仅保存于山地人为干扰少的小湿地中。由于其稀见，很多人包括从事植物学调查、研究的，也包括一些植物学教材中，都误将庭园普遍栽培的红睡莲甚至其他热带睡莲，当作了睡莲。睡莲由于叶小、花小，花白色，未曾见有栽培。

(5)莼菜群系。国家Ⅱ级保护野生植物。本省仅恩施州利川市有分布。盖度80%～100%。

(6)菱群系。为人工栽培，作为蔬菜食用。主要分布于湖北省的江汉平原，在山区也有少量分布。盖度能达到100%。

(7)荇菜群系。全省广布，静水中、池沼、小河道、湖湾、藕池等处常见。盖度50%～100%。开花时一片金黄，非常壮观。

(8)水皮莲群系。主要分布于湖泊、水库湿地，该种在湖北较为稀见。盖度30%左右，常与假稻、苹、黑藻等混生。

(9)萍蓬草群系。全省偶见，调查发现主要分布于洪湖湿地及嘉鱼县湖泊湿地中。水位较深时，为浮叶状，水位低时，为挺水状，株高0.5米左右，盖度60%~90%。

(10)荼菱群系。全省广布，生于静水中，沟渠、水凼、湖湾等人为干扰较少的浅水区。盖度60%~100%，常与菰、莲等混生。

(11)眼子菜群系。全省散见，多生于静水浅水中，沼泽、沟渠、水浸稻田等都有分布，一般群落面积较小，神农架林区山顶沼泽中有较大面积。盖度40%~70%。

(12)水龙群系。野外调查中，发现利川市、恩施市、洪湖市有分布，生于池塘、沼泽边缘。生长于近水区淤泥中，植株可伸向水面1~2米，为增大浮力，节上可长出白色圆柱形浮器，茎上可包裹厚达0.03米、似泡沫塑料的浮器。在淤泥上可直立生长，高度0.4米左右。

2.5.3 沉水植物型

(1)菹草群系。全省广布，生于湖泊、池塘和溪流中，盖度30%~90%，长度0.2~0.5米甚至更长。在静水浅水中，菹草有夏季休眠枯死的习性，夏季高温季节，当水温过高时，其枝顶部叶较密集的部分形成“石芽”，沉于水中，植株则全部枯死；“石芽”度过夏季高温季节，待秋季水温降低后，则重新萌发。流水中的菹草，四季均可生长。

(2)竹叶眼子菜群系。全省广布，生于湖泊、池塘、灌溉渠和河流等静水水体和流水水体中。是湖泊沉水植被中的优势种。

眼子菜属沉水植物中，本省还有微齿眼子菜、光叶眼子菜等分布。

(3)苦草群系。全省广布，生于静水或流速较缓的沟渠、池沼、浅水湖泊、水库及湖泊滨水区，盖度30%~70%，长度0.2~0.4米。优良水族箱观赏植物。

(4)金鱼藻群系。全省广布，多生于静水水体中，流速较缓的浅水中亦有生长，喜水质清澈、污染程度轻或未受污染的水质。长度0.05~0.3米。优良水族箱观赏植物。

(5)黑藻群系。全省广布，湖泊、池沼、沟渠、河流等均可见。常与金鱼藻、苦草、菹草等混生。喜水质较好的环境。

(6)龙舌草群系。全省偶见，在未养草食性鱼类的池塘、山地沼泽、农村水井等偶见。该种原分布很广，但随着环境污染和人为干扰的加大，精养鱼塘的出现，野外已较难发现龙舌草。龙舌草是省内唯一较大型叶的沉水植物，优良水族箱观赏植物，亦是很好的环境指示植物。

(7)穗状狐尾藻群系。全省广布，静水及流水中均可见，尤以沟渠中最为常见。植株长达0.2~1米甚至更长。优良水族箱观赏植物。

省内庭园水体中，偶见人工栽培有狐尾藻，野外未发现。

(8)黄花狸藻群系。全省广布，多生于浅水静水中，稻田、池沼等处常见，为水生食虫植物，长度0.2~0.5米。

(9)沼生水马齿群系。全省散见，生于静水或流速较缓的浅水中。该种植株较娇小，形成的群系一般较小。不耐人为干扰，不耐污染，在水质优良的水体中，枝叶呈翠绿色，非常雅致。优良水族箱观赏植物。

(10)茨藻群系。在一些小池沼、鱼塘中见到。主要有大茨藻和小茨藻两种。

(11)水筛群系。野外调查中在梁子湖湿地区水产养殖场中见到。

另外，省内的水渠、池沼中，还常见有异叶石龙尾和石龙尾两种沉水植物。在未养鱼的山塘、水质清澈的流水中，此二种(尤其是异叶石龙尾)形成非常漂亮的沉水植物景观。野外调查中，还见有圆叶节节菜的沉水株型，亦是很好的沉水景观植物。

3　湿地植物的保护和利用情况

3.1　湿地植物的保护现状

近几十年来，随着人口的不断增长，经济活动的发展，人类对大自然的索取强度日益增加，对湿地的影响也日益加剧。高产水稻的推广导致稻田内密不透风，加上除草剂的使用，使得原本大量生长在稻田中的湿地植物，已大量减少；精养鱼池的兴建，使得原本广泛分布的沉水植物和浮叶植物，难觅踪迹。湖北的湿地植物生长状况，近几十年来发生了显著变化。

(1)湖泊湿地和沼泽湿地的植物保护现状。一是芦苇作为重要的造纸原料，芦苇地大量扩展；二是近10年来大量栽种杨树，湖泊大面积洲滩被开沟排水，洲滩面积大幅减少且旱化，致使冬候鸟栖息地减少，觅食的沉水植物、洲滩薹草植物面积日益缩小。夏季洪水期的高水位，自1998年长江流域发生特大洪水后，每年维持很短的时间，有时甚至不足一周，泥沙的淤积大幅减少，洲滩植物赖以生存的肥沃淤泥沉积越来越少。

(2)山地湿地的植物保护现状。湖北地处亚热带，有着丰富的山地沼泽湿地资源，面积大小不一，一般面积都较小，这类山地沼泽湿地，保存着大量在稻作区、湖区人为干扰环境下无法生存的湿地珍稀植物，有的已处于濒危状态。山地沼泽湿地，也易受人为干扰而遭破坏，有些山顶沼泽湿地，就因人为开垦而完全遭到破坏。目前保护较好的山地沼泽湿地，仅有鄂西山区一些沼泽，其他重要的山地湿地，均未采取有效的宣传、警示标志和保护措施，应该引起足够的重视。

(3)外来入侵植物对湿地植物的危害。湖北省位于中国中部、长江中游，属中纬度季风区域，自然条件得天独厚，省内公路、铁路和长江航运等交通发达，为外来物种的入侵和蔓延提供了便利的条件。通过调查和对文献资料的整理和分析，初步确定湖北省外来入侵植物有56种，隶属于20科41属，其中菊科的种类最多，有13种，其次是苋科和蝶形花科，分别有6种、5种。从来源看，有35种来源于美洲，其他种来源于欧洲、亚洲、非洲等地区。入侵植物中有杂草54种，包括2种被列为我国的检疫杂草，即豚草和毒麦。这些外来物种的入侵，特别是一些有毒或恶性杂草的侵入与蔓延，已对省内湿地产生了许多负面的影响。湖北外来入侵植物影响最严重的，一是空心莲子草，全省各地湿地中都有分布，严重影响本地土著植物的生存空间。尤其是一些珍稀湿地植物富集的山地沼泽，应当严防空心莲子草的入侵，一旦被侵，那些珍稀湿地植物将面临严重的生存威胁。二是凤眼莲，随着水体富营养化的加剧，水葫芦的危害日益严重，很多河道水渠都被水葫芦阻塞。再就是加拿大一枝黄花、豚草、紫茎泽兰等，它们侵入湖北的时间不长，却具备旺盛的生命力和强大的扩张能力，目前很多湖区乃至全省各地随处可见，其危害性不可低估。

3.2　湿地植物的利用现状

湿地植物中，有许多种类都具有较高的利用价值。

有的具有经济价值，例如湖泊及沼泽湿地中的芦苇，是重要的造纸原料，已形成一个规模较大的产业链，长江洲滩及湖岸上的杨树，生长速度快，产量高，经济价值大。

有的可以食用，例如荸荠、菱角、慈姑，在大型湖区产销量大。莲子是湖北著名品牌，莲藕是重要蔬菜。芡实的叶柄，被大量采收用作野生蔬菜上市，种子是厨房调味品芡粉的原料。全省各地的菰(茭笋)，是重要的食用蔬菜。华东、华北等地及日本，有食用莼菜的习惯，本省有野生莼菜资源，可开发供应市场。

有的可作为庭园观赏植物，例如莲(荷花)、水葱、香蒲、萍蓬草、三白草、千屈菜、宽叶薹草、慈姑、菖蒲、菰、芦苇、南荻等皆可作为庭园水景中的挺水植物来观赏，而荇菜、芡实、莼菜、水龙、水皮莲、眼子菜等可作为庭园浮叶植物供观赏。在水质良好的庭园水景或水族箱中，有大量的沉水植物深受人们喜爱，观赏价值高的主要有：狐尾藻、穗状狐尾藻、石龙尾、异叶石龙尾、黑藻、苦草、菹草、金鱼藻等。

有的湿地植物则在生态安全及生物多样性保护等方面发挥着巨大作用。在防浪固堤、护坡、防治污染、净化水质、沉降淤泥、涵养水源等方面作用巨大，为鱼类提供庇护、产卵场所及食物，为湿地鸟类提供食物。

三峡水库蓄水后，已形成大面积消落带湿地。在消落带上生长着许多高等湿地植物，优势种主要有双穗雀稗、藨草、长鬃蓼等。目前，湿地植物的研究多集中在海岸湿地、湖泊、淡水沼泽等湿地类型，很少涉及水库消落带湿地。三峡水库蓄水后，消落带的新生湿地植物对植物的种类组成、植被类型、分布格局、演替规律等有非常重要的研究意义。

第二节 湿地动物资源

1 湿地野生动物种类和特点

1.1 湖北省湿地野生动物的种类组成

1.1.1 湿地野生动物的界定

湿地野生动物是湿地生物多样性的重要组成部分，是国家的重要资源。湿地野生动物包括鱼类、两栖类、爬行类、鸟类和哺乳类。

湿地鱼类是由内陆湿地鱼类、近海海洋鱼类、河口半咸水鱼和过河口洄游性鱼类构成(国家林业局，2001)。湖北省江汉平原区的鲤科鱼类特别丰富，是我国重要的淡水渔业中心；湖北省中部和西部的长江中上游水系、清江水系、汉江水系均以鲤科、鳅科和鲇科种类为主，均属于内陆湿地鱼类。湖北省分布的所有鱼类均属于湿地野生动物。

两栖类是脊椎动物中从水生到陆生的过渡类型，成体的身体结构尚不完全适应陆地生活，需要经常返回水中保持体表湿润，繁殖时期必须将卵产在水中，孵出的幼体必须在水内生活；有的种类甚至终生在水内生活，所以两栖类全部被归入湿地野生动物。

爬行类和哺乳类是完全适应陆地生活的真正陆生动物，但其中有一部分种类次生性的生活在江河(如白鳖豚、江豚)或半水半陆的湿地区(如龟类、鳖、水獭等)，是典型湿地种；一部分则经常在潮湿多水地区或湿地岸边生活(如一些蛇类，麋鹿、麝鼩、田鼠、獾等)。因此，将这部分爬行类和哺乳类划分为湿地野生动物。

湿地水鸟是指在生态上依赖于湿地，即某一生活史阶段依赖于湿地，且在形态和行为上对湿地形成适应特征的鸟类。它们以湿地为栖息空间，依水而居，或在水中游泳和潜水，或在浅水、滩地与岸边涉行，或在其上空飞行，以各种特化的喙和独特的方式在湿地觅食。湿地水鸟包括了潜鸟目、鸊鷉目、鹱形目、鹈形目、鹳形目、雁形目、鸻形目(海雀除外)和鸥形目的所有种类，以及鹤形目大部分种类和佛法僧目部分种类。此外，许多学者认为与湿地关系密切、经常栖息于湿地的鸟类还有隼形目、鹃形目、鸮形目、鴷形目和雀形目的部分种类。因此，将依赖于湿地和经常栖息于湿地的鸟类一并统称为湿地鸟类，湿地鸟类包括湿地水鸟和其他湿地鸟类，均属于湿地野生动物。在本次调查中，我们采取湿地生境原则，将较长时间活动在湿地植被和湿地范围内的鸟类都作为湿地鸟类统计。

1.1.2 湖北省湿地野生动物的种类

综合本次调查和现存标本，查阅相关文献资料，得出湖北省各类湿地生态系统现有野生动物652种，隶属于5纲38目108科。

其中，鱼类12目26科201种(亚种)，占湖北省湿地野生动物物种总数的30.83%；湿地两栖类2目10科68种(亚种)，占10.43%；湿地爬行类2目9科51种，占7.82%；湿地鸟类15目46科285种，占43.71%；湿地哺乳类6目13科47种，占7.21%(表3-4)。

表3-4 湖北省湿地野生动物各类群组成

类 群	目 数	科 数	种 数	百分比(%)
鱼 类	12	26	201	30.83
两栖类	2	10	68	10.43
爬行类	2	9	51	7.82
鸟 类	15	46	285	43.71
哺乳类	7	17	47	7.21
合 计	38	108	652	100

1.2 湖北省湿地野生动物的区系特征

全世界动物区系分为6界，中国横跨古北界和东洋界。按照张荣祖(1999)的动物地理区划理论，中国又分为3亚界7区19亚区。湖北省位于东洋界中印亚界的华中区。由于湖北的地理位置和特有的自然环境，形成了特殊的区系特点。由于陆生脊椎动物与鱼类的区系划分条件略有不同，而鸟类具有迁徙习性，活动能力太强，因此，这里只就除鱼类和鸟类外的湿地野生动物区系特点进行分析。

湖北省湿地野生动物中的两栖类、爬行类和哺乳类的地理型为：东洋界种113种，占68.07%；古北界种12种，占7.23%；广布种41种，占24.70%(表3-5)。可见，湖北省湿地野生动物在区系组成上以东洋界种占绝对优势，虽然古北界物种在这里交汇，但所占比例不大。这与湖北省的特殊地理位置有关。湖北省在地势上处于我国第二级阶梯向第三级阶梯的过渡地带，地质地貌复杂多样，具有东西、南北的过渡特点；同时长江水系流经全省，河流湖泊密布、湿地面积较大、资源丰富，给众多的湿地野生动物提供了适宜的栖居环境，这些因素导致了湖北省湿地野生动物的丰富性、南北兼具的特征。

表 3-5 湖北省湿地野生动物区系组成(除鱼类和鸟类)

类 群	东洋界种	古北界种	广布种	合 计
两栖类	61	3	4	68
爬行类	35	0	16	51
哺乳类	17	9	21	47
合 计	113	12	41	166
百分比(%)	68.07	7.23	24.70	100

1.3 湖北省湿地野生动物资源特点

1.3.1 湖北省湿地野生动物资源丰富

湖北省地处长江中游，地跨长江和汉江两大水系，全省河流纵横、湖泊密布、水面宽阔，具有丰富的湿地资源，有着“千湖之省”“鱼米之乡”的美誉。湖北省湿地面积广阔，自然地理环境较好，为大量的湿地野生动植物提供了良好的栖息和繁衍生境。综合本次湿地调查，得出湖北省各类湿地生态系统现有野生动物 5 纲 38 目 108 科 652 种，湿地野生动物资源十分丰富，物种多、数量大。

1.3.2 与第 1 次湿地资源调查相比，湿地野生动物资源有增加

本次湿地资源调查与2004 年的第 1 次湿地资源调查相比，湖北省湿地野生动物资源物种数有所增加。在本次湿地资源调查中，有湿地野生动物(湿地鸟类仅比较了水鸟)512 种，比第 1 次湿地资源调查时(401 种)增加了 111 种，增加率为 27.68%。其中鱼类有 201 种(亚种)，比第 1 次湿地资源调查时(167 种)增加了 34 种，增加率为 20.36%；两栖类有 68 种(亚种)，比第 1 次湿地资源调查时(46 种)增加了 22 种，增加率为 47.83%；爬行类有 51 种，比第 1 次湿地资源调查时(33 种)增加了 18 种，增加率为 54.55%；水鸟有 145 种，比第 1 次湿地资源调查时(126 种)增加了 19 种，增加率为 15.08%；哺乳类有 47 种，比第 1 次湿地资源调查时(29 种)增加了 18 种，增加率为 62.07%(表 3-6)。

分析其增加的原因，主要有：

(1)第 1 次湿地资源调查后，以及本次湿地资源调查中发现了一些湖北省新记录种，如两栖类的细痣疣螈、中国瘰螈、尾突角蟾、淡肩角蟾、短肢角蟾、巫山角蟾、华南雨蛙、黑点树蛙、小弧斑姬蛙、仙琴水蛙、宜章臭蛙、大绿臭蛙、崇安湍蛙，水鸟中的红胸黑雁、白枕鹤、蓑羽鹤、紫水鸡、东方鸻、中杓鹬、黑尾塍鹬等。

表 3-6　第 1 次和第 2 次湖北省湿地野生动物物种数比较

类　群	第 1 次湿地调查	第 2 次湿地调查	增加种数	增加率(%)
鱼　类	167	201	34	20.36
两栖类	46	68	22	47.83
爬行类	33	51	18	54.55
水　鸟	126	145	19	15.08
哺乳类	29	47	18	62.07
合　计	401	512	11	27.68

(2)第 1 次湿地资源调查中遗漏了一些湿地野生动物，如两栖类的商城肥鲵、利川铃蟾，水鸟中的苍鹭、鹗、褐渔鸮、黄脚渔鸮、冠鱼狗、斑鱼狗、普通翠鸟、白胸翡翠、蓝翡翠等。

(3)由于分类系统发生改变增加的物种。如两栖类的黄斑拟小鲵。

(4)由于湿地野生动物界定范围不同，新增加了一些物种。

1.3.3　湿地生境类型多样，栖息物种差异大

湖北省湿地类型多样，分布区域差异大，所栖息的湿地野生动物种类差异较大。

湖北省中部有江汉平原的湖泊和河流湿地，江汉湖群湖水浅，淤泥深厚，富含有机物质，水质肥沃，水草繁茂，底栖生物丰富，为各种不同食性的鱼类和水鸟提供了良好的栖息和生长发育条件，主要有鲢、鳙、青鱼、草鱼、鲴类、鳊、鲂、鲌类、鳡、鲇、黄颡鱼、鮠类、乌鳢、鳜、黄鳝等经济鱼类，以及鹭类、雁鸭类、鸻鹬类、鸥类等水鸟，黑斑侧褶蛙、湖北侧褶蛙、泽陆蛙、虎纹蛙、中华蟾蜍等两栖类。

在鄂西南山区还分布有亚高山沼泽湿地、亚高山草甸湿地、灌丛沼泽湿地、森林沼泽湿地，鄂西南和鄂西北均有丰富的溪流湿地等。这些地区山体雄伟、盆地开阔、溪谷深峻，森林植被类型复杂多样，各地气候差异显著，雨量比较充沛，主要分布有适于山区溪流生活的鱼类和两栖类，而且两栖类的特有程度高，是湖北省许多两栖类的狭窄分布区。如中国小鲵、黄斑拟小鲵、秦巴拟小鲵、巫山北鲵、细痣疣螈、中国瘰螈、利川铃蟾、微蹼铃蟾、利川齿蟾、红点齿蟾、短肢角蟾、宜章臭蛙、仙琴水蛙、姬蛙类等。

还有具有极其重要战略意义的人工湿地，如三峡水库湿地、丹江口水库湿地。主要分布有草鱼、青鱼、鲢、鳙、鳡、鳤、鯮、赤眼鳟、鳊、鲂、鲌类、鳜、似鳊等江河经济鱼类，以及中华倒刺鲃、铜鱼、吻鮈、长吻鮠、粗唇鮠和乌苏里鮠等江河型洄游鱼类。

1.3.4　湖北省湿地野生动物中重点保护和珍稀濒危物种多样

湖北省湿地野生动物中的珍稀濒危及保护物种比例高是其动物资源的一个显著特点。调查结果表明，湖北省各类湿地生态系统中的 618 种脊椎动物中，属于国家Ⅰ级保护野生动物有 12 种，分别是中华鲟、达氏鲟、白鲟、东方白鹳、黑鹳、中华秋沙鸭、白头鹤、白鹤、大鸨、白尾海雕、白鱀豚、麋鹿。

国家Ⅱ级保护野生动物有 46 种，分别是胭脂鱼、大鲵、细痣疣螈、虎纹蛙、角䴙䴘、卷羽鹈鹕、海南虎斑鳽、彩鹳、白琵鹭、红胸黑雁、白额雁、大天鹅、小天鹅、疣鼻天鹅、鸳鸯、

鹗、灰鹤、白枕鹤、蓑羽鹤、花田鸡、小杓鹬、褐渔鸮、黄脚渔鸮、白尾鹞、白头鹞、白腹鹞、江豚、水獭、青鼬等。

1.3.5 湖北省湿地野生动物中的其他珍稀濒危种类

除了受国家重点保护的动物外，湖北省还有许多湿地野生动物被划分到各种濒危动物名单中。

1.3.5.1 被列入 CITES 的湿地动物

湖北省湿地野生动物中被列入《濒危野生动植物种国际贸易公约》(CITES)附录中的野生动物有66种(林业部野生动物和森林植物保护司，1994)。其中鱼类有3种，占4.55%；两栖类2种，占3.03%；爬行类6种，占9.09%；鸟类46种，占69.70%；哺乳类有9种，占13.64%。

属于附录Ⅰ的湿地动物有10种，占总数的15.15%，即白鳖豚、江豚、水獭、卷羽鹈鹕、东方白鹳、中华秋沙鸭、白头鹤、游隼、白尾海雕、大鲵。属于附录Ⅱ的湿地动物有40种，占总数的60.61%，包括豹猫、黑鹳、白琵鹭、灰鹤、白枕鹤、蓑羽鹤、鹗、鸢、赤腹鹰、雀鹰、松雀鹰、普通鵟、灰脸鵟鹰、白尾鹞、白头鹞、鹊鹞、灰背隼、红脚隼、红隼、红角鸮、褐渔鸮、黄脚渔鸮、斑头鸺鹠、短耳鸮、画眉、红嘴相思鸟、虎纹蛙等。属于附录Ⅲ的野生动物有16种，占总数的24.24%，包括赤狐、青鼬、黄腹鼬、黄鼬、大白鹭、白鹭、绿翅鸭、乌龟等。

1.3.5.2 被列入 IUCN 的湿地动物

湖北省湿地野生动物中被列入《世界自然保护联盟濒危物种红色名录》(IUCN)的野生动物有102种。被列入IUCN红色名录中的湖北湿地动物各类群比较见表3-7。

被列入IUCN红色名录的鱼类有14种，占13.73%；两栖类26种，占25.49%；爬行类17种，占16.67%；鸟类39种，占38.24%；哺乳类有6种，占5.88%。

属于“野外灭绝(EW)”的有1种：麋鹿；属于“极危(CR)”的有6种；属于“濒危(EN)”的有23种；属于“易危(VU)”有45种；属于“近危(NT)”的有27种(表3-7)。

表3-7 被列入IUCN名录的湖北省湿地动物各类群比较

濒危级别	鱼　类	两栖类	爬行类	鸟　类	哺乳类	合　计
野外灭绝(EW)	/	/	/	/	1	1
极危(CR)	2	2	/	1	1	6
濒危(EN)	4	5	5	7	2	23
易危(VU)	8	12	11	13	1	45
近危(NT)	/	7	1	18	1	27
合　计	14	26	17	39	6	102

1.3.6 湖北省重点保护野生动物和国家“三有”动物

湖北省湿地野生动物中属于湖北省重点保护野生动物有107种。属于“国家保护的有益的或者有重要经济、科学研究价值的野生动物”(简称“三有”保护动物)有309种，见表3-8。

表 3-8 湖北省湿地动物中特有种、“三有”保护动物、省级重点保护动物比较

类群	中国特有种		湖北省重点保护动物		“三有”动物	
	种 数	百分比(%)	种 数	百分比(%)	种 数	百分比(%)
鱼 类	146	69.19	13	12.15	—	—
两栖类	40	18.96	22	20.56	59	19.09
爬行类	8	3.79	10	9.35	43	13.92
鸟 类	8	3.79	51	47.66	192	62.14
哺乳类	9	4.27	11	10.28	15	4.85
合 计	211	100	107	100	309	100

1.3.7 湿地野生动物中的中国特有种多

湖北省湿地野生动物中的中国特有物种多是其动物资源的另一个显著特点。湖北省的652种湿地脊椎动物中，就有211种属于中国特有种，占湿地动物物种总数的32.36%。其中鱼类有146种，占湖北省湿地动物中中国特有种总数的69.19%；两栖类有40种(苏化龙，2007)，占18.96%；爬行类有8种(赵尔宓，1998)，占3.79%；鸟类有8种(雷富民，2006)，占3.79%；哺乳类有9种(王应祥，2003)，占4.27%。湖北省湿地动物各类群特有种比较见表3-8。

2 湿地鸟类

2.1 湖北省湿地鸟类的种类和分布

2.1.1 种类组成

综合本次调查和现存标本，查阅相关文献资料，得出湖北省现有湿地鸟类15目46科285种。其中水鸟有10目22科145种(水鸟划分标准依据国家林业局第二次湿地资源调查界定的水鸟名录)，其他湿地鸟类有9目27科140种。

145种水鸟中，各类群水鸟物种数排序依次为：鸻形目鸟类最多，有8科47种，占水鸟物种总数的32.41%；雁形目1科36种，占24.83%；鹳形目3科21种，占14.48%；鹤形目3科18种，占12.41%；鸥形目1科9种，占6.21%；其他种类较少(表3-9)。

表 3-9 湖北省水鸟各目种数比较

目	科 数	种 数	种数百分比(%)
鹈鹕目	1	4	2.76
䴙形目	2	2	1.38
鹳形目	3	21	14.48
雁形目	1	36	24.83
隼形目	1	1	0.69
鹤形目	3	18	12.41
鸻形目	8	47	32.41
鸥形目	1	9	6.21

（续）

目	科 数	种 数	种数百分比(%)
鸮形目	1	2	1.38
佛法僧目	1	5	3.45
合 计	22	145	100

其他的127种湿地鸟类中，各类群湿地鸟类物种数排序依次为：雀形目鸟类最多，有17科91种，占总数的71.65%；其次是隼形目2科16种，占12.60%；鹃形目1科6种，占4.72%；雨燕目1科4种，占3.14%；其他种类较少(表3-10)。

表3-10 湖北省其他湿地鸟类各目种数比较

目	科 数	种 数	种数百分比(%)
隼形目	2	16	11.43
鸡形目	1	2	1.43
鸽形目	1	3	2.14
鹃形目	1	6	4.29
鸮形目	1	3	2.14
雨燕目	1	4	2.86
佛法僧目	2	2	1.43
雀形目	17	91	72.86
䴕形目	1	2	1.43
合 计	27	140	100

2.1.2 居留型

湖北省湿地鸟类的居留型为：留鸟90种，占湿地鸟类总种数的31.58%；夏候鸟58种，占20.35%；冬候鸟92种，占32.28%；旅鸟45种，占15.79%。结果表明，湖北省湿地鸟类以繁殖鸟(留鸟和冬候鸟)占主体，有182种，占63.86%。

其中，湖北省145种水鸟的居留型为：留鸟仅12种，占湿地鸟类总种数的8.28%；夏候鸟32种，占22.07%；冬候鸟69种，占47.59%；旅鸟32种，占22.07%(表3-11)。结果表明，湖北省湿地水鸟以冬候鸟占主体，这也说明了湖北省各类湿地是水鸟的重要越冬栖息地。

表3-11 湖北省湿地鸟类居留型比较

居留型	水 鸟		其他湿地鸟类		湿地鸟类总计	
	种 数	百分比(%)	种 数	百分比(%)	种 数	百分比(%)
留 鸟	12	8.28	78	55.71	90	31.58
夏候鸟	32	22.07	26	18.57	58	20.35
冬候鸟	69	47.59	23	16.43	92	32.28
旅 鸟	32	22.07	13	9.29	45	15.79
合 计	145	100	140	100	285	100

2.1.3　区系特征

湖北省湿地鸟类的区系组成(地理型)为：东洋种80种，占湿地鸟类总数的28.07%；古北种144种，占50.53%；广布种61种，占21.40%。结果表明，湖北省湿地鸟类以古北种占优势。

再对湖北省湿地水鸟的区系组成进行分析(表3-12)。结果显示：145种水鸟中，古北种98种，占67.59%；东洋种23种，占15.86%；广布种24种，占16.55%，结果也表明了湖北省的水鸟以古北种占优势。

表3-12　湖北省湿地鸟类区系成分分析

地理型	水　鸟		其他湿地鸟类		湿地鸟类总计	
	种　数	百分比(%)	种　数	百分比(%)	种　数	百分比(%)
广布种	24	16.55	37	26.43	61	21.40
东洋种	23	15.86	57	40.71	80	28.07
古北种	98	67.59	46	32.86	144	50.53
合　计	145	100	140	100	285	100

2.2　濒危和重点保护湿地鸟类

2.2.1　国家重点保护野生动物

湖北省湿地鸟类中，有46种鸟类被列为国家级重点保护动物。有国家Ⅰ级保护鸟类7种：东方白鹳、黑鹳、中华秋沙鸭、白头鹤、白鹤、大鸨、白尾海雕。有国家Ⅱ级保护鸟类39种，包括角䴙䴘、卷羽鹈鹕、海南虎斑鳽、彩鹳、白琵鹭、红胸黑雁、白额雁、大天鹅、小天鹅、疣鼻天鹅、鸳鸯、鹗、灰鹤、白枕鹤、蓑羽鹤、花田鸡、小杓鹬、褐渔鸮、黄脚渔鸮等。

2.2.2　CITES和IUCN濒危动物

被列入《濒危野生动植物种国际贸易公约》(CITES)附录中的湿地鸟类有50种。其中属于附录Ⅰ、附录Ⅱ、附录Ⅲ的分别有6种、35种、9种。

被列入《世界自然保护联盟濒危物种红色名录》(IUCN)的湿地鸟类有40种。其中属于“极危(CR)”的有1种：白鹤；属于“濒危(EN)”的有7种；属于“易危(VU)”的有14种；属于“近危(NT)”的有18种。

2.2.3　中国特有种

依据雷富民(2006)的划分标准，湖北湿地鸟类中有8种属中国特有种：海南虎斑鳽、灰胸竹鸡、领雀嘴鹎、画眉、橙翅噪鹛、震旦鸦雀、细纹苇莺、蓝鹀。

2.2.4　湖北省重点保护野生动物

湖北省重点保护湿地鸟类有51种。其中湿地水鸟25种，其他湿地鸟类26种。

2.2.5　“三有”保护动物

有192种属于国家“三有”保护动物，占总物种数的70.59%。其中湿地水鸟有114种，其他湿地鸟类有78种。

2.3 栖息地及其保护状况

湖北省湿地鸟类资源十分丰富，而且国家重点保护或珍稀濒危鸟类较多，主要栖息地分布于江汉平原湖区，长江、汉江和清江水系以及附近的中大型水库、沼泽湿地，呈斑块状分布。在这些栖息地上已经建立了不同级别与类型的多个自然保护区和湿地公园，在湖北省湿地鸟类保护中发挥了重要作用。其中有洪湖国际重要湿地、湖北龙感湖国家级自然保护区、湖北网湖省级湿地自然保护区、丹江口库区省级湿地自然保护区、梁子湖省级湿地自然保护区、湖北沉湖省级湿地自然保护区、武汉市涨渡湖湿地自然保护区、黄陂草湖珍稀水禽湿地自然保护区、荆州市长湖湿地自然保护区、大九湖湿地省级自然保护区、老河口市梨花湖湿地自然保护区、枣阳市熊河水系湿地自然保护区、咸丰县二仙岩州级湿地自然保护区、江夏上涉湖湿地自然保护区、湖北斧头湖湿地自然保护区、武汉黄陂木兰湖岛湿地自然保护区、荆州淤泥湖自然保护小区、荆州瓶水自然保护小区、孝感野猪湖鸟类自然保护小区、湖北巡店鹭鸟自然保护小区、安陆荒冲鸟类自然保护小区、潜江熊口返湖自然保护小区、武汉东湖国家湿地公园、神农架大九湖国家湿地公园、黄冈蕲春赤龙湖国家湿地公园、荆门漳河国家湿地公园、赤壁陆水湖国家湿地公园、谷城汉江国家湿地公园、京山惠亭湖国家湿地公园、黄州遗爱湖国家湿地公园、钟祥莫愁湖国家湿地公园、麻城浮桥河国家湿地公园、宜都天龙湾国家湿地公园、大冶保安湖国家湿地公园、杜公湖省级湿地公园、仙桃沙湖省级湿地公园、蔡甸后官湖省级湿地公园、江夏藏龙岛省级湿地公园、襄阳崔家营省级湿地公园、武山湖省级湿地公园等。

但是近来由于各地方政府重视经济发展，轻视了环境和自然资源的保护，一些自然保护区受到了一定干扰，鸟类自然栖息地呈破碎化趋势。如在汉江江滩取沙、洗铁砂等，破坏了汉江的航道，导致鹭类的觅食地、雁鸭类的越冬地受到了影响。

目前在湿地鸟类保护上存在以下问题：

(1)湿地鸟类栖息地面积逐渐缩小。由于社会经济的快速发展使经济发展用地与湿地保护的矛盾日益突出。目前，因湖汊和滩涂围垦、围网养殖、围湖造田、填湖修路或房地产开发、种植芦苇或杨树等因素，湿地鸟类栖息地面积减少，特别是迁徙候鸟适宜的自然栖息地急剧减少。

(2)环境污染严重造成栖息地质量下降。随着湿地周边地区工农业的不合理布局与发展，有毒气体、污水及噪音逐年增加，鸟类栖息地生态质量下降，同时由于污染造成的湿地鸟类食物的减少也造成了湿地鸟类种类和数量的波动。近年来由于农药造成的鸟类死亡案例日益增多。以湖北省长湖湿地自然保护区为例：长湖在1985年以前，水体的透明度在2米以上，水质优良(水质Ⅱ类)；1990年以后透明度不到1米；2006年继续降为0.5米，拦网养殖区透明度更低。在短短的20年间，湖水中的氨氮增加了6.5倍、高锰酸钾指数翻了一番、总磷翻了两番，水质也由Ⅱ类降为Ⅳ类，部分地区Ⅴ类，完全达不到功能区(Ⅲ类)水质标准，导致长湖湿地生物资源减少，生物多样性急剧下降。

(3)偷捕偷猎现象仍客观存在，威胁湿地鸟类生存。在部分候鸟迁徙带和大型湖泊周边，一些偷猎者以各种手段捕杀鸟类，并通过地下隐蔽途径销售到野味店谋取利益。一些饭店偷偷收购野鸭、雁类，以野味招揽客人，部分群众以食野味为鲜，客观形成了市场需求，刺激了偷猎和贩卖行为。虽然打击力度不断加大，但是偷捕偷猎鸟类行为仍很严重，屡禁不止。

3　鱼　类

3.1　湖北省鱼类种类和主要分布

3.1.1　种类组成和分布特点

综合本次调查和现存标本，查阅相关文献资料，湖北省现有鱼类12目26科201种(亚种)。各类群鱼类物种数排序依次为：鲤形目鱼类最多，有137种，占鱼类物种总数的68.16%；鲇形目31种，占15.42%；鲈形目17种，占8.46%；其他种类较少(表3-13)。

表3-13　湖北省鱼类各目种数比较

目	种　数	百分比(%)	目	种　数	百分比(%)
鲟形目	3	1.49	颌针鱼目	1	0.50
鲱形目	3	1.49	合鳃目	1	0.50
鲑形目	4	1.99	鲈形目	17	8.46
鳗鲡目	1	0.50	鲽形目	1	0.50
鲤形目	137	68.16	鲀形目	1	0.50
鲇形目	31	15.42			
鳉形目	1	0.50	合　计	201	100

3.1.2　区系特征

湖北省湿地资源多样，特别是江汉平原地区湖泊密布，堤垸纵横，水网密布，湖泊库塘丰富，底质结构多样，非常适于鱼类栖息、生长，因此鱼类资源十分丰富。江汉湖群的鱼类区系组成与长江中下游湖泊鱼类区系组成相似。其区系特点是以中国江河平原区系复合体和南方热带区系复合体的种类为主要成分，占江汉湖群鱼类总数的80%以上，其他区系复合体的鱼类仅占20%左右(表3-14)。

表3-14　江汉湖群鱼类区系组成

鱼类区系	主要鱼类	百分比(%)
中国江河平原区系复合体	草鱼、青鱼、鲢、鳙、鳡、鳤、鯮、麦穗鱼、鲴属、红鲌属、飘鱼属、鳌属、鲂属、蛇鮈属等	60
南方热带区系复合体	乌鳢、塘鳢、黄鳝、刺鳅、黄颡鱼、刺鳅、青鳉、胡子鲇等	20
古代第三纪区系复合体	鲤、鲫、鲇类、泥鳅、鳜鱼、胭脂鱼等	20

3.1.3　分布特点

湖北素有“鱼米之乡”之称，这与湖北省江汉平原地区丰富的鱼类资源有密切关系。江汉湖群湖水浅，淤泥深厚，富含有机物质，水质肥沃，水草繁茂，底栖生物丰富，为各种不同食性的鱼类提供了良好的栖息和生长发育条件。在江汉湖群中，以浮游动植物为主要食物的鱼类有鲢、鳙、长颌鲚、短颌鲚、太湖新银鱼、银鲴等；以水生高等植物及其腐屑为主要食物的鱼类有草鱼、长春鳊、团头鲂、黄尾鲴等；以底栖动物为主要食物的有青鱼、胭脂鱼、铜鱼、蛇鮈、沙鳢、黄鳝、黄颡鱼等。这些鱼类除青鱼等部分是经济鱼类外，其他多为小型鱼类，经济价值较低，但它们是鱼类食物链的重要环节。为一些经济肉食性鱼类(如红鳍原鲌、青梢鲌、尖头鲌、拟尖头鲌、蒙古鲌、翘嘴鲌、鳡、鲇、鳗鲡、乌鳢、鳜等)提供了饵料来源。

3.2 濒危和重点保护鱼类

3.2.1 国家重点保护野生动物

湖北省鱼类中，有国家Ⅰ级保护鱼类3种：中华鲟、达氏鲟、白鲟；国家Ⅱ级保护鱼类1种：胭脂鱼。中华鲟、达氏鲟、白鲟还是《濒危野生动植物种国际贸易公约》(CITES)附录Ⅱ的保护物种。

3.2.2 IUCN濒危动物

被列入《世界自然保护联盟濒危物种红色名录》(IUCN)的鱼类有14种。其中属于“极危(CR)”的有2种：达氏鲟、白鲟；属于“濒危(EN)”的有3种：中华鲟、白缘鉠、中华纹胸鮡；属于“易危(VU)”的有8种：胭脂鱼、鯮、小口白甲鱼、岩原鲤、长薄鳅、长须黄颡鱼、青鳉、长身鳜。

3.2.3 中国特有种

湖北省鱼类中，有146种属中国特有种，占总物种数的72.64%，可见湖北省鱼类的特有性很高。

3.2.4 湖北省重点保护动物

有湖北省重点保护鱼类13种：鳤、鯮、长须片唇鮈、裸腹片唇鮈、细尾蛇鮈、光唇蛇鮈、多鳞白甲鱼、小口白甲鱼、中华裂腹鱼、龙口似原吸鳅、汉水后平鳅、长阳鮡、长吻鮠。

3.3 经济鱼类的利用情况

湖北省湖泊众多，有“千湖之省”之称，是全国鱼类重要生产基地。主要经济鱼类有青鱼、草鱼、鳙、鲤、鲫、鲂、黄颡鱼、鳜、鳗鲡等。据有关资料统计，其中鲢、鳙产量最大，但呈下降趋势；其次为草鱼，呈上升趋势；再依次为鲤、鲫、鳊、鲂、青鱼、鳜、鳗鲡。在这些经济鱼类中，草鱼、青鱼、鲢、鳙、鳡、鳤、鯮、赤眼鳟、鳊、鲂、翘嘴鲌、蒙古鲌、鳜、似鳊等在江河或湖泊的流水中繁殖，主要在湖泊中肥育，在江汉湖群中所占比例最大，种数多，是重要的经济鱼类；而鲤、鲫、团头鲂、红鳍原鲌、鲇、乌鳢、鮠、黄颡鱼、叉尾鮠等为湖泊型鱼类，在湖泊中进行繁殖、索饵、肥育、越冬，是江汉湖群的主要经济鱼类；中华倒刺鲃、铜鱼、长吻鮠和粗唇鮠等为江河型洄游鱼类，主要在江河中进行繁殖和摄食，这类鱼虽然在江汉湖群中所占的比例较小，但其中一些鱼类仍是湖群中的重要经济鱼类。

湖北省湿地还有一些其他经济动物，如河蟹、罗氏沼虾、克氏螯虾(小龙虾)、龟、鳖等，特别是克氏螯虾和河蟹的养殖规模和产量在逐年提高。

3.4 与第一次湿地资源调查相比较

本次湿地资源调查中记录了鱼类有12目26科201种(亚种)，比第1次湿地资源调查的11目24科167种增加了34种，增加率为19.32%。增加的种类和分布区主要如下：

鲤形目鲤科的厚颌鲂、汪氏近红鲌、高体近红鲌、黑尾近红鲌、川西鳈、华鲮、岩原鲤，鳅科的东方薄鳅、红唇薄鳅，它们主要分布于三峡库区。

鲤形目鲤科的多鳞鱊、巨口鱊、寡鳞鱊，主要分布于长江中游、洪湖、梁子湖；方氏鳑鲏，主要分布于长江干流、武汉东湖、崇阳陆水河；光倒刺鲃，主要分布于长江荆州江段、清江水系；粗须白甲鱼，仅清江上游的利川有分布。

鲤形目平鳍鳅科的四川爬岩鳅、短身金沙鳅、中华金沙鳅、西昌华吸鳅，主要分布于清江上游。

鲤形目鳅科的东方薄鳅，主要分布于汉江中上游；贝氏高原鳅，主要分布于三峡库区、清江上游、香溪河、汉江中游。

鲇形目鲿科的纵带鮠、条纹拟鲿、长臀拟鲿，主要分布于长江干流；盎堂拟鲿，主要分布于汉江中游、堵河、陆水河。

鲇形目钝头鮠科的司氏鉠，主要分布于长江、汉江；拟缘鉠，仅汉江中游有分布。

鲇形目鮡科的福建纹胸鮡，主要分布于清江、香溪河；中华鮡，仅分布于清江上游。

鲈形目鮨科的长身鳜，主要分布于长江干流及其附属湖泊。

鲈形目鰕虎鱼科的褐吻鰕虎鱼，全省长江干流均有分布；四川吻鰕虎鱼，主要分布于三峡库区和清江下游。

鲈形目鳢科的月鳢，主要分布于长江中游和洪湖。

鲽形目舌鳎科的窄体舌鳎，在长江武汉江段有分布记录。

4 两栖类、爬行类、哺乳类

4.1 湖北省湿地两栖类

4.1.1 两栖类

4.1.1.1 种类组成及特点

综合本次调查和现存标本，查阅相关文献资料，湖北省现有湿地两栖类68种(亚种)，隶属2目10科。其中有尾目有3科9种，占湖北省湿地两栖类物种总数的13.24%；无尾目有7科59种，占物种总数的86.76%。

4.1.1.2 主要分布

鄂东北区：处于湖北省东北部，在北、东、南三面分别与河南、安徽、江西交界，为大别山和桐柏山的南坡，整个地势北高南低，多为低山丘陵带。该区雨量分配不均，多集中于夏季，是湖北省暴雨集中的地区之一。地带性植被为落叶、常绿阔叶林。主要湿地有龙感湖、白莲河水库、巴河等。该区的湿地两栖类有13种，占总种数的19.12%，其中东洋界种9种，古北界种1种，广布种3种。商城肥鲵目前仅发现于该区的英山县。

鄂东南区：与江西、湖南交界，南部边界线由东北向西南的幕阜山脉岭嵴线构成，北部为低山丘陵和平原地区。该区气候温暖湿润，雨量充沛，是湖北省降水量最多的地区之一。区内地理环境较复杂，植被类型较多且生长繁茂，不仅有山区溪流，而且有陆水河和富水，中小型水库多，该区地理环境优越，适合静水型和流水型两栖类的栖息与繁衍，因此两栖类种类较多，有33

种，占全省总种数的48.53%，其中东洋界种30种，无古北界种，广布种3种。黑点树蛙仅发现于该区的阳新县，淡肩角蟾目前仅发现于通山县九宫山地区。

鄂西北区：在地势上为我国第二阶梯的东缘部分，包括秦岭、大巴山的鄂西北山地和襄阳盆地等。区内山间沟谷深切，石灰岩广布，熔岩地貌相当发达，气候具有南部过渡特点，降水量较少。植物区系成分复杂，为我国东西南北植物区交汇点，且植被垂直分布明显。该区两栖类种类较多，有29种，占总种数的42.65%，其中东洋界种22种，古北界种3种，广布种4种。

鄂西南区：属云贵高原东延部分，与重庆东部和湖南的西北部相邻，处于西部山区与江汉平原的过渡地带。由于该区山体雄伟、盆地开阔、溪谷深峻，森林植被类型复杂多样，各地气候差异显著，雨量比较充沛，具有适合多种溪流型两栖类生活的小环境。因此，两栖类种类最多，有56种，占总种数的82.35%，其中东洋界种50种，古北界种2种，广布种4种。鄂西南区是湖北省两栖类分布最为丰富的地区，这与该地的地形、植被和气候等因素有关。此外，由于受第四纪冰川影响较小，该区还保存着许多原始两栖类，如中国小鲵、利川铃蟾、利川齿蟾、红点齿蟾等。湖北省的两栖类有很多种类仅发现于该区，并呈点状分布。如中国小鲵仅分布在长阳县高家堰，利川铃蟾、利川齿蟾仅分布于利川市寒池与星斗山，细痣疣螈、尾突角蟾、短肢角蟾、宜章臭蛙目前仅发现于五峰县后河自然保护区，中国瘰螈目前仅发现于咸丰县，仙琴水蛙目前仅发现于咸丰县二仙岩亚高山泥炭藓湿地。

鄂北区：地处大洪山、桐柏山和武当山之间，北面与河南交界，属南阳盆地的一部分，为波状起伏的岗垅地貌。气候在全省属最干冷且降水量最少的地区。区内地带性植被类型为常绿阔叶林，天然植被已被农田植被所替代。湿地类型较少。本区两栖类种类较少，只有13种，占总种数的19.12%，其中东洋界种8种，古北界种2种，广布种3种。

江汉平原：位于湖北省中南部，是长江及其支流冲击而成的平原地区。区内地势平坦，湖泊密布，堤垸纵横，土地辽阔。降水量较充沛，属中亚热带湿润区气候。地带性植被在历史上曾为常绿阔叶林区或落叶阔叶混交林过渡植被类型，但从目前植被来看还属于北亚热带。此外，区内水生植被丰富，其余天然植被已被农作植被所替代。本区湿地两栖类种类只有9种，占总种数的13.24%，其中东洋界种5种，古北界种1种，广布种3种。江汉平原是湖北省两栖类物种分布最贫乏的地区。

在湖北省的6个地理分区中，两栖类种类最多的是鄂西南(56种，占总数的82.35%)，其余依次为鄂东南(33种，占48.53%)、鄂西北(29种，占42.65%)、鄂东北(13种，占19.12%)、鄂北(13种，占19.12%)、江汉平原(9种，占13.24%)。可见湖北省内两栖类种类的分布不均衡，有些区种类较少，如江汉平原；有些区非常丰富，如鄂西南区，这主要与地形、植被和气候等因素有关。

4.1.2 爬行类

4.1.2.1 爬行动物种类组成及特点

综合本次调查和现存标本，查阅相关文献资料，湖北省现有湿地爬行类51种，隶属2目9科。其中龟鳖目有3科6种，占湖北省湿地爬行类物种总数的11.76%；有鳞目有6科45种，占物种总数的88.24%。

4.1.2.2　主要分布

鄂东北区：该区的湿地爬行类有 21 种，占总种数的 48.84%，其中东洋界种 13 种，广布种 8 种，无古北界种。

鄂东南区：区内地理环境较复杂，植被类型较多且生长繁茂，适合爬行类的栖息与繁衍。由于该区地理环境优越，因此湿地爬行类种类较多，有 31 种，占全省总种数的 72.09%，其中东洋界种 23 种，广布种 8 种，无古北界种。

鄂西南区：具有适合多种爬行类生活的环境，因此，湿地爬行类种类较多，有 32 种，占总种数的 74.42%，其中东洋界种 24 种，广布种 8 种，无古北界种。

鄂西北区：该区湿地爬行类种类较多，有 28 种，占总种数的 65.12%，其中东洋界种 20 种，广布种 8 种，无古北界种。

鄂北区：本区湿地爬行类种类较少，只有 15 种，占总种数的 34.88%，其中东洋界种 7 种，无古北界种，广布种 8 种。

江汉平原：本区湿地爬行类种类有 13 种，占总种数的 30.23%，其中东洋界种 5 种，无古北界种，广布种 8 种。江汉平原是湖北省爬行类分布最为贫乏的地区。

从本次调查和多年调查情况来看，湖北省湿地爬行类的种类较多，资源量也比较丰富，如乌梢蛇、黑眉锦蛇、王锦蛇等数量较多，为湖北省的优势种。此外，北草蜥、中国石龙子、蓝尾石龙子、铜蜓蜥、短尾蝮、赤链蛇、红纹滞卵蛇、虎斑颈槽蛇等，数量也比较多，是湖北省的常见种。

4.1.3　湖北省湿地哺乳类

4.1.3.1　湿地哺乳类种类组成及特点

综合本次调查和现存标本，查阅相关文献资料，湖北省现有湿地哺乳类 47 种，隶属 7 目 17 科。其中食虫目有 2 科 5 种，占湿地哺乳类物种总数的 14.71%；兔形目仅 1 科 2 种，即草兔和华南兔，占 4.25%；啮齿目有 3 科 11 种，占 23.40%；鲸目 2 科 2 种，即白鳖豚和江豚，占 4.25%；食肉目有 6 科 12 种，占 25.53%；偶蹄目 1 科 5 种，占 10.64%。

4.1.3.2　主要分布

湖北省湿地哺乳类的主要分布区见表 3-15。

表 3-15　湖北省湿地哺乳类种类及分布

序号	中文名	拉丁名	地理型	分布区
一	食虫目	INSECTIVORA		
(一)	鼹科	Talpidae		
1	麝鼹	*Scaptochirus moschatus*	古	鄂东北
(二)	鼩鼱科	Soricidae		
2	纹背鼩鼱	*Sorex cylindricauda*	东	鄂西北、鄂西南
3	喜马拉雅水麝鼩	*Chimmarogale himalayicus*	古	鄂西北、鄂西南
4	灰麝鼩	*Crocidura attenuate*	东	鄂西北、鄂西南
5	中麝鼩	*Crocidura russula*	东	鄂西北、鄂西南、鄂东南

（续）

序号	中文名	拉丁名	地理型	分布区
二	兔形目	LAGOMORPHA		
（三）	兔科	Leporidae		
6	华南兔	*Lepus sinensis*	东	长江以南各县市
7	草兔	*Lepus capensis*	广	全省的丘陵和平原地区
三	啮齿目	RODENTIA		
（四）	松鼠科	Sciuridae		
8	隐纹花鼠	*Tamiops swinhoei*	东	鄂西北、鄂西南、鄂东南
（五）	仓鼠科	Cricetidae		
9	黑线仓鼠	*Cricetulus barabensis*	古	鄂西北、鄂西南、江汉平原、鄂北
10	罗氏鼢鼠	*Myospalax rothschildi*	古	鄂西南和鄂西北
11	黑腹绒鼠	*Eothenomys melanogaster*	东	鄂西南和鄂西北
12	东方田鼠	*Microtus fortis*	东	江汉平原、鄂州、咸宁
（六）	鼠科	Muridae		
13	巢鼠	*Micromys minutus*	古	全省各地区
14	黑线姬鼠	*Apodemus agrarius*	古	全省中低山和丘陵地区
15	大足鼠	*Rattus nitidus*	东	鄂西南、鄂西北、鄂东南
16	黄毛鼠	*Rattus losea*	东	鄂西南、鄂西北、鄂东南
17	褐家鼠	*Rattus norvegicus*	古	全省各地区
18	社鼠	*Niviventer confucianus*	广	鄂西南、鄂西北、鄂东北、鄂东南
四	鲸目	CETACEA		
（七）	白鳖豚科	Lipotidae		
19	白鳖豚	*Lipotes vexillifer*	东	长江湖北段
（八）	鼠海豚科	Phocaenidae		
20	江豚	*Neophocaena phocaenoides*	东	长江湖北段
五	食肉目	CARNIVORA		
（九）	犬科	Canidae		鄂西南、鄂西北、鄂东南
21	赤狐	*Vulpes vulpes*	古	鄂西南、鄂西北、鄂东南
22	貉	*Nyctereutes procyonoides*	广	全省山区
（十）	鼬科	Mustelidae		
23	青鼬	*Martes flavigula*	东	鄂西南、鄂西北和鄂东南山区
24	黄腹鼬	*Mustela kathiah*	东	鄂西南、鄂西北和鄂北山区
25	黄鼬	*Mustela sibirica*	广	全省各地区
26	鼬獾	*Melogale moschata*	东	全省山区
27	狗獾	*Meles meles*	广	全省中低山和丘陵地区
28	猪獾	*Arctonyx collaris*	广	全省中低山和丘陵地区

（续）

序号	中文名	拉丁名	地理型	分布区
29	水獭	*Lutra lutra*	广	鄂西南、鄂西北
（十一）	獴科	Herpestidae		
30	食蟹獴	*Herpestes urva*	东	鄂东南
（十二）	猫科	Felidae		
31	豹猫	*Prionailurus bengalensis*	广	全省各山区
（十三）	灵猫科	Viverridae		
32	花面猫	*Paguma larvata*	广	鄂西南
六	偶蹄目	ARTIODACTYLA		
（十四）	鹿科	Cervidae		
33	小麂	*Muntiacus reevesi*	东	全省低山和丘陵地区
34	麋鹿	*Elaphurus davidianus*	东	石首天鹅洲
35	狍	*Capreolus capreolus*	古	鄂西南、鄂西北
36	牙獐	*Hydropotes inermis*	广	
37	梅花鹿	*Cervus nippon*	广	
七	翼手目	CHIROPTERA		
（十五）	菊头蝠科	Rhinolophus		
38	中菊头蝠	*Rhinolophus affinis*	广	鄂西南
39	角菊头蝠	*Rhinolophus cornutus*	广	鄂西南
40	小菊头蝠	*Rhinolophus pusillus*	广	鄂西南
（十六）	蹄蝠科	Hipposidero		
41	双色蹄蝠	*Hipposideros bicolor*	广	鄂西南、鄂东南
42	大马蹄蝠	*Hipposideros armiger*	广	鄂西南、鄂东南
43	普氏蹄蝠	*Hipposideros pratti*	广	鄂西南、鄂东南
（十七）	蝙蝠科	Vespertilionidae		
44	水鼠耳蝠	*Myotis daubentoni*	广	全省各山区
45	大足鼠耳蝠	*Myotis ricketti*	广	全省各山区
46	东亚伏翼	*Pipistrellus abramus*	广	鄂西南、鄂西北、鄂东南
47	东亚蝙蝠	*Vespertilio superans*	广	鄂西南、鄂西北、鄂东南

说明：①地理型中，东指东洋界种，古指古北界种，广指广布种。②分类体系依据《中国哺乳动物种和亚种分类名录与分布大全》（王应祥，2002）。

4.2 经济种类的利用情况

4.2.1 两栖类

4.2.1.1 生态作用

两栖类主要摄取动物性食物，食物中绝大多数是有害昆虫，它们都是捕虫能手。因此两栖类对维持自然生态平衡具有重要作用，是农林害虫的主要天敌之一。

4.2.1.2 药用价值

部分两栖类具有药用价值，是传统的中药材，如蟾酥(指蟾蜍耳后腺及皮肤腺分泌的白浆干燥品)有解毒、消肿、止痛功效，但近几年由于滥用农药，环境污染，导致蟾蜍数量减少。

湿地两栖类对人类极其有益，应大力保护，除防止乱捕滥杀外，最重要的是保护它们的湿地生境，特别是在繁殖季节，对其繁殖场地的保护尤为重要。水体污染是导致蝌蚪大批死亡的重要原因，尤其是临近变态的蝌蚪对外界不良环境刺激极其敏感，最易死亡。因此，控制环境污染是保护湿地两栖类的重要措施。另一方面，需要严格控制牛蛙等外来入侵种在湿地生态系统的扩散，大量研究表明，牛蛙的入侵是近年全球两栖类族群下降的原因之一。在江汉平原地区，由于市场原因或养殖管理不当，牛蛙被弃养或逃逸至野外时有发生。因此，要加强牛蛙贸易和养殖管理，以保护湖北省两栖类的多样性。

4.2.2 爬行类

4.2.2.1 生态作用

湖北省湿地爬行类中的多数蛇类捕食鼠类，可以有效地抑制农田和湿地附近的鼠害；蜥蜴类以昆虫为食，所食昆虫多是农林害虫，因此爬行类对维持自然生态平衡具有重要作用，是农林害虫的主要天敌之一。

4.2.2.2 药用价值

爬行类大都可以入药，是传统的中药材。如全蛇、蛇肉、蛇胆、蛇油、蛇蜕、蛇毒均可入药，特别是蛇毒可用于制造抗血清，提取各种有酶类，对肿瘤等疾病具有一定的治疗效果。石龙子、蜥蜴也是常用的中药材。为了保护野生动物，用以入药的多采用人工驯养繁殖。

4.2.2.3 食用与保健

近年来，用人工驯养繁殖的蛇类制成的保健品的种类逐渐增多，如蛇类药酒、蛇肉，以及用蛇肉和其他中药材配合制成的各种保健蛇粉。部分经济蛇类也被食用。

4.2.2.4 经济爬行类的驯养繁殖

爬行类中，湖北省内开展了人工养殖的有鳖、王锦蛇、乌梢蛇、尖吻蝮等，在一定程度上缓解了对野生蛇类资源的破坏。其中蛇类养殖业已走上正轨，饲养规模逐年扩大，饲养种类逐渐增多。如湖北省省秭归茅坪镇熊昌海创办生态蛇园已有4年，年销售额近200万元，目前正在带同乡村民共同致富。在蛇类的驯养繁殖上，目前还存在不少问题：首先是从野外收购、捕捉补充饲养源的做法普遍存在；其次是饲养与取毒技术发展不平衡，多数养殖场实为暂养场；第三是对部分市场需求量大的种类未能完成其驯养繁殖研究。

大多数湿地爬行类对人类都是有益的，它们在维持湿地生态系统的稳定中有着重要。虽然有些种类对畜牧业、养殖业甚至于人身安全带来一些危害，但通过合理措施可变害为利。由于自然栖息地减少、退化和过度捕捉，湖北省湿地爬行类的自然种群数量不断下降，因此应大力保护，防止乱捕滥杀，保护它们的栖息生境。

4.2.3 哺乳类

哺乳类动物的利用价值很高，不但可以肉用、药用，其毛皮也可以利用，但随着人们保护野生动物意识的增强，捕杀滥猎野生动物的现象得到有效遏制，对哺乳类动物的利用是通过人工驯养和繁殖。

4.2.3.1 毛皮兽类

制革的毛皮兽有 2 种：小麂、狍；制裘的毛皮兽有 12 种：草兔、华南兔、隐纹松鼠、豹猫、貉、青鼬、黄腹鼬、黄鼬、鼬獾、狗獾、猪獾、水獭。这些毛皮兽类因种类不同，生产的毛皮质量各异。水獭皮毛细绒厚，光泽好，价值高，可以制成高级毛皮大衣；黄鼬皮较小，常以片状剥皮法制皮，称为黄狼皮，染成貂色，制成的皮衣可与貂皮大衣相媲美；黄鼬尾毛弹性好、沥水，可制毛笔和画笔；猪獾和狗獾的獾毛有弹性，耐磨、沥水快，适合做画笔和胡刷。

4.2.3.2 肉用兽类

草兔、华南兔、狗獾、小麂、狍等，肉味清香，具有重要的肉用价值。

4.2.3.3 药用兽类

部分湿地哺乳类还具有重要的药用价值，如兔形目兽类的粪便可以入药；水獭的肝可以益阳止嗽、补肾杀虫，主治虚劳、盗汗、咳嗽和夜盲等症；獾油是治疗烧伤、烫伤的良药。而以粪便入药的种类具有开发价值。

4.2.3.4 食虫兽类

食虫目的小型兽类是一些对农、林业有益的食虫兽，在地上或地下食虫。

需要注意的是，以上许多兽类属于国家或湖北省重点保护野生动物，应加以保护。经济利用应以养殖类为主。

第四章 湿地资源利用

第一节 湿地资源利用方式及其利用现状

1 湿地资源

湖北省湿地资源十分丰富，主要包括水资源、土地资源、生物资源、景观资源、人文资源等，在水资源供给、土地利用、生态保护、旅游休闲等方面发挥着重要作用，有效促进了湖北经济社会健康可持续发展。

1.1 水资源

湖北湿地水资源主要包括河流、湖泊和水库的淡水资源。素有“千湖之省”美誉的湖北省境内水系发达，河流纵横，湖泊众多，全省河长5公里以上的河流共有4967条，其中河长在100公里以上的河流63条，全省有洪湖、东湖、长湖、梁子湖、斧头湖等大小湖泊1065个(面积8公顷以上)，另有水库5800余座，水资源总量超过1268.72亿立方米，满足了全省人民生活用水和工农业生产用水，保证了全省经济社会发展的基本需求。不但如此，湖北湿地水资源还在缓解我国北方水资源严重短缺问题方面发挥了重要作用。丹江口水库是我国“南水北调”中线工程重要的水源地，解决了京、津和华北地区水资源短缺问题，为支持全国的经济社会发展做出了重要贡献。

1.2 土地资源

由于工业、农业、水产养殖业的发展以及港口建设的需要，一些湿地被作为重要的后备土地资源加以适度利用，有关资料表明，新中国成立以来湖北省共围垦湿地约19.1万公顷，在支持经济社会的发展方面作出了重要贡献。根据第一次全国湿地资源调查，湖北省湿地面积92.74万公顷，其中河流、湖泊等自然湿地面积为73.05万公顷，本次调查与第一次调查相比，100公顷以上的自然湿地面积减少了10.94万公顷。为适应建设生态湖北的要求，根据湖北湿地土地资源的特点，全面评估湿地开发利用的综合效益，科学制定湿地土地资源保护利用规划，实现湿地土地资源的可持续利用，是十分必要的。

1.3 生物资源

生物资源是湿地的重要组成部分，正是它们赋予湿地无穷的生命力和巨大的生产潜力。湖北湿地众多，湿地生物资源极为丰富。通过本次调查并结合相关资料统计分析，湖北有湿地植物1164种，隶属172科560属，其中国家重点保护野生植物15种，包括水杉、莼菜2种国家Ⅰ级保护野生植物，粗梗水蕨、水蕨、莲等13种国家Ⅱ级保护野生植物。在湖北省，一些湿地植物长期以来被人类利用，如洪湖的莲、菱，斧头湖、长湖的芡实、慈姑，梁子湖的芋、荸荠等都是非常有名的为公众所喜食的水生蔬菜；此外，湖北省还有许多用作观赏的湿地植物，如莲、水葱、香蒲、萍蓬草、三白草、千屈菜、宽叶泽薹草、慈姑、菖蒲、菰、芦苇、南荻等可作为庭园水景中的挺水植物，荇菜、芡实、莼菜、水龙、水皮莲、眼子菜等可作为庭园浮叶植物观赏。在水质良好的庭园水景或水族箱中，狐尾藻、穗花狐尾藻、石龙尾、异叶石龙尾、龙舌草(水车前)、黑藻、苦草、菹草、金鱼藻等沉水植物亦可供观赏。

湖北省湿地脊椎动物有652种，隶属于5纲38目108科。其中，鱼类12目26科201种(亚种)，占湖北省湿地野生动物物种总数的30.83%；湿地两栖类2目10科68种(亚种)，占10.43%；湿地爬行类2目9科51种，占7.82%；湿地鸟类15目46科285种，占43.71%；湿地哺乳类7目17科47种，占7.21%。在湖北，青鱼、草鱼、鲢、鳙、鳊、鲂、黄颡鱼等经济鱼类在长江流域和江汉湖群广为分布，产量丰富；武昌鱼是湖北的名产，享誉中外。此外“涨渡湖黄颡鱼”已获得“国家地理标志保护产品”认证，成为湖北经济鱼类新品牌。丰富的湿地生物资源为湖北人民提供了丰富的湿地产品，它们已经成为人们生活消费的必需品。此外，湖北湿地还是国家Ⅰ级保护物种中华鲟 、达氏鲟，国家Ⅱ级保护物种胭脂鱼、大鲵(娃娃鱼)等珍稀鱼类的重要栖息地。

1.4 景观资源

湖北湿地种类多样，从类型上看，有洪湖、网湖、梁子湖、沉湖等湖泊湿地，长江、汉江等河流湿地，有大九湖等沼泽湿地，也有湖北三峡库区湿地、葛洲坝库区湿地、丹江口水库湿地等人工湿地；从保护管理上看，湖北省已经建立包括大九湖、赤龙湖、东湖、漳河、陆水湖、遗爱湖、莫愁湖等在内的国家湿地公园12个，包括洋澜湖、杜公湖、沙湖、后官湖等在内的省级湿地公园7个，还有神农架、五峰后河、星斗山等国家级自然保护区，大别山、宜昌大老岭等省级自然保护区，长湖、涨渡湖等市级自然保护区以及数量众多的自然保护小区；从湿地植物资源上看，既有木本植物又有草本植物，木本植物又包括乔木、灌木、木质藤本，草本植物中又可分为挺水植物、浮叶植物、漂浮植物、沉水植物等水生植物及湿生植物；从湿地动物资源上看，鱼类、两栖类、爬行类和哺乳类种类齐全，更有以潜鸟目、鹈鹕目、鹳形目、红鹳目、雁形目和鹆形目为代表的各种飞鸟水禽。湖北湿地自然环境独特，莲影摇曳、野鸭凫水、草长莺飞，美不胜收，是人们旅游、度假、疗养的理想佳地，发展旅游业大有可为。近年来，娟秀迷人的东湖风景区、风景如画的清江画廊、山清水秀的三峡风光等湿地风景吸引着越来越多的中外游客来湖北旅游观光，湿地游逐渐成为生态旅游的热点。

1.5 人文资源

湖北江河交汇，水网密布纵横，湖泊众多，堤垸星罗棋布，孕育了特有的湿地农耕文化。湖北的历史，就是人与水共存共荣的历史。长江自西向东流贯全省26个县市，流程1041公里。湖北是长江文化的发源地，浸透着江河湖水魅力的荆楚文化蜚声海内外，以楚三闾大夫屈原为代表的数不尽的文人骚客在此留下无数的诗篇。湖北还是三国的故地，这里有数不胜数的三国文化的历史遗存和名胜古迹供后人登临、凭吊，包括怪石嶙峋、江水汹涌的赤壁古战场，人称“武赤壁”，此外还有黄州“文赤壁”，因苏轼的《念奴娇·赤壁怀古》词和两篇《赤壁赋》而得名。有“千湖之省”美誉的湖北，不仅具有秀丽的湿地自然风光，而且人文底蕴深厚，湿地与周边居民世世代代相生相息，彼此影响，融为一体，几乎每一个湖泊都有一个美丽故事。赤龙湖是明朝医圣李时珍的故乡，惊世巨作《本草纲目》大部分内容就在赤龙湖畔完成；莫愁湖关于莫愁姑娘在财主的威逼利诱面前，坚贞不从投湖自尽的传说至今为人们传颂；梁子湖原名娘子湖，心地善良的孟玉红母子虽然自己家里穷得已经揭不开锅，却仍用仅有的一碗饭接济跛足道人，跛足道人是神仙，深感其恩，赠与他们一双能在洪水中保命的鞋子，当洪水来临，孟玉红却把自己脚上的鞋扔给了在水中挣扎的乡亲，她扔下去的鞋子在水中立即变成了一座小岛，乡亲们纷纷爬上小岛得以逃生，为了感念孟玉红母子，人们把这个岛叫做娘子岛，这片湖叫做娘子湖；浩瀚无边的洪湖作为中国第七大淡水湖，不仅风光旖旎而且流传着光荣的革命故事和传说，一曲“洪湖水浪打浪……四处野鸭和菱藕”让美丽的洪湖闻名遐迩；湖光山色相映成趣、自然风景如诗如画的武汉东湖更是以全国最大的城中湖蜚声中外，其声誉不亚于杭州西湖。江河湖水滋养了世世代代的湖北人民，秀丽的湿地风光孕育了源远流长的湖北的人文历史，反过来这些丰厚蕴藉的人文历史和优美的传说故事又为湖北湿地增添了更深邃的内涵和吸引力。

2 湿地利用方式及利用状况评价

湖北省湿地资源丰富，利用方式多种多样，在服务经济社会发展大局中发挥了十分重要的作用。

2.1 提供淡水

水是生命之源，人类的生存和发展离不开水。据科学调查，全球可用淡水资源96%来源于湿地。湖北湿地淡水资源十分丰富，2010年全省66座大型水库和259座中型水库年末蓄水总量为282.30亿立方米，全省13个典型湖泊年末蓄水总量为18.46亿立方米。湖北湿地不仅满足本省工农业生产和近6000万荆楚儿女生活的用水需要，还为缓解我国北方水资源严重短缺问题做出了重大贡献。位于长江支流汉江中上游的丹江口水库是我国南水北调中线工程的重要水源地，从丹江口水库引水，可自流供水给黄淮海平原大部分地区，促进了南北方经济、社会与人口、资源、环境的协调发展。

2.2 发展种植业

依托湖区水乡的资源优势，在湖泊、库塘等湿地广泛种植莲藕、芦苇、茭笋、芡实、菱角等经济作物，大力发展水生蔬菜，一些湿地植物的种植在湖区形成了有巨大经济效益的产业，带动周边居民发展。湖北水生经济植物中莲藕产量最高，超过其他经济植物总产量的两倍，莲藕、莲籽是湖北省水生经济植物的一大特色，带来了极大的经济效益；芦苇产量仅次于莲藕，位居第二，超过了16万吨；荸荠、芡实、菱角、莼菜也是具有地方特色的湿地作物，可进一步开发。

2.3 发展养殖业

湖北省水域辽阔，河流纵横，鱼类饵料资源丰富，加之良好的水域性状和优越的气候条件，很适合鱼类的养殖，鱼类生产有着悠久的历史，是全国淡水鱼生产的重要省份之一，水产养殖规模与产值一直位于全国前列。湖北是著名的鱼米之乡，整个长江流域，尤其是江汉平原湖区，物产极为丰富，主要经济鱼类有青鱼、草鱼、鲢、鳙、鳊、鲂、黄颡鱼等，武昌鱼作为湖北的名产，闻名遐迩。

2.4 发展牧业

湖泊广阔的滩涂及河流两岸的坡地，都是牛、马、羊、驴牲畜的天然牧场，湖滨则是鸭、鹅等家畜的天然放养场。湖北湿地也为发展牧业，为农民增收做出了重要贡献。

2.5 保护遗传资源

湖北湿地在保护生物多样性和遗传资源方面发挥了重要作用。据调查统计，湖北湿地植物共有1164种，隶属于172科560属，包括水杉、莼菜2种国家Ⅰ级保护野生植物，粗梗水蕨、水蕨、莲等13种国家Ⅱ级保护野生植物；湖北湿地野生动物共618种，隶属于5纲37目104科，包括紫水鸡、红胸鸻、东方鸻、中杓鹬、黑尾塍鹬等多个湖北省动物新记录种。湖北湿地野生动物中，中华鲟、达氏鲟、白鲟、东方白鹳、黑鹳、中华秋沙鸭、白头鹤、丹顶鹤、白鹤、大鸨、白尾海雕、白鱀豚、麋鹿、梅花鹿等14种属于国家Ⅰ级保护野生动物；胭脂鱼、大鲵、细痣疣螈、虎纹蛙、角䴙䴘、卷羽鹈鹕、海南虎斑鳽等48种属于国家Ⅱ级保护野生动物。

2.6 提供水运

湖北省丰富的湿地资源也为全省提供了十分丰富的水运资源。省内现有通航河道数百条，全省形成了连接长江、汉江经济带，环绕江汉平原的长江—江汉运河—汉江810公里千吨级航道圈，并以这个高等级航道圈为核心，形成了干线畅通、干支直达的航道体系，形成以长江、汉江为主干，“两环八线”组成的江汉平原骨干航道网。全省三级或三级以上的高等级航道达到1700公里，总通航里程7000多公里，运力总规模达到600万载重吨，年客运周转量51398人·公里，货运量8242万吨，水运能力居全国前列。

3 存在问题与合理利用建议

3.1 存在问题

由于长期以来人们对湿地生态价值认识不足，加上保护管理上存在着薄弱环节，湖北省存在天然湿地面积缩小，逐步片断化、岛屿化，水生生物逐渐减少，生态质量逐步降低、生态功能逐步退化的不良趋势。存在的主要问题有：

3.1.1 围垦和基建使自然湿地面积减少

湖北省是全国人口大省，截至2010年年末全省常住人口数已达5723.77万。人口的持续增长对粮食的需求量也持续增长，然而土地资源是有限的，因而围垦湿地成为增加土地面积的重要手段，导致了湖北省自然湿地面积较大幅度减少。与此同时，随着近几十年来经济社会的迅速发展和城市化进程的加快，为了满足城市建设用地需要，城市湿地也被大量围垦或填埋。至今，围垦和基建占用仍是导致自然湿地面积大幅度减少的两个至关重要的因素，而且受影响的湿地范围仍有扩大趋势。围垦主要发生在大江大河的两侧以及湖泊的周边地区，基建占用主要发生在城市湿地。近年来自然湿地还在不断萎缩，必须引起高度重视。

3.1.2 淤积和沼泽化速度加快

湖北省全省湿地面积广大，达144.50万公顷。但随着生态环境形势的逐步恶化，现有淤积和沼泽化速度已经远远超过了湿地正常演替过程。在内陆河段、湖泊，由于泥沙淤积，河床及湖床被抬高，排洪蓄洪能力大大降低。由于不断地淤长，现有湿地不断退化，加上不断地围垦，使得湿地保护面临着严峻的形势。在农村水网地区，历史上均有清挖河泥、塘泥作为客源肥土用于种植业的传统，但随着农村生产生活方式的转变，已经很少再从事此类生产活动，小型河、渠、塘长期没有疏浚，淤积日益严重。

3.1.3 湿地资源过度利用

湿地周边居民世代与湿地相生相息，湿地周边一般是经济较发达区域。但随着人口密度增加，以及利用湿地资源的生产方式和技术的日益改进，对湿地资源的利用逐渐透支或过支。一方面由于湿地生态环境质量的降低，生物资源产量在下降。由于湖泊围垦和水质污染严重，破坏了湿地的植被，破坏了珍稀鸟类和水生动物的栖息环境和食物来源，从而威胁其生存和繁殖。另一方面过度开发利用又加剧了这种资源量下降的趋势。特别是近年来随着渔民捕鱼网具日益先进，捕鱼船只增加，捕捞强度日益增加，生物多样性受到威胁，经济鱼类资源日趋衰退，渔获量不断减少，渔获种类日趋单一，种群结构幼龄化、小型化。湿地水禽也由于过度猎捕、捡拾鸟蛋等导致种群数量大幅度下降，特别是在鸟类迁徙季节，少数不法分子使用排铳、地枪、农药等不择手段地进行猎取，水禽资源受到严重破坏。

3.1.4 水利工程的过度开发，对湿地生态系统造成不利影响

随着经济社会的发展，人们对用电的需求越来越大，水利工程的开发不但可以发电，而且在调节径流、蓄洪抗旱等方面也发挥了重要作用。但是，大量水利工程的过度开发也对湿地生态系统造成不利影响，例如三峡工程的建立对洪湖丰、枯两季水位的影响，以及泥沙淤积和污染对洪湖湿地野生动物的种类和数量的影响严重，特别是2011年上半年的干旱导致洪湖水位急剧下降，严重影响了洪湖湿地野生动物的生存。近年来，为发展地方经济，为解决山区群众的用电需求，大力发展山区小水电梯级开发，但是山区小水电开发的无序、生态意识的薄弱等问题对库区周边及下游的生态环境，尤其是对河流湿地生态系统带了诸多负面影响，使湿地面积逐步缩小，逐步碎片化、岛屿化。筑坝取水后减水河段生态基流严重不足，修筑堤坝影响水生生物的生长和繁殖，使得水生生物特别是洄游性鱼类的正常生活习性受到影响，生活环境被打破，严重时甚至会

造成部分物种的灭绝，长江特有的白甲鱼、岩源鲤、中华鲟在渔业产量中的比重已经很少。水利工程的建设使自然河流出现了渠道化和非连续化的态势，这种情况均造成了对库区、大坝施工区及坝下游区湿地生态系统的不利影响。建议建立资源保护经济补偿机制，把水利工程产生的经济效益中的一部分投入到对湿地的保护中，尽可能把对湿地生态系统造成的不利影响减少到最低限度，实现湿地的可持续发展。

3.2 合理利用建议

3.2.1 加强对现有湿地资源的保护，尤其是自然湿地资源的抢救性保护

湿地生态系统是湖北省重要的自然生态资本，但其现状不容乐观，现有湿地资源整体上呈湿地面积逐步减小、生态质量逐步下降、生态功能逐步降低的趋势，全省现存每一块湿地甚至是自然湿地均处于高强度的人为活动干扰状态下。合理利用湿地资源的首要前提就是要加强对现有资源，尤其是东湖湿地、洪湖湿地、梁子湖湿地、石首天鹅洲长江故道区湿地等自然湿地的抢救性保护，从根本上扼制湿地生态环境恶化的不良趋势，这也是可持续性利用湿地的首要前提。

3.2.2 制定科学的湿地资源利用政策，因地制宜，退田还湖(水)

坚决杜绝随意侵占湿地和扭转湿地属性的行为发生，严格禁止围垦、采挖、堤岸工程、景点建设、餐饮宾馆建设侵占湿地，比如要严厉禁止东湖、洪湖、莫愁湖等著名风景区中旅游业及餐馆对湖区的侵占和污染；对已经大面积围垦的湖泊水域，适时退田还湖，特别是对洪湖、网湖及其周围的湖泊群尤其要注意退田还水、退田还湿，要综合评估生态安全、防洪抗旱、经济可持续发展等多方面客观需求等，实施积极的退田还湖措施。

3.2.3 控制围网养殖规模，维护水环境质量

近年来，迅速发展的内陆淡水围网养殖业为社会提供了丰富的水产品，丰富了群众的食物来源，为社会经济的发展做出了积极的贡献。但围网养殖业导致水体富营养化的负面效应也已经凸现，主要是由于围网养殖规模超过了水环境的生态承载力，同时围网养殖的密度和过量施入饵料更加剧了水体恶化的趋势。建议科学评估单个水体的生态承载力，控制围网养殖的规模，或者采用科学的技术控制高密度围网养殖产生的污染，尤其是对洪湖、网湖、龙感湖要加大对湿地环保工程的投入，在提供足够的水产品，丰富居民食物来源的同时，着力维护水环境质量，分期治理，持续改善，实现湿地资源的可持续利用。

3.2.4 合理利用湿地景观资源，发展湿地生态旅游

在维护湿地生态平衡、保护湿地功能和生物多样性的前提下，通过建立湿地保护区、湿地公园等方式，适度发展湿地生态旅游，展示湿地独特的自然景观和湿地文化，发挥湿地公园在湿地休闲、湿地科普教育等方面的作用，最大限度发挥湿地的经济、社会效益。同时，要避免因旅游业的过度开发所带来的对湿地生态环境的破坏，尤其是在东湖、洪湖、梁子湖、三峡及丹江口库区、网湖等游客如织的著名景区更要下大力气维护湿地生态环境的安全。

3.2.5 减少污染，控制外来物种入侵，保护湿地生态系统

建立排污许可证制度，采取有效措施，大力控制和治理工业污染；搞好环境整治，实行生活垃圾、生活污水集中处理；着力减少农业面污染，科学施用化肥、农药，减少化肥、农药使用量，提高化肥、农药利用率，总之通过多途径保护湿地环境。

加强外来物种入侵监控，科学研究外来物种入侵的控制措施，充分发挥外来物种入侵管理机构和协调机制的作用，按照预防为主、积极消灭的方针，维护湿地生态安全，保护好湿地生态系统。

3.2.6 开展湿地资源可持续利用示范，加强引导和推介

湿地资源只有被科学利用才能产生积极的综合效益，而湿地资源是水资源、土地资源、生物资源、景观资源、矿产资源、能源资源等多种资源类别的综合体，涉及林业、农业、渔业、能源、矿产、水利、土地等多个行业，湿地资源合理利用必须充分发挥其各个组成资源类别的效益。建议在湿地资源综合利用领域加大探索力度，并根据不同地方湿地资源的特征，开展各种类型的湿地资源综合利用、可持续利用示范，如开阔水域生态养殖、高效生态农业、农牧渔复合经营、退田还湖(水)、稻蟹(虾)复合经营、湿地生态养殖等

3.2.7 严格控制小水电的无序开发，正确处理水利工程建设与环境之间的关系

在我们建设水利工程的同时，必须认识到水利工程建设对于环境可能造成的影响，正确处理水利工程建设与环境二者之间的关系，促使二者和谐发展。首先是建立环境影响评价制度。在水利工程建设规划之前，对其活动可能造成的周围地区环境影响进行调查、预测和评价，并提出防治环境污染和生态破坏的对策，以及制定相应方案，避免小水电的无序开发、盲目上马，防止由于过度开发给环境带来难以消除的损害；其次是把生态环境保护融入到水利建设工程的各个环节之中，本着和谐发展的理念，为植物生长和动物栖息创造条件，同时为鱼类产卵提供条件以及为鸟类和水禽提供栖息地和避难所。同时，应建立水利工程环境影响监测和反馈机制，及时进行环境跟踪评价，发现有明显不良影响的，应及时采取改进措施，把破坏程度降到最低水平；最后还应尽快建立和实施生态补偿机制，着力改善湿地的生态环境，维护生态平衡。

第二节 湿地资源可持续利用前景分析

1 湿地资源可持续利用的潜力

1.1 生态养殖

湖北江河纵横，湖泊众多，水产养殖业的发展一直处于全国前列，发展生态养殖的潜力巨大。可以划定特定的水域，在不影响生态修复的前提下，利用无污染湖泊、水库、江河及其丰富的天然饵料，运用生态技术措施，改善养殖水质和生态环境，按照特定的清洁化生产的养殖模式进行增殖养殖，投放无公害饲料，不施肥、洒药，生产出无公害、高品质的畜禽产品。既保护了水域生物多样性与稳定性，又合理利用湿地资源，取得最佳的生态效益和经济效益。

1.2 生态种植

湖北湿地众多，生物资源丰富，生产潜力巨大，可以在不影响生态平衡、不破坏生态环境的

前提下，划定特定的区域，不用农药不用化肥，利用生态科学技术，开展生态种植，发展循环经济。除了种植莲、菱、芋、荸荠、芡实、慈姑、莼菜等群众喜爱的水生蔬菜，还可以种植用作观赏的湿地景观植物，无论是水葱、香蒲、萍蓬草、三白草等挺水植物，还是荇菜、水龙、水皮莲、眼子菜等浮叶植物，还是狐尾藻、穗花狐尾藻、菹草等沉水植物，都可以通过提升湿地景观价值来提升湿地经济价值，以绿色发展来实现湿地资源的可持续利用。

1.3　生态旅游

类型丰富、种类多样的湿地景观形成了湖北省独特的湿地风光。随着人们生活水平的提高，人们要求亲近自然、回归自然的要求也越来越高，而湖北湿地恰能满足人们的这种需求，发展生态旅游的潜力非常大。众多水系和湖泊、库区构成了千姿百态的湿地景观，广阔浩渺的湖面、珍稀灵动的水禽、多姿多彩的湿地花卉，都有较高的观赏价值。目前湿地旅游已成为旅游业的新热点，洪湖、东湖、大九湖等闻名天下，湖北省丰富的湿地资源吸引了中外游人纷至沓来。特别是随着湖北省湿地公园的不断建设，湿地旅游越来越成为湿地效益的重要体现者。湖北省已经建立了大九湖、赤龙湖、东湖、漳河、陆水湖、遗爱湖、莫愁湖等国家湿地公园和洋澜湖、杜公湖、沙湖、后官湖等省级湿地公园，这些都是国内外游客生态旅游的好去处。

1.4　生态文化

有“千湖之省”美誉的湖北，不仅具有秀丽的湿地自然风光，而且蕴藏着丰富的湿地文化，人文底蕴十分深厚。千百年以来，浸透着江河湖水魅力的荆楚文化蜚声海内外，几乎每一个美丽湖泊都有一个动人故事，文人骚客在此留下无数诗篇。湖北湿地与周边居民世世代代相生相息，彼此影响，融为一体，人与自然和谐相处的朴素观念深入人心，发展生态文化，建设生态文明，实现绿色发展的人文基础较好。湖北良好的生态文化既是自然生态的有效延伸，更是经济社会可持续发展的重要动力。

1.5　科学研究

湿地生态系统中多样的动植物群落、濒危物种及其遗传基因等在科研中都有重要地位，它们为科学研究提供了宝贵的对象、材料和试验基地。湖北是湿地大省，长江、汉江及湖泊也都是研究湿地生物的重要科研场所，例如洪湖、梁子湖、长江天鹅洲故道湿地、丹江口水库等湿地是科研院所及大专院校用来开展科学研究的重要基地。神农架大九湖作为华中地区面积最大、保存较为完好的亚高山泥炭藓沼泽湿地，极具科研价值。

1.6　科普教育

湖北是湿地大省，截至2015年12月，已建立湿地类各级自然保护区24个，自然保护小区27个，总面积39.80万公顷；已建立各级湿地公园91处(其中国家湿地公园50处，居全国第一)，总面积17.95万公顷。这些湿地保护区(小区)、湿地公园等都是宣传湿地知识，向人们进行有关湿地重要性和湿地保护的宣传教育，提高人们的生态意识和环境意识的户外课堂，是服务于大、中、小学的课外教育的重要场所。神农架大九湖作为湖北省最重要的“生态文明教育基地”，每年接待游客和科研人员人数在数十万人以上，是人们认识湿地、体验湿地，进行湿地科普教育的重要场所。

2 湿地资源可持续利用的优势

2.1 政策优势

湖北省第十次党代会确立了建设“五个湖北”（即“富强湖北、创新湖北、法制湖北、文明湖北、幸福湖北”），加快构建促进中部地区崛起战略支点的宏伟蓝图，要求在加强物质文明和政治文明建设的同时，着力推进精神文明和生态文明建设，要求认真完善生态法治、全面管护生态资源、努力修复生态系统、着力维护生态安全、发展壮大生态产业、大力弘扬生态文化，为实现湿地资源可持续利用奠定了政策基础。

2.2 规划优势

湖北省正积极推进《湖北省湿地保护利用规划(2015～2025)》（以下简称《规划》）的制定，《规划》以推进湿地治理体系和治理能力现代化为根本目标，以湿地保护体系、湿地管理体系、湿地生态文化体系建设为主要内容，以国际和国家重要湿地建设、湿地自然保护区建设、湿地公园建设为重点，《规划》的出台对于加大湿地保护与恢复力度，提升湿地保护管理和综合利用水平，改善和维护湿地生态功能，促进湿地资源可持续利用将提供有力支撑。

2.3 科技优势

近年来，湖北省加强了湿地资源基础性研究和应用技术研究，加强了湿地监测体系、信息化网络体系和人才队伍建设，湿地资源监测技术、保护技术、湿地恢复和修复技术、污染防治技术、可持续利用技术和管理技术等不断进步，为实现湿地资源可持续利用奠定了科技优势。

2.4 示范优势

湖北省在洪湖、赤龙湖等开展了湿地资源可持续利用示范，在不影响水土保持的前提下，在农牧渔业利用强度大、不宜建湿地自然保护区的区域，划定特定区域建立农牧渔一体化综合利用示范区，采取生态清淤、植被恢复、人工鱼礁、饲草料种植、配方施肥等措施，开展了“四大家鱼”和莲藕、芡实、菱角为特色的生态种养，为在全省探寻农区湿地可持续利用最佳模式发挥了良好的示范作用。

3 湿地资源可持续利用的建议和措施

3.1 建立高效的湿地保护与管理协调机制

目前我国的湿地管理主体较多，涉及农业、林业、国土、水利和环保等多个政府部门，而多部门管理的结果又往往是管理混乱，缺乏协调性。由于我国在湿地管理工作中缺乏相应的政策，再加上各管理机构的管理权限冲突、协调能力差，湿地管理的难度非常大。因此要加强湿地资源的管理工作，理顺关系，建立高效的湿地保护与管理协调机制是关键。建议赋予林业部门在湿地资源管理上的组织协调的职能，以便对湿地资源进行更有效的保护和管理。要强化湿地资源的统一和综合管理，并采取统一管理和分类分层管理相结合、一般管理和重点管理相结合的措施，切实做好湿地资源的分类管理和重点管理工作。

3.2　建立湿地用途管制制度和生态补偿机制

严格执行《湖北省湿地公园管理办法》，尽快出台《湖北省湿地保护条例》，推进地方立法，对湿地资源的利用方式和利用强度进行严格规范和管理，依法依规加强湿地保护和利用。加大湿地生态补偿力度，逐步扩大补偿范围，提高补偿标准，建立健全湿地用途管制制度和有偿使用制度，严禁滥占滥用。坚持“谁开发谁保护，谁破坏谁恢复”制度，严禁破坏湿地资源的一切行为，实现湿地资源可持续利用。

3.3　建立多元化资金投入机制

加大公共财政投入。加强对湿地公园、湿地自然保护区、生态文化博物馆、科技馆、监测信息中心等基础性设施建设支持力度。积极争取中央财政加大对国际、国家重要湿地建设及湿地生态修复的财政转移支付力度。与此同时，制定相关政策，鼓励不同经济成分和各类投资主体，按照“谁投资，谁经营，谁受益”的原则，以独资、合资、承包、租赁、拍卖、股份制、股份合作制、BOT 等不同形式参与湿地保护和建设。

第五章
湿地资源评价

第一节
湿地生态状况

据调查，湖北省河流近5000条，湖泊1000余个，大小水库5800余座，全省湿地基本上能获得正常的水源补给，维持水平衡；全省82个重点调查湿地除东湖、洪湖等少数湿地水质为Ⅲ类以下外，绝大多数湿地的水质为Ⅲ类以上；湖北湿地植物共有1164种，隶属于172科560属，湿地野生动物共有618种，隶属于5纲37目104科，湿地生物安全和物种多样性得到了有效保护，生态状况总体良好。近年来湖北省加大了对长江流域的治理力度，实施了一批湿地保护和恢复示范工程，进一步维护了湿地生态系统的稳定和安全，但是，由于种种原因，湖北湿地依然存在着天然湿地面积缩小，水生生物逐渐减少，生态质量逐步降低、生态功能逐步退化等不良趋势。

1　气候变暖加剧了湿地生态系统的脆弱性

全球性气候变暖也不可避免地加剧了湖北湿地生态系统的脆弱性。伴随着气温升高导致的蒸发量加大和降水的不均衡分布，使湿地水热分配发生了变化，总体上实际可利用降水资源减少，有效水源补给减少。湿地旱涝强度与频次的增加，导致水位波幅增大，枯水期提前到来和时间延长，引起湿地生态系统物种结构和生物群落的转变，生物多样性受到威胁。冬春季水位降低、气温上升使藻类易聚集，产生水华，导致水质恶化，水产品数量和品质下降，湿地生态系统脆弱性增加。

2　围垦使部分自然湿地面积削减

随着近几十年来经济社会的迅速发展和人口的持续增长，土地资源越来越紧缺，加上长期以来人们对湿地生态价值认识不足，围垦大型水面或沿湖、沿河滩涂便成为增加土地面积的重要手段。由于围垦，近几十年来，湖北省自然湿地面积急剧减少，天然湖泊数量减少，大量自然湿地消失，或转为工农业、城市用地，或转变为以水产养殖、稻田为主的人工湿地。例如四湖地区原有的“四湖”，现在仅存长湖和洪湖；原水面面积共为222.3平方公里的三湖和白露湖现在已全部围垦成粮田。

随着城市化进程的加快，城市湿地(城市内或近郊的湿地)被大量围垦或填埋用于满足城市建设用地需要，城市湿地不断萎缩。对城市湿地破坏还表现在对城市湖泊、河流不合理的堤岸工程化处理等。

3 工农业污染导致湿地水质状况不容乐观

随着人口、经济的增长和城市化的发展，工业废水、城镇生活污水的不当排放、导致了湖北部分湿地水质恶化，严重危害湿地生物多样性。本次调查发现湖北省湿地生态系统水环境质量虽然在近年来的治理下有所改善，但总体上仍不容乐观，水质为Ⅱ类及以上的湿地不到1/3，目前网湖湿地水质已下降为劣Ⅴ类，龙感湖、东湖、陆水湖、莫愁湖等部分湖区已达到富营养状态。

除了工业废水、城镇垃圾污水危害湿地水质之外，农村生产生活、高密度围网养殖等带来的农村面源污染，也成为了湿地水污染的重要原因。围网养殖过度的投饵造成水体严重污染，增加了湖体的内源污染。分散在农村居民居住区和耕作区周边的小型库、塘与沟渠，是农业种养殖面源污染和居民生活污水进入主要河道的前置蓄积库，发挥了重要的前期蓄积、沉淀、分解和降解作用，但由于农村生活污水污染、堆放垃圾、过度养殖等，这些小型湿地破坏严重。

以洪湖为例，围网养殖面积超过30万亩，占湖面面积的70%以上。过度围养导致水草消耗过度，削弱了水体自净能力；大量投放混合饲料，加重了对湖水的污染。据环保部门监测，每年养殖入湖饵料的总氮、磷分别达2800吨和1400吨。与此同时，由于种植业普遍采用化学肥料，周边13个乡镇用氮肥99870吨，磷肥81735吨，复合肥23746吨，入湖纯氮3700吨、磷400吨。种、养业两项合计，每年入湖的氮、磷元素分别占湖体水质中氮、磷量的91%和94%。

4 生物安全和生物多样性受到破坏

由于湖泊围垦和水质污染严重，湿地生态环境质量下降，破坏了珍稀鸟类、水生动物的栖息环境和食物来源，威胁其生存和繁殖，导致了湿地生物资源总量的下降，生物多样性受到严重破坏。此外，一些重要湖泊水产品的酷渔滥捕现象比较严重，不仅使重要的天然经济鱼类资源受到很大的破坏，而且也严重影响这些湿地的生态平衡，威胁着其他水生物种的安全，如白鳘豚、中华鲟等已成为濒危物种。

第二节 湿地受威胁状况

1 过度利用使湿地生物资源总量及种类日益受到威胁

对湿地资源需求的日益增加，湿地资源利用技术的日益改进，使湿地资源过度利用的现象日益突出，这导致了湿地植被减少，珍稀鸟类和水生动物的栖息环境和食物来源受到破坏，湿地生态环境质量降低，湿地生物资源总量及种类日益下降。以湖北省最大的淡水湖洪湖为例。近年来，由于围湖造田、过度捕捞导致水面缩小、水质下降、水草濒临枯竭、鸟类和鱼类资源急剧减少。洪湖栖息的水禽原来有167种，现在只有73种左右。每年来洪湖越冬的候鸟，由原来的数万只锐减到不足2000只。小天鹅、赤嘴潜鸭、白头硬尾鸭这3个物种在20世纪60年代为罕见物种，而在上次和本次调查中均未发现，可能已经绝迹；大天鹅、白鹳、鸬鹚、鸳鸯、中华秋沙鸭等物种变得越来越少见，而鸿雁、豆雁、白额雁、灰雁等雁属鸟类数量亦急剧下降。此外，洪湖天然鱼类、水生植物种类和数量都在不断减少，水草覆盖率也由98.6%下降到零星水域有水草。

2 湿地污染加剧，水体富营养化趋势明显

湿地污染不仅使水质恶化，也对湿地的生物多样性造成严重威胁。一些自然湿地已成为工农业废水、废渣、生活污水的承泄区。由于大量的工业废水和城市生活污水及农药、化肥流入水域，其有毒成分杀死水生生物或者影响它们的生长发育，水体富营养化亦使浮游生物单纯化，水草、水栖动物和鱼类急减。

近郊区江段因接纳大量的工业生产污水废水和城市生活污水及过度养殖而使水质严重污染，水体逐渐富营养化，水资源面临季节性枯竭，工农业生产用水和居民饮用水受到威胁。城市内湖污染严重是全省湖泊污染的一大特点。以武汉市为例，南湖、沙湖、墨水湖、南太子湖等，其水体质量均评价为劣Ⅴ类，东湖评价为Ⅴ类；黄石市的磁湖也评价为劣Ⅴ类。这些湖泊的共同特点是：均为城市的纳污水体，大量生活污水排入湖内，而且水量交换较小，使得污染物在湖内蓄积严重，出现内源性污染。由于水体富营养化，武汉东湖和墨水湖近年来平均每年发两次大面积的死鱼事件，对湿地资源造成了极大的影响。武汉东湖近20～30年，浮游动物从203种减到171种，底栖动物从113种减到26种，在渔获物中除放养鱼类外，原有60余种鱼已难见到。

3 水土流失、泥沙淤积降低了湿地的调蓄能力

受气候、地质地貌、植被及人为等因素的影响，湖北水土流失现象十分严重。清江流域丹江口库区是湖北省水土流失较严重的地区，流失面积达到14425.94平方公里。水土流失导致土壤养分流失，肥力下降，农业生产条件恶化，湖泊水质遭到污染，同时淤塞江湖，阻碍通航，使水利设施寿命缩短，湿地面积减少。湖北20多条主要河流，近20年来河流含沙量增加20%，鄂东、鄂南、鄂西的一些多沙河流，河沙平均增高1～3米，出现了河滩增高达江心洲的现象。严重的水土流失直接导致湖泊的萎缩和湖床、河床的抬高，并导致洪水泛滥。泥沙淤积加剧了湖泊沼泽化进程，沼泽化进程的结果是使挺水植物区向浮水和沉水植物区延伸，并加剧了围垦。此外，淤积也大大减小了湖容，降低湖泊的调蓄能力，加速了湖泊消亡的过程。

4 江湖阻隔

湖北省沿江湖泊众多，原本与长江直接相通，它们及其生态系统的形成和演化过程与长江关系密切。但近代以来，由于建造防洪大堤、闸门、泵站等水利设施和其他人为活动的影响，江湖之间的这种天然连通性受到了严重阻隔，许多湖泊如东湖、洪湖、西凉湖等与长江的天然通道被人为地切断了。江湖之间的这种天然连通性被严重阻隔后，不仅影响长江行洪、降低湖泊的调蓄功能，而且还严重切断了江湖之间生物的联系通道，降低了江湖的生物多样性，减少了生物量，

破坏了鱼类等水生动物的栖息场所。例如长江的鱼、蟹、鳗苗不能进入湖泊，而湖区的鱼也不能溯江产卵繁殖，使水产资源呈下降趋势，同时，湖水不能入江也导致了水系紊乱，使湿地水文状况改变，降低了水体自净能力，加速了湖泊富营养化进程。从2009年开始，武汉开始实施大东湖生态水网治理工程(又称“六湖连通”工程)，计划用12年时间将东湖、沙湖、北湖、杨春湖、严东湖、严西湖6个湖泊连通，并通过港渠与长江相连，实现引江济湖、湖湖连通，但省内其他各地部分江湖依然存在阻隔现象，“江湖连通”工程有待提上议事日程。

5 有害生物入侵

生物入侵是某种生物从外地自然侵入或被人为引进，成为野生状态，并对本地生态系统造成一定危害的现象。对于湖北湿地生态系统，入侵物种种类和危害程度正逐步加重，东湖的凤眼莲、洪湖的空心莲水草尤其严重。此次调查发现湖北省外来入侵植物有56种，隶属于20科41属。主要入侵植物物种有空心莲子草与凤眼莲等。空心莲子草在洪湖尤其猖獗，并且全省湿地中都有分布，严重影响本地土著植物的生存空间，阻塞河道、水渠。此外随着水体富营养化的加剧，以东湖为代表的许多湖泊，凤眼莲的危害不可小觑，有时连湖泊周围的河道都被凤眼莲阻塞。近年来，加拿大一枝黄花、豚草的入侵，虽未达到爆发的程度，但其危害性不可低估。北美车前、座地菊(裸柱菊)、刺天茄、三裂叶薯等侵入湖北的时间不长，但其生命力顽强，目前全省湖区随处可见，危害性很大。一些珍稀湿地植物富集的山地沼泽，应当严防空心莲子草等外来植物的入侵，一旦被侵，那些珍稀湿地植物将不复存在。此次调查发现湖北省外来入侵动物有74种，隶属于9纲23目47科。入侵湖北的动物物种主要有污染食物、传播病菌和寄生虫的美洲大蠊、澳洲大蠊、德国小蠊等，有对土著鱼类生存造成不利影响的牛蛙、巴西龟、鳄龟、食蚊鱼、大口黑鲈、奥利罗非鱼等。

第三节 湿地资源变化及其原因分析

1 湿地资源变化情况

1.1 湿地面积变化情况

1.1.1 湿地总面积增加

根据2005年第一次全国湿地资源调查湖北省湿地资源公报，全省共有湿地92.74万公顷，占湖北省国土面积的5%，其中自然湿地73.05万公顷，人工湿地19.69万公顷。自然湿地中，湖泊湿地29.47万公顷，河流湿地37.74万公顷，沼泽湿地5.84万公顷。

2011年第二次全国湿地资源调查，全省共有湿地144.50万公顷，其中自然湿地76.42万公顷，人工湿地68.08万公顷。自然湿地中，河流湿地45.04万公顷，湖泊湿地27.69万公顷，沼泽湿地3.69万公顷。

比较发现，第二次湿地调查湿地总面积比第一次增加了 51.76 万公顷，其中自然湿地面积比第一次增加了 3.37 万公顷，人工湿地面积比第一次增加了 48.39 万公顷(图 5-1)。

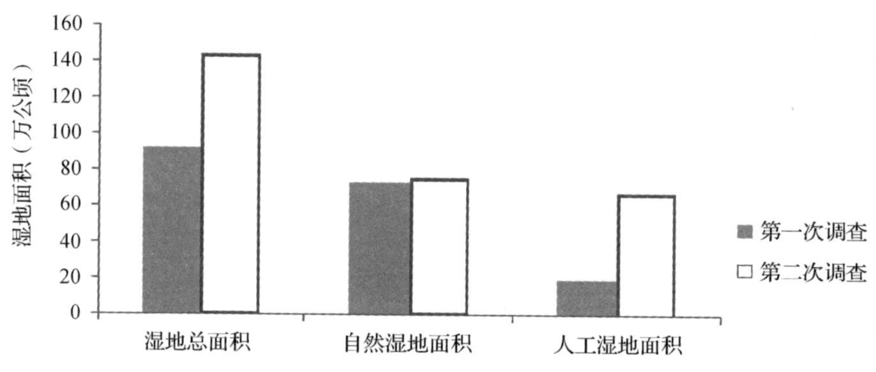

图 **5-1**　两次调查湿地面积比较

1.1.2　同口径相比，自然湿地面积减少

就 100 公顷以上湿地面积进行调查比较，则发现 100 公顷以上的自然湿地面积明显减少，比第一次减少了 10.94 万公顷；其中 100 公顷以上的河流湿地面积减少 4.22 万公顷，100 公顷以上湖泊湿地面积减少了 3.98 万公顷，100 公顷以上的沼泽湿地面积下降 2.74 万公顷，与此同时，人工湿地面积则增加了 31.44 万公顷(图 5-2、图 5-3)。

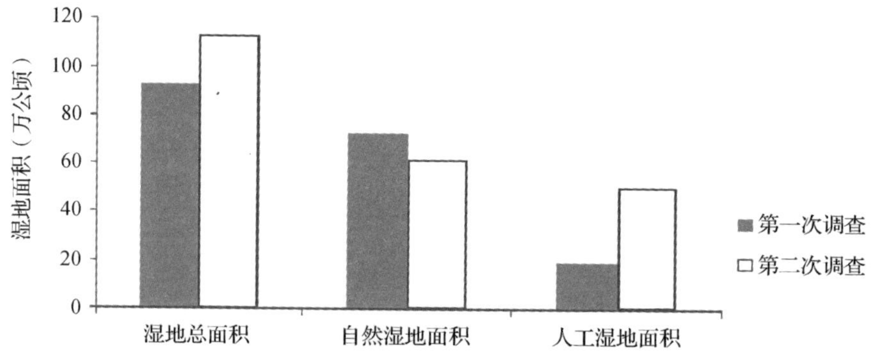

图 **5-2**　两次调查 **100** 公顷以上湿地面积比较

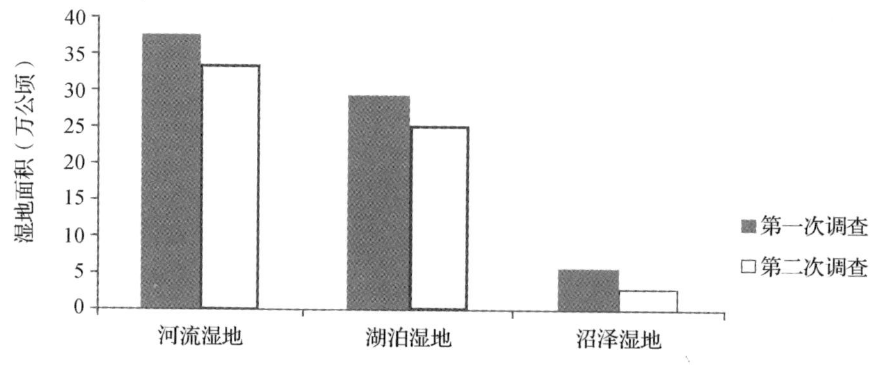

图 **5-3**　两次调查 **100** 公顷以上自然湿地面积比较

2 湿地生物资源变化情况

2.1 发现了新的物种

在第二次全国湿地资源调查中，发现了第一次调查未曾记录的湿地植物种类，也发现了黄脚渔鸮、褐翅鸦鹃、宁陕小头蛇等多个湿地动物新记录种。

2.2 总体上，生物多样性减少

对两次湿地资源调查结果进行比较发现，湖北湿地生物资源总量在下降，生物多样性受到威胁。江河湖泊的水生植物和天然鱼类种类都在不断减少，原来广泛分布在长江流域的国家Ⅰ级保护动物白鳖豚和曾被称为“长江鱼王”的中华鲟等都已近于灭绝或成为濒危物种，在湖北曾经常见的小天鹅、赤嘴潜鸭、白头硬尾鸭、大天鹅、白鹳、鸬鹚、鸳鸯、中华秋沙鸭、普遍秋沙鸭也变得越来越少见，而鸿雁、豆雁、白额雁、灰雁等雁属鸟类数量亦呈明显下降趋势。

3 原因分析

3.1 调查因素

一是调查范围不同，第一次湿地调查的调查范围为100公顷以上的湖泊、沼泽、库塘湿地以及宽度大于或等于10米、面积大于或等于100公顷的河流湿地；而第二次调查为面积大于或等于8公顷的湖泊、沼泽、人工湿地以及宽度大于或等于10米，长度大于或等于5公里的河流湿地，第二次调查范围明显大于第一次。二是调查方法不同，第一次调查是以资料收集为主，由各地市上报数据，统计数据存在一些偏差。第二次调查采用遥感卫片与地形图结合判读的方式，并由各县(市、区)进行实地调查验证，准确度大大提高，所以湿地总面积明显增加。同时由于第二次调查中对重要湿地生物资源进行了重点调查，因而发现了一些新记录物种。

3.2 农业围垦

随着近年来全省经济社会的迅速发展和人口的持续增长，土地资源越来越紧缺，加上长期以来人们对湿地生态价值认识不足，围垦大型水面或沿湖、沿河滩涂便成为增加土地面积的重要手段。由于围垦，湖北省自然湿地面积急剧减少，天然湖泊数量减少，大量自然湿地消失，或转为农业用地，或转变为以水产养殖等人工湿地。例如四湖地区原有的三湖和白露湖现在已全部围垦成粮田，仅存长湖和洪湖。所以与第一次调查相比，全省100公顷以上的自然湿地面积明显减少，人工湿地面积则有所增加。

3.3 城镇化扩张

随着城市化进程的加快，城市湿地(城市内或近郊的湿地)被大量围垦或填埋用于满足道路城市建设用地需要，城市湿地不断萎缩。对城市湿地破坏还表现在对城市湖泊、河流不合理的堤岸工程化处理等。此外，铁路、公路等基础设施的大量建设也占用了部分湿地，不但导致了自然湿地面积的缩小，而且造成了湿地生境的片断化，影响了生物的繁殖，使湿地生物数量下降、种类减少。

3.4 环境的污染

环境污染是造成生物多样性下降的原因之一。湖北省环境污染形势不容乐观，工农业污水的排放每年都在递增，工业废水、生活污水、农业污水、养殖污水严重破坏了湿地水质，每年大量入湖的氮、磷元素使许多湖泊处于富营养状态，更有害的是有机农药、重金属等有害物质可以通过食物链积聚于生物体内，破坏整个湿地的生态系统和生态平衡，危害湿地的生物安全，使一些珍稀物种濒危或灭绝。

3.5 生物资源的不合理利用

人类的生存和发展需要利用生物资源，但不合理的过度利用会造成生物多样性的丧失。在湖北省，虽然一直在严厉打击破坏湿地资源的违法行为，但乱捕滥猎和乱采滥挖现象仍时有发生，例如，淡水鱼资源由于不断加大捕捞强度和不控制捕捞时间，产量急剧下降的同时，种群数量也很难回升。许多湖北传统的中药和经济植物由于长期过量采挖和开发利用，致使种群数量急剧缩减。经统计，在濒临灭绝的物种中，有许多是因为受到过度开发利用的威胁。

第六章
湿地保护与管理

第一节
湿地保护管理现状

近年来，湖北省结合湿地资源实际情况，依靠地方各级政府和全社会力量，切实加强湿地管理和保护，受保护面积逐步增加，湿地保护率逐年提高，湿地保护初见成效。

1　建立了多层次保护网络，湿地保护体系更趋完善

据调查统计，全省湿地总面积为144.50万公顷，至2011年4月，被列入《湖北省重点调查湿地名录》的各级重要湿地、保护区、保护小区、湿地公园达82个，建立了多层次的湿地保护网络。其中，洪湖湿地已被列入国际重要湿地名录，梁子湖群湿地、石首天鹅洲长江故道区湿地、丹江口库区湿地、网湖湿地等4处湿地列入《中国湿地保护行动计划 》中的“中国重要湿地名录”。在2011年全国第二次湿地资源调查工作中，湖北省对14903个湿地斑块进行了一般调查，对1253个湿地斑块进行了重点调查。截至2015年12月，湖北省已建立湿地类自然保护区24处，其中，国家级6处，省级10处，市级8处，此外，已建立湿地类保护小区27处；已建立湿地公园91处，其中，国家湿地公园50处，省级湿地公园41处。至此，全省基本形成涵盖不同层次及多种类型湿地的湿地保护网络，全省87%的自然湿地和大部分重要库塘湿地得到了有效保护，受保护湿地面积逐年增加，湖北湿地保护体系逐渐完善。

2　实施了生态保护恢复工程，湿地生态系统功能逐步恢复

根据《全国湿地保护工程实施规划(2005～2010年)》，湖北省在“十一五”和“十二五”期间重点建设和完善了一批国家级自然保护区和湿地公园，同时发展和建设了地方各级别的自然保护区(小区)，实施了一批湿地保护和恢复示范工程。

湖北湿地保护与恢复示范工程由洪湖、沉湖、龙感湖、网湖、淤泥湖湿地保护与示范工程等多部分组成。洪湖湿地开展了退田还湖、清淤蓄洪和移民搬迁工作，建立了湿地资源及其生态功能效益的监测网点，加强了湿地水禽及水草资源的保护、管理工作。网湖湿地是“中国重要湿地”，实施生态保护恢复工程使网湖自然保护区面积扩大到15000公顷，并组建了保护区管理机

构，对湿地现状进行动态监测，同时建立了网湖水禽和湿地生态系统动态监测网点，研究和开展珍稀水禽的驯化和繁殖研究。淤泥湖位于公安县境内，实施生态保护恢复工程使淤泥湖自然保护区面积扩大到2500公顷，有计划地开展了退田还湖、清淤蓄洪等工作，治理沼泽化和污染问题，恢复湖泊容量、净化水质等保护工作。这些生态保护恢复工程的实施为湖北省经济发展和湿地的可持续利用提供了坚实的基础。

3 开展了科学监测，为湿地保护决策提供科学依据

自2000年以来，武汉区域气候中心利用高分辨率卫星遥感数据，对洪湖、斧头湖、梁子湖和龙感湖等四大湖泊的面积、水位进行了跟踪监测，定期制作水体监测旬报等监测产品，分析评估气象条件与湖泊水体面积变化的对应关系。2003年起，武汉生态与农业气象试验站在长江、汉江、梁子湖、汤逊湖、东湖、金银湖等，开展了河流、湖泊类湿地水环境和水质要素的监测，包括水温、溶解氧、电导率、pH值、叶绿素、浊度等，制作各种监测月报。近年来，湖北省气象局又陆续在武汉、荆州、仙桃等地建设了4个池塘水环境和水质要素监测点，开展池塘类湿地水环境和水质要素监测。湖北省气象局还联合湖南省气候中心、河南省气候中心以及中国科学院测量与地球物理研究所、中国科学院水生生物研究所、湖北省水产局等单位，联合开展了“气候变化对华中区域湿地生态系统的影响评估”“水产养殖气象保障技术”等多项研究，为湿地保护提供了强有力的科技支撑。

4 实施了《湖北省湖泊保护条例》，湿地保护管理有法可依

湖北省江河密布、湖泊众多，是湿地大省，又是三峡工程所在地、南水北调中线工程重要水源地，生态区位十分重要，对于支持全国经济和社会发展具有举足轻重的作用。2011年6月，胡锦涛总书记在湖北视察时提出了“进一步加强资源节约型、环境友好型社会建设”的殷切希望，并鼓励湖北省大力推进环境保护和生态建设，让“千湖之省”碧水长存，为全国生态安全积极做贡献。为维护湿地生态平衡，促进湿地资源可持续利用和长期发展，湖北省在加强湿地管理保护方面做了大量工作。2012年5月30日，《湖北省湖泊保护条例》(以下简称《条例》)经省十一届人大常委会第30次会议审议通过，于2012年10月1日起实施。该《条例》首次明确规定由县级以上人民政府水行政主管部门主管本行政区域内的湖泊保护工作，并以列举形式分别规定了环境保护、农(渔)业、林业等其他主要相关部门的职责，责权清晰。《条例》解决了此前湖北省由于从事湖泊管理的部门比较多而导致的一定程度的职能交叉、权责不明、难以形成合力的问题。为确保各部门间形成合力，《条例》还规定，建立和完善湖泊保护部门联动机制，实行由政府负责人主持，相关部门参加的湖泊保护联席会议制度。联席会议由政府负责人主持，日常工作由水行政主管部门承担。《条例》的出台，立法上的跟进，使得湖北省湿地保护向制度化的轨道迈进，为推动全省湿地保护打下了良好的基础，使今后的湿地保护有法可依。

2010年3月，素有“百湖之市”美名的湿地大市武汉市率先颁布了《武汉市湿地自然保护区条例》，对风景名胜区、自然保护区、自然公园等实行强制性保护，对破坏湿地的行为进行严厉处罚。这是全国大城市中首个湿地地方性保护法规，对其他城市的湿地保护起到了示范作用。2012年5月28日，武汉市政府常务会通过《武汉市中心城区湖泊“三线一路”保护规划》，为40个湖泊

划定“保护圈”，限制无序开发，还拟筹建成立湖泊管理局，投百亿元全面截污，改善水质。在武汉市的带动下，洪湖湿地自然保护区就《洪湖湿地自然保护区保护管理办法》积极征求周边地方人民意见，促进洪湖生态和社会经济的可持续发展。同时，梁子湖、网湖、龙感湖等多处湿地区纷纷颁布条例，采取得力措施，加大湿地保护力度，加强舆论引导，坚决制止和打击各种随意侵占和破坏湿地的违法行为。

5 出台了《湖北省人民政府关于加强湿地保护工作的意见》，并制定了规划，湖北湿地保护有章可循

为了更好地贯彻《全国湿地保护工程实施规划(2005~2010年)》，筹划、指导全省湿地保护管理工作，省政府出台了《湖北省人民政府关于加强湿地保护工作的意见》(鄂政发〔2007〕52号)，敦促各级政府及相关部门提高认识，科学规划，强化措施，完善湿地保护管理体制，把湿地保护作为改善生态的重要任务来抓。《湖北省人民政府关于加强湿地保护工作的意见》明确指出，“要坚持和逐步完善综合协调、分部门实施的湿地保护管理体制。林业部门要做好组织协调工作，农业、水利、国土资源、建设、环保等部门要按照各自职责，加强沟通，密切配合，共同做好湿地保护管理工作；发展改革、财政、科技部门要加大对湿地保护管理和合理开发利用的支持力度。各地各有关部门要广泛开展宣传教育，进一步增强广大群众生态保护意识，提高保护湿地生态系统和湿地资源的自觉性和主动性，积极营造全社会参与的良好氛围。”该《意见》在落实湿地保护管理体制的同时，进一步明确了各地林业部门在湿地保护管理中的地位，赋予了林业部门在湿地保护管理中组织、协调及监督三大重要职责，有利于提高湿地保护和管理的实效，有利于湿地保护工作的更好开展。

为明确湿地保护的目标和工作重点，湖北省制定《湿地保护和恢复建设工程总体规划(2005~2010)》，着重从自然保护区建设工程、湿地保护与恢复建设工程、湿地保护管理能力建设、社区共管四个方面加大工作力度。地方政府积极响应，丹江口、沉湖、梁子湖等多处自然保护区也相继出台地方性的规划方案，上下一心，齐抓共管，形成合力，共同努力做好湿地保护工作。有规划、有目标、重实施，让湖北省湿地保护工作真正落到实处，湿地保护切实可行，成效明显。

6 成立了全国首家省级湿地保护基金会，筹集社会资金支持湖北湿地保护事业

2008年6月，湖北省林业局(厅)成立了全国首个省级湿地保护基金会——湖北省湿地保护基金会。基金会以科学发展观为指导，以推动湖北湿地保护和可持续利用，促进生态文明建设为目标，鼓励和支持全社会重视湿地保护和湿地资源的可持续利用，为促进湖北湿地资源可持续利用提供了资金和技术支持。湖北省湿地保护基金会成立以来，从多方面募集社会资金，截至2010年，该基金总规模达675.87万元人民币。基金会每年定期组织湿地专家开展湿地保护利用的专题调研，提出湿地保护利用的合理建议，奖励在全省湿地保护事业中涌现的先进个人和组织，宣传湿地保护事业中的成功案例和成功经验，为进一步推动全省湿地保护做了大量卓有成效的工作，为实现湖北经济社会可持续发展，促进人与自然和谐相处，做出了积极贡献。

7 开展了宣传教育，公众的湿地保护意识明显增强

全省各级林业部门坚持把宣传教育当作湿地保护的一项重要措施来抓。通过开办不同类型的教育培训班，利用广播、电视、报刊、网络等新闻机构和宣传媒介，向社会全面介绍湿地的效益和保护湿地的重要意义，20 多年来坚持每年开展“世界湿地日”“爱鸟周”和“野生动物宣传月”等大型社会宣传活动。例如湖北大九湖国家湿地公园管理局在神农架林区松柏镇中心街举办湿地保护与恢复知识宣传及免费门票发放活动。诸如此类活动的广泛开展提高了全民对湿地的认知度，让更多人参与到湿地保护与发展这项神圣事业中。

除开展常规宣传活动之外，湖北省还在全国率先为湿地保护设奖。由湖北省委宣传部、湖北省林业厅、工商联、湿地保护基金会等单位与世界自然基金会中国项目部联合出台了《关于开展首届“湖北湿地保护奖”评选及表彰活动的工作方案》，设立“湖北湿地保护科技奖”“湖北湿地保护宣传教育奖”“湖北湿地保护贡献奖”三个奖项，分别用于表彰在湖北湿地保护科技研究、宣传教育和募捐资金等方面做出突出贡献的单位与个人。通过宣传教育，涌现了不少湿地保护的先进个人、先进事迹，全社会湿地保护意识有了明显提高。

8 广泛开展交流合作，提高了湿地保护管理的水平

为让长期从事自然保护区和湿地保护管理的工作人员开阔视野，提高湿地保护区保护管理人员素质和管理水平，湖北省林业厅先后组织保护区管理人员参观、考察了黑龙江、吉林、山东、江西、湖南、广东等省份湿地自然保护区，加强了与这些省份和保护区的交流与合作；还在世界自然基金会(WWF)的资助和协助下，从部分市(县)林业局和湿地保护区选派了 20 多名业务技术骨干到香港、泰国、英国、瑞士、荷兰等国家和地区参加培训和考察。近几年，通过组织这些学习和交流活动，为全省培养了一批生力军，提高了保护区和湿地保护管理人员的业务素质和管理水平。

湖北省与 WWF 多次开展广泛合作，省林业厅与之签署了关于湖北省湿地保护区网络建设合作协议，在涨渡湖、洪湖、天鹅洲故道等多处保护区成立管理机构，加强建设；建立了专家组咨询平台，完善了湖北省湿地保护区网络体系；设立了湖北省湿地保护小额基金，资助湿地保护区网络成员开展小型调查等工作。武汉市水务局也与 WWF 签订“大东湖江湖连通及湖泊生态修复示范项目”合作协议，促进了东湖的生态修复。

在湿地的科学研究方面，湖北省也非常重视国际国内合作。如武汉大学与中国科学院合作，在梁子湖湿地开展生态定位观测研究；华中师范大学与 IUCN 合作，对利川水杉湿地进行科学研究；湖北省野生动植物保护总站与武汉大学、华中师范大学、湖北大学建立了长期合作关系，经常邀请有关专家、教授到省内一些重要湿地开展科考调查。同时，中国科学院测量与地球物理研究所、中国科学院水生生物研究所等科研单位也在湿地科研及对外合作与交流方面做了大量卓有成效的工作，取得了丰硕的科研成果。

9 开展了专项打击活动，遏制破坏湿地的违法行为

针对湖区屡禁不止的非法修筑矮围养殖、乱布围网捕鱼、抬垄开沟种植芦苇等圈湖占地不良

现象，省林业厅及时督促各自然保护区与周边县市区采取坚决措施，遏制破坏湿地资源的违法势头，各地对非法破坏和侵占湿地的情况高度重视，制订打击整治实施工作方案，颁布通告，对所辖湖区进行摸底调查，集中开展专项整治行动，撤除围网、摧毁矮堤，把侵占湿地的违法行为遏制在在萌芽阶段。

为坚决防范和遏制破坏湿地野生动物资源的违法活动，湖北省森林公安局及各市州森林公安局每年开展严打行动。严打行动的重点：一是依法打击非法收购、销售、加工野生动物违法行为，重点清理宾馆、餐饮业、市场等非法收购、销售、加工野生动物违法行为；二是依法打击非法运输、走私野生动物违法行为；三是依法打击非法猎捕野生动物违法行为，尤其是利用网捕、投毒等方式猎捕野生动物的违法行为；四是集中整治破坏野生动物违法活动猖獗的地区。在严打行动中，采取与野生动植物保护站和地方公安、工商等部门联手的办法，集中对集贸市场、沿江滩涂、湖泊、湿地、山林、车站、码头以及餐馆、酒店、药店等重点场所进行彻底的清理检查。通过清理检查，发现案件线索，集中时间、集中警力、严厉查处，通过打击一批破坏野生动植物资源的违法行为，有效震慑了野生动物的违法经营活动，破坏野生动物资源、破坏湿地资源的违法势头得到有效的遏制，湿地生态安全得到有效维护。

第二节 湿地保护管理建议

1 树立科学发展观，统筹经济发展与湿地保护的关系

随着国家中部崛起战略的实施，湖北省经济必将快速增长，城市化进程也必将加快步伐，湿地的生态环境将面临巨大的压力。尤其是城市中的湖泊、河流，常常遭受人为的填埋。如省会城市武汉市，曾因一些商家追逐短期的经济效益，而政府有关部门又没有引起足够的重视，一度出现过度围垦、填湖造陆现象，致使一些湖泊萎缩甚至消失，即便是城中最大的湖泊——武汉东湖，也曾有被围填的经历。省会城市尚且如此，地级市、县级市情况更不容乐观。近年来，湖北省提出了生态立省的发展战略，要求把保护生态与发展经济统一起来，走绿色发展、可持续发展道路，如果沿袭传统的以环境退化为代价的经济增长方式，全省可持续发展势必受到严重影响。

因此，必须以科学发展观为指导，将湿地保护事业纳入本地区经济和社会发展的全局，统筹兼顾，既要满足经济与社会发展的当前需求，又要留足后人的生存空间，确保持续发展、长远发展的需要，注意经济发展与生态保护的统一性和整体性，建立人与自然的和谐相处关系。树立保护资源环境是为了更好发展的观念，坚持生态效益、社会效益和经济效益协调发展的原则，不能顾此失彼；积极妥善处理好湿地保护发展与开发利用的关系，长远利益与眼前利益的关系，积极推进湖北湿地保护工作。

2 积极推进湿地地方立法，使我省湿地管理逐步从“千湖一法”到“一湖一法”

完善的政策和法规体系是有效保护湿地和实现湿地资源可持续利用的关键。《湖北省湖泊保

护条例》于2012年10月起正式颁布实施，建议敦促地方各级政府在立法上跟进，根据当地的实际情况，制定与之相符的地方性条例，让湿地资源保护真正做到有法可依、有章可循，并使湖北省湿地管理逐步从“千湖一法”到“一湖一法”，从而从根本上促进湿地资源得到积极有效的个性化保护。

在这方面，武汉市的做法值得借鉴。2012年5月28日，武汉市政府常务会通过《武汉市中心城区湖泊“三线一路”保护规划》，为40个湖泊划定“保护圈”。“三线一路”指蓝线(水域控制线)、绿线(绿化控制线)、灰线(建筑控制线)和环湖绿道。“三线”划定后，蓝线、绿线内不得任意开发，灰线内的建设要与滨水环境相协调，并且限制无序开发。武汉市还拟筹建成立湖泊管理局，投百亿元全面截污改善水质，并拟设“一湖两长”，在现有湖泊保护行政首长负责制的基础上，每个湖泊明确一位区级领导为湖长，同时还将吸纳一批热爱湖泊的普通市民，担任民间湖长，做到每个湖泊都是“一湖两长”，实现群众对湖泊管理的有效监督。荆州市的做法也值得推广，为保护好洪湖湿地，荆州市专门成立了湿地保护局，由副市长兼任局长，负责洪湖湿地的保护管理和合理利用，收效甚好。

除湿地资源保护法规外，还要建立行之有效的相应的经济政策，对不利于湿地生态系统的活动采取限制性政策，对有利于湿地生态系统的行为采取鼓励政策，协调湿地保护与区域经济发展，充分发挥湿地资源的综合效益，使湿地资源的保护和可持续利用相得益彰。

3 增强湿地保护意识，加快湿地生态文化建设

对湿地资源保护的有效性和资源合理利用水平的提高，很大程度上取决于社会各界湿地保护意识的增强，但对湿地生态价值重要性、湿地保护意义等湿地知识的宣传，仅靠林业部门，其宣传的广度、深度及影响力都是远远不够的，建议该动员环保、水利、农业、渔业、国土、旅游以及新闻媒体等多个部门，结合各部门工作实际，在湿地宣传上相互配合、形成合力，制作一些图文并茂的宣传画册，拍摄若干有影响的系列纪录片、科教片，举办一些有关湿地保护的展览活动，或利用一些大型纪念日，如“爱鸟周”“世界环境日”“地球日”“世界水日”“湿地日”和“国际观鸟节”等，通过广播电视、报刊以及互联网等各种媒体广泛开展形式多样、内容丰富的宣传活动，大力普及湿地知识，让公众充分认识到湿地资源的重要性和保护湿地的必要性、紧迫性，增强国民生态意识和责任意识，树立良好的生态伦理和生态道德观，使人与自然和谐相处的价值观更加深入人心，在全社会形成爱护湿地、爱护野生动植物、保护生态环境、崇尚生态文明的良好风尚。

4 加强专项调查，全面提高湿地资源调查质量

本次湿地资源调查时间从2010年12月开始到2012年2月结束，历时14个月，对所有符合调查范围要求的湿地斑块进行面积、湿地型、分布、植被类型、主要优势植物和保护管理状况等进行了一般调查，并对重要湿地进行了重点调查。基本查清了全省湿地资源及其环境的现状，了解了湿地资源的动态消长规律。但湖北省湿地动植物种类繁多，生物多样性丰富，由于调查时间紧，对湿地动植物的调查仍略显粗放，建议今后加强这方面的专项调查。比如：对动物的调查，因为不同种类的动物(例如水鸟、兽类、两栖类、爬行类、鱼类、贝类和虾类等)生活史、生活习

性、活动季节和时间不一样，尤其是对于那些分布区域狭窄而相对集中，习性较为特殊，数量稀少，难于用常规方法调查的种类，建议延长调查周期，在不同的时间采用不同的方法进行更加行之有效的专项调查；对植物的调查，建议更加详尽地对其生长环境要素(包括地理坐标、平均海拔、地形、气候、土壤、水质等)进行调查研究，更加准确地了解湿地植物群落和植被的种群、数量、分布和生境状况；此外，还应加强对湿地保护管理与利用状况、社会经济活动对湿地生物的影响和湿地受威胁状况的调查，建立更加完善的湿地资源数据库和管理信息平台，采集、记录、分析各要素，对湿地资源进行全面、客观的分析评价，从生态学角度对湿地生物资源的保护、引种驯化和开发利用提出建议和措施。

5　完善湿地资源监测评估体系，科学保护和利用湿地资源

湿地是一个复杂多样的生态系统，只有建立科学的湿地资源监测评估体系，才能实现对湿地资源的有效保护和合理利用。湿地监测评估体系的内容包括湿地资源的调查、建立湿地资源数据库、湿地资源的价值评估等，对湿地系统的变化进行全过程信息监测、信息收集、信息管理，掌握湿地的变化动态，为湿地资源的有效保护提供科学依据，同时还应加大关于湿地的科学研究和相关应用技术的研发，包括湿地保护技术、湿地恢复重建模型、湿地持续利用与管理技术等方面的研发，为湿地资源的合理和永续利用奠定科学基础。

6　完善湿地保护网络体系建设，加大湿地保护力度

各级政府要在具有代表性的自然湿地生态系统区域、珍稀濒危野生动植物主要栖息地或自然分布区域、有特殊保护价值或重要科研价值的湿地区域继续完善湿地自然保护区建设，依法进行管理，对湿地进行抢救性保护。要在查清全省具有重要生态意义的湿地现状并全面评价其功能和效益的基础上，根据这些湿地的特征和生态功能，对一些符合国际重要湿地标准的湿地，要积极争取列入国际重要湿地名录，建议逐步提升沉湖、梁子湖、丹江口库区、天鹅洲故道湿地区为国际重要湿地；建议规划龙感湖湿地、石首麋鹿湿地、武汉东湖湿地 3 处湿地为国家重要湿地，对符合条件的省级湿地保护区逐步升级为国家级自然保护区，对符合条件的市、县级湿地自然保护(小)区级湿地保护区逐步升级为省级自然保护区，对有特殊保护价值但不具备划建湿地自然保护区条件因而尚未列入保护的湿地，应由所在地县级以上人民政府批准建立湿地自然保护小区或湿地公园，列入到保护范围之内，对其采取有效的保护和管理。总之采取多种形式，扩大受保护的自然湿地面积，完善湿地保护网络体系建设，进一步加大湿地保护力度，促进湿地生物多样性及生态系统功能的恢复。

7　科学规划，促进湿地保护事业健康发展

湿地保护是一项长期而艰巨的任务，各地应根据国务院审批通过的《全国湿地保护工程规划(2002～2030)》的要求，结合本地实际，编制科学合理的地方性湿地保护规划。各有关部门和单位积极做好争取工作，将本地湿地保护尽多地列入《全国湿地保护工程实施规划(2011～2015)》。建议省发改委组织有关部门编制《湖北省湿地保护工程实施规划(2011～2030)》，以争取湖北在全国湿地保护工程中更多的项目，加快湖北湿地保护的工程进度。

8 加大资金筹措力度，适应湿地保护的发展需要

湿地保护是一项重要的生态公益事业，但其投入大、恢复周期长的特点决定了要搞好湿地保护工作难度很大。因此，为保护好湖北省现有的湿地，各级政府应通过多渠道、多方式广泛吸引和筹集各类资金：一是要把湿地保护经费列入财政预算，建立专项资金，确保湿地保护工作能有可靠的资金来源；二是要利用国家重视湿地保护的契机，积极争取国家对湖北省湿地自然保护区的投入；三是要把实施保护规划所需资金纳入经济和社会发展的整体规划，为湿地保护建立长远的资金储备与资金保障；四是要在保护优先的前提下，积极争取民间资本投入，对湿地资源进行科学合理的开发利用，湿地开发的收益反过来可以用于湿地保护；五是要进一步加强与全球环境基金(GEF)、世界自然基金会(WWF)等国际机构的交流和合作，引进项目，争取国际资金的援助。

附录1　湖北湿地调查区域植物名录

序号	科	属	种	
			中文名	拉丁名
一、苔藓植物				
1	地钱科	地钱属	地钱	*Marchantia polymorpha*
2	凤尾藓科	凤尾藓属	原丝凤尾藓	*Fissidens bryoides*
3	葫芦藓科	立碗藓属	黄边立碗藓	*Physcomitrium limbatulum*
4	金发藓科	金发藓属	金发藓	*Polytrichum commune*
5		仙鹤藓属	波叶仙鹤藓	*Atrichum undulatum*
6	绢藓科	绢藓属	狭叶绢藓	*Entodon angustifolius*
7	柳叶藓科	水灰藓属	水灰藓	*Hygrohypnum luridum*
8			扭叶水灰藓	*Hygrohypnum eugyrium*
9	泥炭藓科	泥炭藓属	粗叶泥炭藓	*Sphagnum squarrosum*
10			泥炭藓	*Sphagnum palustre*
11	钱苔科	浮苔属	浮苔	*Ricciocarpus natans*
12	青藓科	美喙藓属	卵叶美喙藓	*Eurhynchium striatum*
13		鼠尾藓属	鼠尾藓	*Myuroclada maximowiczii*
14	曲尾藓科	曲尾藓属	曲尾藓	*Dicranum scoparium*
15	塔藓科	赤茎藓属	赤茎藓	*Pleurozium schreberi*
16		塔藓属	塔藓	*Hylocomium splendens*
17	提灯藓科	提灯藓属	尖叶提灯藓	*Mnium cuspidatum*
18		疣灯藓属	鞭枝疣灯藓	*Trachycystis flagellaris*
19	万年藓科	万年藓属	东亚万年藓	*Climacium japonicum*
20	羽藓科	羽藓属	羽藓	*Thuidium tamariscinum*
21	皱蒴藓科	皱蒴藓属	皱蒴藓	*Aulacomnium palustre*
二、维管束植物				
(一)蕨类植物				
1	凤尾蕨科	凤尾蕨属	凤尾蕨	*Pteris cretica* var. *nervosa*
2			井栏边草	*Pteris multifida*
3			蜈蚣草	*Pteris vittata*
4			溪边凤尾蕨	*Pteris excelsa*
5	海金沙科	海金沙属	海金沙	*Lygodium japonicum*
6	槐叶苹科	槐叶苹属	槐叶苹	*Salvinia natans*
7	姬蕨科	鳞盖蕨属	边缘鳞盖蕨	*Microlepia marginata*
8		碗蕨属	溪洞碗蕨	*Dennstaedtia wilfordii*

（续）

序号	科	属	种	
			中文名	拉丁名
9	金星蕨科	金星蕨属	中日金星蕨	*Parathelypteris nipponica*
10			光脚金星蕨	*Parathelypteris japonica*
11		卵果蕨属	延羽卵果蕨	*Phegopteriis decursive-pinnata*
12		毛蕨属	渐尖毛蕨	*Cyclosorus acuminatus*
13		新月蕨属	披针新月蕨	*Pronephrium penangianum*
14		沼泽蕨属	沼泽蕨	*Thelypteris palustris*
15	卷柏科	卷柏属	翠云草	*Selaginella uncinata*
16			江南卷柏	*Selaginella moellendorffii*
17			卷柏	*Selaginella tamariscina*
18	蕨科	蕨属	蕨	*Pteridium aquilinum* var. *latiusculum*
19	里白科	里白属	光里白	*Hicriopteris laevissima*
20			里白	*Hicriopteris glauca*
21		芒萁属	芒萁	*Dicranopteris dichotoma*
22			铁芒萁	*Dicranopteris linearis*
23	鳞毛蕨科	耳蕨属	对马耳蕨	*Polystichum tsus-simense*
24			革叶耳蕨	*Polystichum neolobatum*
25			黑鳞耳蕨	*Polystichum makinoi*
26			神农耳蕨	*Polystichum shennongense*
27			长芒耳蕨	*Polystichum longiaristatum*
28		贯众属	刺齿贯众	*Cyrtomium caryotideum*
29			大羽贯众	*Cyrtomium maximum*
30			贯众	*Cyrtomium fortunei*
31		鳞毛蕨属	神农鳞毛蕨	*Dryopteris supraspedosorum*
32			无盖鳞毛蕨	*Dryopteris scottii*
33	陵齿蕨科	乌蕨属	乌蕨	*Stenoloma chusanum*
34	卤蕨科	卤蕨属	卤蕨	*Acrostichum aureum*
35	满江红科	满江红属	满江红	*Azolla imbricata*
36	膜蕨科	蕗蕨属	蕗蕨	*Mecodium badium*
37	木贼科	木贼属	木贼	*Equisetum hyemale*
38			问荆	*Equisetum arvense*
39			笔管草	*Equisetum ramosissimum* subsp. *debile*
40	苹科	苹属	苹	*Marsilea quadrifolia*
41	球子蕨科	荚果蕨属	荚果蕨	*Matteuccia struthiopteris*
42	莎草蕨科	莎草蕨属	莎草蕨	*Schizaea digitata*
43	水蕨科	水蕨属	粗梗水蕨	*Ceratopteris pteridoides*
44			水蕨	*Ceratopteris thalictroides*

（续）

序号	科	属	种	
			中文名	拉丁名
45	水龙骨科	盾蕨属	盾蕨	*Neolepisorus ovatus*
46		星蕨属	江南星蕨	*Microsorium fortunei*
47	蹄盖蕨科	冷蕨属	冷蕨	*Cystopteris fragilis*
48		蹄盖蕨属	溪边蹄盖蕨	*Athyrium deltoidofrons*
49			中华蹄盖蕨	*Athyrium sinense*
50	铁线蕨科	铁角蕨属	华中铁角蕨	*Asplenium sarelii*
51		凤丫蕨属	凤丫蕨	*Coniogramme japonica*
52			普通凤丫蕨	*Coniogramme intermedia*
53		铁线蕨属	铁线蕨	*Adiantum capillus – veneris*
54	乌毛蕨科	狗脊属	狗脊	*Woodwardia japonica*
55		乌毛蕨属	乌毛蕨	*Blechnum orientale*
56	紫萁科	紫萁属	分株紫萁	*Osmunda cinnamomea*
57			紫萁	*Osmunda japonica*
（二）裸子植物				
1	三尖杉科	三尖杉属	粗榧	*Cephalotaxus sinensis*
2	杉科	柳杉属	日本柳杉	*Cryptomeria japonica* var. *sinensis*
3		落羽杉属	落羽杉	*Taxodium distichum*
4		水杉属	水杉	*Metasequoia glyptostroboides*
（三）被子植物				
1	安息香科	白辛树属	白辛树	*Pterostyrax psilophyllus*
2	八角枫科	八角枫属	八角枫	*Alangium chinense*
3			瓜木	*Alangium platanifolium*
4	白花丹科	鸡娃草属	鸡娃草	*Plumbagella micrantha*
5	百合科	菝葜属	菝葜	*Smilax china*
6			梵净山菝葜	*Smilax vanchingshanensis*
7			柔毛菝葜	*Smilax chingii*
8			小叶菝葜	*Smilax microphylla*
9			银叶菝契	*Smilax cocculoides*
10		百合属	百合	*Lilium brownii* var. *viridulum*
11			卷丹	*Lilium lancifolium*
12			宜昌百合	*Lilium leucanthum*
13		葱属	野葱	*Allium chrysanthum*
14		大百合属	大百合	*Cardiocrinum giganteum*
15			荞麦叶大百合	*Cardiocrinum cathayanum*
16		粉条儿菜属	粉条儿菜	*Aletris spicata*
17		黄精属	玉竹	*Polygonatum odoratum*
18		吉祥草属	吉祥草	*Reineckia carnea*
19		藜芦属	藜芦	*Veratrum nigrum*

（续）

序号	科	属	种	
			中文名	拉丁名
20	百合科	山麦冬属	大麦冬	*Liriope platyphylla*
21		天门冬属	天门冬	*Asparagus cochinchinensis*
22		万寿竹属	万寿竹	*Disporum cantoniense*
23		萱草属	黄花菜	*Hemerocallis citrina*
24			萱草	*Hemerocallis fulva*
25		沿阶草属	棒叶沿阶草	*Ophiopogon clavatus*
26			麦冬	*Ophiopogon japonicus*
27			西南沿阶草	*Ophiopogon mairei*
28			沿阶草	*Ophiopogon bodinieri*
29		玉簪属	紫萼	*Hosta ventricosa*
30	败酱科	败酱属	白花败酱	*Patrinia villosa*
31		缬草属	长序缬草	*Valeriana hardwickii*
32	报春花科	报春花属	鄂报春	*Primula obconica*
33			卵叶报春	*Primula ovalifolia*
34			报春花	*Primula malacoides*
35		珍珠菜属	矮桃	*Lysimachia clethroides*
36			点叶落地梅	*Lysimachia punctatilimba*
37			过路黄	*Lysimachia christinae*
38			红线草	*Lysimachia circaeoides*
39			山萝过路黄	*Lysimachia melampyroides*
40			腺药珍珠菜	*Lysimachia stenosepala*
41			小叶珍珠菜	*Lysimachia parvifolia*
42			星宿菜	*Lysimachia fortunei*
43			泽珍珠菜	*Lysimachia candida*
44	车前科	车前属	车前	*Plantago asiatica*
45			大车前	*Plantago major*
46			平车前	*Plantago depressa*
47	柽柳科	水柏枝属	疏花水柏枝	*Myricaria laxiflora*
48	川续断科	川续断属	日本续断	*Dipsacus japonicus*
49	唇形科	薄荷属	薄荷	*Mentha haplocalyx*
50		地笋属	地笋	*Lycopus lucidus*
51			小叶地笋	*Lycopus coreanus*
52		动蕊花属	动蕊花	*Kinostemon ornatum*
53		风轮菜属	灯笼草	*Clinopodium polycephalum*
54			风轮菜	*Clinopodium chinense*
55			匍匐风轮菜	*Clinopodium repens*
56			细风轮菜	*Clinopodium gracile*
57		黄芩属	莸状黄芩	*Scutellaria caryopteroides*

（续）

序号	科	属	种	
			中文名	拉丁名
58	唇形科	活血丹属	活血丹	*Glechoma longituba*
59		姜味草属	小香薷	*Micromeria barosma*
60		筋骨草属	筋骨草	*Ajuga ciliata* var. *ciliata*
61		荆芥属	荆芥	*Nepeta cataria*
62		石荠苎属	石荠苎	*Mosla scabra*
63			小鱼仙草	*Mosla dianthera*
64		鼠尾草属	鄂西鼠尾草	*Salvia maximowicziana*
65			贵州鼠尾草	*Salvia cavaleriei*
66			褐毛鼠尾草	*Salvia przewalskii* var. *mandarinorum*
67			荔枝草	*Salvia plebeia*
68			华鼠尾草	*Salvia chinensis*
69		水苏属	毛水苏	*Stachys baicalensis*
70			水苏	*Stachys japonica*
71			针筒菜	*Stachys obiongifolia*
72		夏枯草属	狭叶夏枯草	*Prunella vulgaris* var. *japonica*
73			夏枯草	*Prunella vulgaris*
74		香茶菜属	鄂西香茶菜	*Rabdosia henryi*
75			碎米桠	*Rabdosia rubescens*
76			香茶菜	*Rabdosia amethystoides*
77		香科科属	血见愁	*Teucrium viscidum*
78		香薷属	香薷	*Elsholtzia ciliata*
79		野芝麻属	野芝麻	*Lamium barbatum*
80		益母草属	益母草	*Leonurus artemisia*
81		紫苏属	紫苏	*Perilla frutescens*
82	茨藻科	茨藻属	草茨藻	*Najas graminea*
83			大茨藻	*Najas marina*
84			东方茨藻	*Najas orientalis*
85			弯果茨藻	*Najas ancistrocarpa*
86			小茨藻	*Najas minor*
87			纤细茨藻	*Najas gracillima*
88	酢浆草科	酢浆草属	山酢浆草	*Oxalis griffithii*
89			酢浆草	*Oxalis corniculata*
90	大戟科	大戟属	斑地锦	*Euphorbia maculata*
91			飞扬草	*Euphorbia hirta*
92			钩腺大戟	*Euphorbia sieboldiana*
93			乳浆大戟	*Euphorbia esula*
94			通奶草	*Euphorbia hypericifolia*
95			泽漆	*Euphorbia helioscopia*

（续）

序号	科	属	种	
			中文名	拉丁名
96	大戟科	水苋菜属	湖北大戟	*Euphorbia hylonoma*
97		假奓包叶属	假奓包叶	*Discocleidion rufescens*
98		山麻杆属	山麻杆	*Alchornea davidii*
99		铁苋菜属	铁苋菜	*Acalypha australis*
100		乌桕属	山乌桕	*Sapium discolor*
101			乌桕	*Sapium sebiferum*
102		野桐属	野梧桐	*Mallotus japonicus*
103		叶下珠属	蜜甘草	*Phyllanthus ussuriensis*
104			叶下珠	*Phyllanthus urinaria*
105			青灰叶下珠	*Phyllanthus glaucus*
106	灯心草科	灯心草属	翅茎灯心草	*Juncus alatus*
107			葱状灯心草	*Juncus allioides*
108			灯心草	*Juncus effusus*
109			笄石菖	*Juncus prismatocarpus*
110			小灯心草	*Juncus bufonius*
111			星花灯心草	*Juncus diastrophanthus*
112			野灯心草	*Juncus setchuensis*
113		地杨梅属	散序地杨梅	*Luzula effusa*
114			地杨梅	*Luzula campestris*
115	冬青科	冬青属	刺叶冬青	*Ilex bioritsensis*
116			具柄冬青	*Ilex pedunculosa*
117			猫儿刺	*Ilex pernyi*
118			三花冬青	*Ilex triflora*
119			珊瑚冬青	*Ilex corallina*
120			尾叶冬青	*Ilex wilsonii*
121	豆科	草木犀属	草木犀	*Melilotus officinalis*
122		长柄山蚂蝗属	尖叶长柄山蚂蝗	*Podocarpium podocarpum* var. *oxyphyllum*
123		车轴草属	白车轴草	*Trifolium repens*
124			红车轴草	*Trifolium pratense*
125		刺槐属	刺槐	*Robinia pseudoacacia*
126		大豆属	野大豆	*Glycine soja*
127		葛属	葛	*Pueraria lobata*
128		合欢属	山槐	*Albizia kalkora*
129		合萌属	合萌	*Aeschynomene indica*
130		胡枝子属	截叶铁扫帚	*Lespedeza cuneata*
131			美丽胡枝子	*Lespedeza formosa*
132			胡枝子	*Lespedeza bicolor*
133		槐属	槐	*Sophora japonica*

（续）

序号	科	属	种	
			中文名	拉丁名
134	豆科	黄檀属	大金刚黄檀	*Dalbergia dyeriana*
135			黄檀	*Dalbergia hupeana*
136		鸡眼草属	长萼鸡眼草	*Kummerowia stipuiacea*
137			鸡眼草	*Kummerowia striata*
138		两型豆属	三仔两型豆	*Amphicarpaea trisperma*
139		木蓝属	多花木蓝	*Indigofera amblyantha*
140			马棘	*Indigofera pseudotinctoria*
141		苜蓿属	南苜蓿	*Medicago polymorpha*
142			天蓝苜蓿	*Medicago lupulina*
143		山黧豆属	华中香豌豆	*Lathyrus dielsianus*
144		山蚂蝗属	小槐花	*Desmodium caudatum*
145		田菁属	田菁	*Sesbania cannabina*
146		野豌豆属	广布野豌豆	*Vicia cracca*
147			救荒野豌豆	*Vicia sativa*
148			山野豌豆	*Vicia amoena*
149			小巢菜	*Vicia hirsuta*
150			中华野豌豆	*Vicia chinensis*
151		云实属	云实	*Caesalpinia decapetala*
152		猪屎豆属	响铃豆	*Crotalaria albida*
153		紫藤属	紫藤	*Wisteria sinensis*
154	杜鹃花科	吊钟花属	吊钟花	*Enkianthus quinqueflorus*
155			灯笼树	*Enkianthus chinensis*
156		杜鹃属	杜鹃	*Rhododendron simsii*
157			粉白杜鹃	*Rhododendron hypoglaucum*
158			四川杜鹃	*Rhododendron sutchuenense*
159			云锦杜鹃	*Rhododendron fortunei*
160			长蕊杜鹃	*Rhododendron stamineum*
161		越桔属	小叶南烛	*Vaccinium bracteatum* var. *chinense*
162		珍珠花属	毛果珍珠花	*Lyonia ovalifolia* var. *hebecarpa*
163			小果珍珠花	*Lyonia ovalifolia* var. *elliptica*
164	椴树科	田麻属	田麻	*Corchoropsis tomentosa*
165	防己科	轮环藤属	轮环藤	*Cyclea racemosa*
166		木防已属	木防己	*Cocculus orbiculatus*
167		千金藤属	千金藤	*Stephania japonica*
168		青牛胆属	青牛胆	*Tinospora sagittata*
169	凤仙花科	凤仙花属	齿萼凤仙花	*Impatiens dicentra*
170			凤仙花	*Impatiens balsamina*
171			湖北凤仙花	*Impatiens pritzelii*

（续）

序号	科	属	种	
			中文名	拉丁名
172	风仙花属	风仙花属	黄金凤	*Impatiens siculifer*
173			水金凤	*Impatiens noli-tangere*
174			弯距凤仙花	*Impatiens recurvicornis*
175			细柄凤仙花	*Impatiens leptocaulon*
176	浮萍科	浮萍属	浮萍	*Lemna minor*
177		芜萍属	芜萍	*Wolffia arrhiza*
178		紫萍属	紫萍	*Spirodela polyrrhiza*
179	谷精草科	谷精草属	谷精草	*Eriocaulon buergerianum*
180			江南谷精草	*Eriocaulon faberi*
181	海桐花科	海桐花属	海桐	*Pittosporum tobira*
182			狭叶海桐	*Pittosporum glabratum* var. *neriifolium*
183	禾本科	白茅属	白茅	*Imperata cylindrica*
184		稗属	稗	*Echinochloa crusgalli*
185			光头稗	*Echinochloa colonum*
186			旱稗	*Echinochloa hispidula*
187			孔雀稗	*Echinochloa cruspavonis*
188			无芒稗	*Echinochloa crusgalli* var. *mitis*
189			西来稗	*Echinochloa crusgalli* var. *zelayansis*
190			长芒稗	*Echinochloa caudata*
191		棒头草属	棒头草	*Polypogon fugax*
192		苞茅属	苞茅	*Hyparrhenia newtonii*
193		扁穗茅属	扁穗草	*Brylkinia caudata*
194		䅟属	牛筋草	*Eleusine indica*
195		淡竹叶属	淡竹叶	*Lophatherum gracile*
196		荻属	刹柴	*Triarrhena lutarioriparia* var. *shachai*
197			荻	*Triarrhena sacchariflora*
198			岗柴	*Triarrhena lutarioriparia* var. *gongchai*
199			南荻	*Triarrhena lutarioriparia*
200		鹅观草属	鹅观草	*Roegneria kamoji*
201		拂子茅属	拂子茅	*Calamagrostis epigeios*
202		甘蔗属	斑茅	*Saccharum arundinaceum*
203		刚竹属	桂竹	*Phyllostachys reticulata*
204			毛竹	*Phyllostachys heterocycla*
205			水竹	*Phyllostachys heteroclada*
206			斑竹	*Phyllostachys bambusoides*
207		高粱属	苏丹草	*Sorghum sudanense*
208		狗尾草属	大狗尾草	*Setaria faberii*
209			狗尾草	*Setaria viridis*

（续）

序号	科	属	种	
			中文名	拉丁名
210	禾本科	狗牙根属	金色狗尾草	*Setaria glauca*
211			西南莩草	*Setaria forbesiana*
212			棕叶狗尾草	*Setaria palmifolia*
213			狗牙根	*Cynodon dactylon*
214		菰属	菰	*Zizania latifolia*
215		黑麦草属	毒麦	*Lolium temulentum*
216			黑麦草	*Lolium perenne*
217		画眉草属	画眉草	*Eragrostis pilosa*
218			梁子菜	*Eragrostis hieracifolia*
219		画眉草属	乱草	*Eragrostis japonica*
220			知风草	*Eragrostis ferruginea*
221		假稻属	秕壳草	*Leersia sayanuka*
222			假稻	*Leersia japonica*
223			李氏禾	*Leersia hexandra*
224			蓉草	*Leersia oryzoides*
225		菅属	苞子草	*Themeda caudata*
226		剪股颖属	多花剪股颖	*Agrostis myriantha*
227			华北剪股颖	*Agrostis clavata*
228			剪股颖	*Agrostis matsumurae*
229			小糠草	*Agrostis alba*
230		箭竹属	箭竹	*Fargesia spathacea*
231		结缕草属	结缕草	*Zoysia japonica*
232		金须茅属	竹节草	*Chrysopogon aciculatus*
233		荩草属	荩草	*Arthraxon hispidus*
234			矛叶荩草	*Arthraxon lanceolatus*
235		看麦娘属	看麦娘	*Alopecurus aequalis*
236			日本看麦娘	*Alopecurus japonicus*
237			大看麦娘	*Alopecurus pratensis*
238		赖草属	赖草	*Leymus secalinus*
239			羊草	*Leymus chinensis*
240		狼尾草属	狼尾草	*Pennisetum alopecuroides*
241		簕竹属	油竹	*Bambusa surrecta*
242		类芦属	类芦	*Neyraudia reynaudiana*
243		柳叶箬属	柳叶箬	*Isachne globosa*
244		芦苇属	芦苇	*Phragmites australis*
245		芦竹属	芦竹	*Arundo donax*
246		乱子草属	乱子草	*Muhlenbergia hugelii*
247		马唐属	马唐	*Digitaria sanguinalis*

（续）

序号	科	属	种	
			中文名	拉丁名
248	禾本科	马唐属	毛马唐	*Digitaria chrysoblephara*
249			止血马唐	*Digitaria ischaemum*
250			紫马唐	*Digitaria violascens*
251		芒属	芒	*Miscanthus sinensis*
252			五节芒	*Miscanthus floridulus*
253		牛鞭草属	扁穗牛鞭草	*Hemarthria compressa*
254			牛鞭草	*Hemarthria altissima*
255		千金子属	千金子	*Leptochloa chinensis*
256		求米草属	求米草	*Oplismenus undulatifolius*
257		雀稗属	两耳草	*Paspalum conjugatum*
258			雀稗	*Paspalum thunbergii*
259			双穗雀稗	*Paspalum distichum*
260		箬竹属	阔叶箬竹	*Indocalamus latifolius*
261			箬叶竹	*Indocalamus longianritus*
262			箬竹	*Indocalamus tessellatus*
263		黍属	糠稷	*Panicum bisulcatum*
264		鼠尾粟属	鼠尾粟	*Sporobolus fertilis*
265		粟草属	粟草	*Milium effusum*
266		梯牧草属	鬼蜡烛	*Phleum paniculatum*
267		茵草属	茵草	*Beckmannia syzigachne*
268		伪针茅属	瘦脊伪针茅	*Pseudoraphis spinescens* var. *depauperata*
269		蜈蚣草属	假俭草	*Eremochloa ophiuroides*
270		鸭嘴草属	纤毛鸭嘴草	*Ischaemum indicum*
271		沿沟草属	沿沟草	*Catabrosa aquatica*
272		燕麦属	野燕麦	*Avena fatua*
273		羊茅属	紫羊茅	*Festuca rubra Linn.*
274		野古草属	毛秆野古草	*Arundinella hirta*
275		野牛草属	野牛草	*Buchloe dactyloides*
276		野青茅属	房县野青茅	*Deyeuxia henryi Rendle*
277			野青茅	*Deyeuxia arundunacea*
278		野黍属	野黍	*Eriochloa villosa*
279		薏苡属	薏米	*Coix chinensis*
280			薏苡	*Coix lacryma-jobi*
281		虉草属	虉草	*Phalaris arundinacea*
282		莠竹属	竹叶茅	*Microstegium nudum*
283		早熟禾属	白顶早熟禾	*Poa acroleuca*
284			林地早熟禾	*Poa nemoralis*
285			早熟禾	*Poa annua*

（续）

序号	科	属	种	
			中文名	拉丁名
286	禾本科	鹧鸪草属	鹧鸪草	*Eriachne pallescens*
287	黑三棱科	黑三棱属	黑三棱	*Sparganium stoloniferum*
288			小黑三棱	*Sparganium simplex*
289	胡麻科	茶菱属	茶菱	*Trapella sinensis*
290		胡麻属	芝麻	*Sesamum indicum*
291	胡桃科	枫杨属	枫杨	*Pterocarya stenoptera*
292			湖北枫杨	*Pterocarya hupehensis*
293		胡桃属	野核桃	*Juglans cathayensis*
294		化香树属	化香树	*Platycarya strobilacea*
295		青钱柳属	青钱柳	*Cyclocarya paliurus*
296		山核桃属	山核桃	*Carya cathayensis*
297	胡颓子科	胡颓子属	多毛羊奶子	*Elaeagnus grijsii*
298			披针叶胡颓子	*Elaeagnus lanceolata*
299			宜昌胡颓子	*Elaeagnus henryi*
300			长叶胡颓子	*Elaeagnus bockii*
301			胡颓子	*Elaeagnus pungens*
302	葫芦科	赤瓟属	光叶赤瓟	*Thladiantha glabra*
303			南赤瓟	*Thladiantha nudiflora*
304		盒子草属	盒子草	*Actinostemma tenerum*
305		马㼎儿属	马㼎儿	*Zehneria indica*
306	虎耳草科	茶藨子属	尖叶茶	*Ribes acuminatum*
307		冠盖藤属	冠盖藤	*Pileostegia viburnoides*
308		虎耳草属	虎耳草	*Saxifraga stolonifera*
309		金腰属	大叶金腰	*Chrysosplenium macrophyllum*
310			绵毛金腰	*Chrysosplenium lanuginosum*
311		落新妇属	落新妇	*Astilbe chinensis*
312		绣球属	白背绣球	*Hydrangea hypoglauca*
313			莼兰绣球	*Hydrangea longipes*
314			光叶绣球	*hydrangea glaripes rehd*
315			蜡莲绣球	*Hydrangea strigosa*
316			柔毛绣球	*Hydrangea villosa*
317			锈毛绣球	*Hydrangea carnea*
318			圆锥绣球	*Hydrangea paniculata*
319	桦木科	鹅耳枥属	大穗鹅耳枥	*Carpinus fargesii*
320		桦木属	红桦	*Betula albo-sinensis*
321		桤木属	江南桤木	*Alnus trabeculosa*
322			桤木	*Alnus cremastogyne*
323	黄杨科	黄杨属	黄杨	*Buxus sinica*

（续）

序号	科	属	种	
			中文名	拉丁名
324	黄杨科	野扇花属	野扇花	*Sarcococca ruscifolia*
325	蒺藜科	蒺藜属	蒺藜	*Tribulus terrester*
326	夹竹桃科	络石属	络石	*Trachelospermum jasminoides*
327			紫花络石	*Trachelospermum axillare*
328	假繁缕科	假繁缕属	假繁缕	*Theligonum macranthum*
329	姜科	姜属	蘘荷	*Zingiber mioga*
330	金缕梅科	枫香树属	枫香	*Liquidambar formosana*
331			缺萼枫香	*Liquidambar acalycina*
332		蜡瓣花属	鄂西蜡瓣花	*Corylopsis henryi*
333		蚊母树属	蚊母树	*Distylium racemosum*
334			小叶蚊母树	*Distylium buxifolium*
335			中华蚊母树	*Distylium chinense*
336	金粟兰科	金粟兰属	多穗金粟兰	*Chloranthus multistachys*
337	金鱼藻科	金鱼藻属	金鱼藻	*Ceratophyllum demersum*
338	堇菜科	堇菜属	鸡腿堇菜	*Viola acuminata*
339			堇菜	*Viola verecunda*
340			鳞茎堇菜	*Viola bulbosa*
341			庐山堇菜	*Viola stewardiana*
342			浅圆齿堇菜	*Viola schneideri*
343			柔毛堇菜	*Viola principis*
344			心叶堇菜	*Viola concordifolia*
345			长萼堇菜	*Viola inconspicua*
346			紫花堇菜	*Viola grypoceras*
347			萱	*Viola moupinensis*
348	锦葵科	梵天花属	梵天花	*Urena procumbens*
349		木槿属	木槿	*Hibiscus syriacus*
350			野西瓜苗	*Hibiscus trionum*
351		苘麻属	苘麻	*Abutilon theophrasti*
352	旌节花科	旌节花属	中国旌节花	*Stachyurus chinensis*
353	景天科	景天属	凹叶景天	*Sedum emarginatum*
354			垂盆草	*Sedum sarmentosum*
355			佛甲草	*Sedum lineare*
356	桔梗科	半边莲属	半边莲	*Lobelia chinensis*
357			江南山梗菜	*Lobelia davidii*
358			山梗菜	*Lobelia sessilifolia*
359		蓝花参属	蓝花参	*Wahlenbergia marginata*
360	菊科	白酒草属	苏门白酒草	*Conyza sumatrensis*
361			小蓬草	*Conyza canadensis*

（续）

序号	科	属	种	
			中文名	拉丁名
362	菊科	苍耳属	苍耳	*Xanthium sibiricum*
363		翅果菊属	翅果菊	*Pterocypsela indica*
364			多裂翅果菊	*Pterocypsela laciniata*
365		稻槎菜属	稻槎菜	*Lapsana apogonoides*
366		飞蓬属	飞蓬	*Erigeron acer*
367			一年蓬	*Erigeron annuus*
368		蜂斗菜属	蜂斗菜	*Petasites japonicus*
369		狗娃花属	阿尔泰狗娃花	*Heteropappus altaicus*
370		鬼针草属	大狼杷草	*Bidens frondosa*
371			鬼针草	*Bidens pilosa* var. *pilosa*
372			狼杷草	*Bidens tripartita*
373		蒿属	艾	*Artemisia argyi*
374			蒌蒿	*Artemisia selengensis*
375			暗绿蒿	*Artemisia atrovirens*
376			白苞蒿	*Artemisia lactiflora*
377			黄花蒿	*Artemisia annua*
378			灰苞蒿	*Artemisia roxburghiana*
379			牡蒿	*Artemisia japonica*
380			青蒿	*Artemisia carvifolia*
381			山艾	*Artemisia kawakamii*
382			五月艾	*Artemisia indices*
383			阴地蒿	*Artemisia sylvatica*
384			猪毛蒿	*Artemisia scoparia*
385			柳叶蒿	*Artemisia integrifolia*
386			野艾蒿	*Artemisia lavandulaefolia*
387			南牡蒿	*Artemisia eriopoda*
388		和尚菜属	和尚菜	*Adenocaulon himalaicum*
389		黄鹌菜属	红果黄鹌菜	*Youngia erythrocarpa*
390			黄鹌菜	*Youngia japonica*
391		黄瓜菜属	黄瓜菜	*Paraixeris denticulata*
392		火绒草属	薄雪火绒草	*Leontopodium japonicum*
393		蓟属	刺儿菜	*Cirsium setosum*
394			蓟	*Cirsium japonicum*
395		菊三七属	木耳菜	*Gynura cusimbua*
396		菊属	野菊	*Dendranthema indicum*
397		苦苣菜属	花叶滇苦菜	*Sonchus asper*
398			苦苣菜	*Sonchus oleraceus*
399		苦荬菜属	苦荬菜	*Ixeris polycephala*

（续）

序号	科	属	种	
			中文名	拉丁名
400	菊科	鳢肠属	鳢肠	*Eclipta prostrata*
401		六棱菊属	六棱菊	*Laggera alata*
402		马兰属	裂叶马兰	*Kalimeris incisa*
403		猫儿菊属	猫儿菊	*Hypochaeris ciliata*
404		泥胡菜属	泥胡菜	*Hemistepta lyrata*
405		牛膝菊属	粗毛牛膝菊	*Galinsoga quadriradiata*
406			牛膝菊	*Galinsoga parviflora*
407		蒲公英属	蒲公英	*Taraxacum mongolicum*
408		千里光属	林荫千里光	*Senecio nemorensis*
409			千里光	*Senecio scandens*
410		山莴苣属	山莴苣	*Lagedium sibiricum*
411		鼠麹草属	鼠麹草	*Gnaphalium affine*
412			宽叶鼠麹草	*Gnaphalium adnatum* [*Anaphalis adnata*]
413			细叶鼠麹草	*Gnaphalium japonicum*
414		天名精属	贵州天名精	*Carpesium faberi*
415			天名精	*Carpesium abrotanoides*
416		兔儿风属	灯台兔儿风	*Ainsliaea macroclinidioides*
417			杏香兔儿风	*Ainsliaea fragrans*
418		豚草属	豚草	*Ambrosia artemisiifolia*
419		橐吾属	簇梗橐吾	*Ligularia tenuipes*
420			橐吾	*Ligularia sibirica*
421			狭苞橐吾	*Ligularia intermedia*
422			窄头橐吾	*Ligularia stenocephala*
423		莴苣属	细花莴苣	*Lactuca graciliflora*
424		豨莶属	豨莶	*Siegesbeckia orientalis*
425			腺梗豨莶	*Siegesbeckia pubescens*
426		虾须草属	虾须草	*Sheareria nana*
427		香青属	黄腺香青	*Anaphalis aureo-punctata*
428			绒毛黄腺香青	*Anaphalis aureo-punctata* var. *tomentosa*
429			香青	*Anaphalis sinica*
430			珠光香青	*Anaphalis margaritacea*
431		蟹甲草属	深山蟹甲草	*Parasenecio profundorum*
432			兔儿风花蟹甲草	*Parasenecio ainsliaeflora*
433			羽裂蟹甲草	*Parasenecio tangutica*
434			中华蟹甲草	*Parasenecio sinicus*
435		旋覆花属	旋覆花	*Inula japonica*
436		野茼蒿属	野茼蒿	*Crassocephalum crepidioides*
437		一点红属	一点红	*Emilia sonchifolia*

（续）

序号	科	属	种	
			中文名	拉丁名
438	菊科	一枝黄花属	一枝黄花	*Solidago decurrens*
439		鱼眼草属	小鱼眼草	*Dichrocephala benthamii*
440		泽兰属	白头婆	*Eupatorium japonicum*
441			异叶泽兰	*Eupatorium heterophyllum*
442		沼菊属	沼菊	*Enydra fluctuans*
443		紫菀属	川鄂紫菀	*Aster moupinsensis*
444			琴叶紫菀	*Aster panduratus*
445			紫菀	*Aster tataricus*
446			钻叶紫菀	*Aster subulatus*
447			三脉紫菀	*Aster ageratoides*
448	爵床科	观音草属	九头狮子草	*Peristrophe japonica*
449		爵床属	爵床	*Rostellularia procumbens*
450	壳斗科	栎属	短柄枹栎	*Quercus serrata* var. *brevipetiolata*
451			蔓稠	*Quercus oxyodon*
452		栗属	茅栗	*Castanea seguinii*
453		水青冈属	米心水青冈	*Fagus engleriana*
454			水青冈	*Fagus longipetiolata*
455	苦苣苔科	半蒴苣苔属	半蒴苣苔	*Hemiboea henryi*
456			降龙草	*Hemiboea subcapitata*
457		粗筒苣苔属	川鄂粗筒苦苣苔	*Briggsia rosthornii*
458	苦木科	苦树属	苦树	*Picrasma quassioides*
459	兰科	白及属	白及	*Bletilla striata*
460	狸藻科	狸藻属	黄花狸藻	*Utricularia aurea*
461			狸藻	*Utricularia vulgaris*
462			南方狸藻	*Utricularia australis*
463	藜科	地肤属	地肤	*Kochia scoparia*
464		藜属	藜	*Chenopodium album*
465			土荆芥	*Chenopodium ambrosioides*
466			小白藜	*Chenopodium iljinii*
467			小藜	*Chenopodium serotinum*
468	连香树科	连香树属	连香树	*Cercidiphyllum japonicum*
469	楝科	楝属	楝	*Melia azedarach*
470	蓼科	大黄属	鸡爪大黄	*Rheum tanguticum*
471		虎杖属	虎杖	*Reynoutria japonica*
472		蓼属	萹蓄	*Polygonum aviculare*
473			赤胫散	*Polygonum runcinatum* var. *sinense*
474			丛枝蓼	*Polygonum posumbu*
475			大箭叶蓼	*Polygonum darrisii*

（续）

序号	科	属	种	
			中文名	拉丁名
476	蓼科	蓼属	二歧蓼	*Polygonum dichotomum*
477			伏毛蓼	*Polygonum pubescens*
478			杠板归	*Polygonum perfoliatum*
479			红蓼	*Polygonum orientale*
480			火炭母	*Polygonum chinense*
481			戟叶蓼	*Polygonum thunbergii*
482			箭叶蓼	*Polygonum sieboldii*
483			蓼子草	*Polygonum cripolitanum*
484			毛蓼	*Polygonum barbatum*
485			毛脉蓼	*Polygonum ciliinerve*
486			密毛酸模叶蓼	*Polygonum lapathifolium* var. *lanatum*
487			绵毛蓼	*Polygonum lanigerum*
488			绵毛酸模叶蓼	*Polygonum lapathifolium* var. *salicifolium*
489			尼泊尔蓼	*Polygonum nepalense*
490			水蓼	*Polygonum hydropiper*
491			酸模叶蓼	*Polygonum lapathifolium*
492			头花蓼	*Polygonum capitatum*
493			稀花蓼	*Polygonum dissitiflorum*
494			习见蓼	*Polygonum plebeium*
495			细叶蓼	*Polygonum taquetii*
496			香蓼	*Polygonum viscosum*
497			小蓼	*Polygonum minus*
498			小蓼花	*Polygonum muricatum*
499			愉悦蓼	*Polygonum jucundum*
500			圆穗蓼	*Polygonum macrophyllum*
501			长戟叶蓼	*Polygonum maackianum*
502			长鬃蓼	*Polygonum longisetum*
503			支柱蓼	*Polygonum suffultum*
504			中华抱茎蓼	*Polygonum amplexicaule* var. *sinense*
505			珠芽蓼	*Polygonum viviparum*
506		荞麦属	金荞麦	*Fagopyrum dibotrys*
507			荞麦	*Fagopyrum esculentum*
508			心叶野荞麦	*Fagopyrum gilesii*
509			细柄野荞麦	*Fagopyrum gracilipes*
510		酸模属	齿果酸模	*Rumex dentatus*
511			钝叶酸模	*Rumex obtusifolius*
512			尼泊尔酸模	*Rumex nepalensis*
513			酸模	*Rumex acetosa*

（续）

序号	科	属	种	
			中文名	拉丁名
514	蓼科	酸模属	羊蹄	*Rumex japonicus*
515			长刺酸模	*Rumex trisetifer*
516			皱叶酸模	*Rumex crispus*
517	菱科	菱属	格菱	*Trapa pseudoincisa*
518			冠菱	*Trapa litwinowii*
519			菱	*Trapa bispinosa*
520			丘角菱	*Trapa japonica*
521			四角刻叶菱	*Trapa incisa*
522			四角菱	*Trapa quadrispinosa*
523			乌菱	*Trapa bicornis*
524	柳叶菜科	丁香蓼属	丁香蓼	*Ludwigia prostrata*
525			卵叶丁香蓼	*Ludwigia ovalis*
526			水龙	*Ludwigia adscendens*
527		柳叶菜属	柳兰	*Epilobium angustifolium*
528			柳叶菜	*Epilobium hirsutum*
529			小花柳叶菜	*Epilobium parviflorum*
530			长籽柳叶菜	*Epilobium pyrricholophum*
531			中华柳叶菜	*Epilobium sinense*
532			光华柳叶菜	*Epilobium cephalostigma*
533	龙胆科	花锚属	花锚	*Halenia corniculata*
534			椭圆叶花锚	*Halenia elliptica*
535		龙胆属	苞叶龙胆	*Gentiana licentii*
536			湖北龙胆	*Gentiana hupehensis*
537		睡菜属	睡菜	*Menyanthes trifoliata*
538		荇菜属	金银莲花	*Nymphoides indica*
539			水皮莲	*Nymphoides cristatum*
540			荇菜	*Nymphoides peltatum*
541		獐牙菜属	北方獐牙菜	*Swertia diluta*
542			歧伞獐牙菜	*Swertia dichotoma*
543			獐牙菜	*Swertia bimaculata*
544			紫红獐牙菜	*Swertia punicea*
545	鹿蹄草科	鹿蹄草属	鹿蹄草	*Pyrola calliantha*
546	轮藻科	轮藻属	普生轮藻	*Chara vulgaris*
547	萝藦科	鹅绒藤属	牛皮消	*Cynanchum auriculatum*
548	马鞭草科	大青属	臭牡丹	*Clerodendrum bungei*
549			海通	*Clerodendrum mandarinorum*
550		过江藤属	过江藤	*Phyla nodiflora*
551		马鞭草属	马鞭草	*Verbena officinalis*

（续）

序号	科	属	种	
			中文名	拉丁名
552	马鞭草科	牡荆属	黄荆	*Vitex negundo*
553			蔓荆	*Vitex trifolia*
554			牡荆	*Vitex negundo* var. *cannabifolia*
555		莸属	兰香草	*Caryopteris incana*
556		紫珠属	水金花	*Callicarpa salicifolia*
557			紫珠	*Callicarpa bodinieri*
558	马齿苋科	马齿苋属	马齿苋	*Portulaca oleracea*
559	马兜铃科	细辛属	细辛	*Asarum sieboldii*
560	马钱科	醉鱼草属	巴东醉鱼草	*Buddleja albiflora*
561			大叶醉鱼草	*Buddleja davidii*
562			醉鱼草	*Buddleja lindleyana*
563	马桑科	马桑属	马桑	*Coriaria nepalensis*
564			水马桑	*coriaria sinica*
565	牻牛儿苗科	老鹳草属	湖北老鹳草	*Geranium hupehanum*
566			灰岩紫地榆	*Geranium franchetii*
567			老鹳草	*Geranium wilfordii*
568			血见愁老鹳草	*Geranium henryi*
569			野老鹳草	*Geranium carolininum*
570		牻牛儿苗属	牻牛儿苗	*Erodium stephanianum*
571	毛茛科	翠雀属	腺毛茎翠雀花	*Delphinium hirticaule* var. *mollipes*
572		黄连属	黄连	*Coptis chinensis*
573		鸡爪草属	鸡爪草	*Calathodes oxycarpa*
574		驴蹄草属	驴蹄草	*Caltha palustris*
575		毛茛属	浮毛茛	*Ranunculus natans*
576			茴茴蒜	*Ranunculus chinensis*
577			毛茛	*Ranunculus japonicus*
578			石龙芮	*Ranunculus sceleratus*
579			西南毛茛	*Ranunculus ficariifolius*
580			扬子毛茛	*Ranunculus sieboldii*
581			猫爪草	*Ranunculus ternatus*
582		水毛茛属	水毛茛	*Batrachium bungei*
583		唐松草属	粗壮唐松草	*Thalictrum robustum*
584			偏翅唐松草	*Thalictrum delavayi*
585			神农架唐松草	*Thalictrum shennongjiaense*
586			小果唐松草	*Thalictrum microrhymchum*
587		铁线莲属	粗齿铁线莲	*Clematis argentilucida*
588			女萎	*Clematis apiifolia*
589			秦岭铁线莲	*Clematis obscura*

（续）

序号	科	属	种	
			中文名	拉丁名
590	毛茛科	铁线莲属	铁线莲	*Clematis florida*
591		乌头属	花亭乌头	*Aconitum scaposum*
592			露蕊乌头	*Aconitum gymnandrum*
593			乌头	*Aconitum carmichaeli*
594			狭叶高乌头	*Aconitum sinomontanum*
595		星果草属	星果草	*Asteropyrum peltatum*
596		银莲花属	草玉梅	*Anemone rivularis*
597			裂苞鹅掌草	*Anemone flaccida* var. *hofengensis*
598			打破碗花花	*Anemone hupehensis*
599	茅膏菜科	茅膏菜属	圆叶茅膏菜	*Drosera rotundifolia*
600	美人蕉科	美人蕉属	美人蕉	*Canna indica*
601	猕猴桃科	猕猴桃属	革叶猕猴桃	*Actinidia rubricaulis* var. *coriacea*
602			中华猕猴桃	*Actinidia chinensis*
603	木兰科	五味子属	金山五味子	*Schisandra glaucescens*
604			五味子	*Schisandra chinensis*
605	木通科	八月瓜属	牛姆瓜	*Holboellia grandiflora*
606			鹰爪枫	*Holboellia coriacea*
607		猫儿屎属	猫儿屎	*Decaisnea insignis*
608		木通属	白木通	*Akebia trifoliata* subsp. *australis*
609			三叶木通	*Akebia trifoliata*
610	木犀科	梣属	苦枥木	*Fraxinus insularis*
611		女贞属	蜡子树	*Ligustrum molliculum*
612			水腊树	*Ligustrum obtusifolium*
613			小蜡	*Ligustrum sinense*
614			小叶女贞	*Ligustrum quihoui*
615		素馨属	川素馨	*Jasminum urophyllum*
616	葡萄科	地锦属	地锦	*Parthenocissus tricuspidata*
617			异叶爬山虎	*Parthenocissus heterophylla*
618			绿叶地锦	*Parthenocissus laetevirens*
619		葡萄属	葛藟葡萄	*Vitis flexuosa*
620			变叶葡萄	*Vitis piasezkii*
621		乌蔹莓属	乌蔹莓	*Cayratia japonica*
622	槭树科	槭属	鸡爪槭	*Acer palmatum*
623			青榨槭	*Acer davidii*
624			色木槭	*Acer mono*
625			中华槭	*Acer sinense*
626	漆树科	黄栌属	毛黄栌	*Cotinus coggygria* var. *pubescens*
627		漆属	木蜡树	*Toxicodendron sylvestre*

（续）

序号	科	属	种	
			中文名	拉丁名
628	漆树科	漆属	漆	*Toxicodendron vernicifluum*
629			野漆	*Toxicodendron succedaneum*
630		盐肤木属	盐肤木	*Rhus chinensis*
631	千屈菜科	节节菜属	节节菜	*Rotala indica*
632			圆叶节节菜	*Rotala rotundifolia*
633		千屈菜属	千屈菜	*Lythrum salicaria*
634		水苋菜属	水苋菜	*Ammannia baccifera*
635			泽水苋	*Ammannia myriophylloides*
636	荨麻科	艾麻属	珠芽艾麻	*Laportea bulbifera*
637		赤车属	赤车	*Pellionia radicans*
638		冷水花属	大果冷水花	*Pilea macrocarpa*
639			大叶冷水花	*Pilea martinii*
640			急尖冷水花	*Pilea lomatogramma*
641			冷水花	*Pilea notata*
642			山冷水花	*Pilea japonica*
643			石筋草	*Pilea plataniflora*
644			透茎冷水花	*Pilea pumila*
645			荫地冷水花	*Pilea pumila* var. *hamaoi*
646		楼梯草属	楼梯草	*Elatostema involucratum*
647			庐山楼梯草	*Elatostema stewardii*
648			锐齿楼梯草	*Elatostema cyrtandrifolium*
649		糯米团属	糯米团	*Gonostegia hirta*
650		荨麻属	荨麻	*Urtica fissa*
651			蜇麻(咬人荨麻)	*Urtica thunbergiana*
652		水麻属	水麻	*Debregeasia orientalis*
653			长叶水麻	*Debregeasia longifolia*
654		雾水葛属	雾水葛	*Pouzolzia zeylanica*
655		苎麻属	赤麻	*Boehmeria silvestris*
656			水苎麻	*Boehmeria macrophylla*
657			细野麻	*Boehmeria gracilis*
658			小赤麻	*Boehmeria spicata*
659			序叶苎麻	*Boehmeria clidemioides* var. *diffusa*
660			悬铃叶苎麻	*Boehmeria tricuspis*
661			苎麻	*Boehmeria nivea*
662	茜草科	耳草属	白花蛇舌草	*Hedyotis diffusa*
663		鸡矢藤属	鸡矢藤	*Paederia scandens*
664		拉拉藤属	北方拉拉藤	*Galium boreale*
665			车轴草	*Galium odoratum*

（续）

序号	科	属	种	
			中文名	拉丁名
666	茜草科	拉拉藤属	六叶葎	*Galium aperuloides* ssp. *hoffmeisteri*
667			四叶葎	*Galium bungei*
668			猪殃殃	*Galium aparine* var. *tenerun*
669		流苏子属	流苏子	*Coptosapelta diffusa*
670		茜草属	茜草	*Rubia cordifolia*
671			长叶茜草	*Rubia dolichophylla*
672		蛇根草属	日本蛇根草	*Ophiorrhiza japonica*
673		水团花属	水团花	*Adina pilulifera*
674			细叶水团花	*Adina rubella*
675		香果树属	香果树	*Emmenopterys henryi*
676		新耳草属	臭味新耳草	*Neanotis ingrata*
677	蔷薇科	草莓属	东方草莓	*Fragaria orientalis*
678			野草莓	*Fragaria vesca*
679		稠李属	灰毛稠李	*Padus grayana*
680			细齿稠李	*Padus obtusata*
681			矮地榆	*Sanguisorba filiformis*
682		地榆属	地榆	*Sanguisorba officinalis*
683			长叶地榆	*Sanguisorba officinalis* var. *longifolia*
684		红果树属	红果树	*Stranvaesia davidiana*
685		花楸属	湖北花楸	*Sorbus hupehensis*
686		花楸属	石灰花楸	*Sorbus folgneri*
687		火棘属	火棘	*Pyracantha fortuneana*
688		李属	单齿樱桃	*Prunus conradinae*
689			李	*Prunus salicina*
690			山樱桃	*Prunus serrulata*
691			无毛稠李	*Prunus vaniotii*
692		龙芽草属	龙芽草	*Agrimonia pilosa*
693		路边青属	柔毛路边青	*Geum japonicum* var. *chinense*
694		苹果属	湖北海棠	*Malus hupehensis*
695		蔷薇属	峨眉蔷薇	*Rosa omeiensis*
696			金樱子	*Rosa laevigata*
697			卵果蔷薇	*Rosa helenae*
698			缫丝花	*Rosa roxburghii*
699			小果蔷薇	*Rosa cymosa*
700			野蔷薇	*Rosa multiflora*
701			软条七蔷薇	*Rosa henryi*
702		山楂属	华中山楂	*Crataegus wilsonii*
703		蛇莓属	蛇莓	*Duchesnea indica*

（续）

序号	科	属	种	
			中文名	拉丁名
704	蔷薇科	石楠属	小叶石楠	*Photinia parvifolia*
705		委陵菜属	朝天委陵菜	*Potentilla supina*
706			莓叶委陵菜	*Potentilla fragarioides*
707			蛇含委陵菜	*Potentilla kleiniana*
708			委陵菜	*Potentilla chinensis*
709			银叶委陵菜	*Potentilla leuconota*
710			皱叶委陵菜	*Potentilla ancistrifolia*
711		无尾果属	湖北无尾果	*Coluria henryi*
712		绣线菊属	光叶绣线菊	*Spiraea japonica* var. *fortunei*
713			兴山绣线菊	*Spiraea hingshanensis*
714			中华绣线菊	*Spiraea chinensis*
715			粉花绣线菊	*Spiraea japonica*
716		绣线梅属	毛叶绣线梅	*Neillia ribesioides*
717		悬钩子属	白叶莓	*Rubus innominatus*
718			插田泡	*Rubus coreanus*
719			高粱泡	*Rubus lambertianus*
720			寒莓	*Rubus buergeri*
721			灰白毛莓	*Rubus tephrodes*
722			灰毛泡	*Rubus irenaeus*
723			鸡爪茶	*Rubus henryi*
724			三花悬钩子	*Rubus trianthus*
725			山莓	*Rubus corchorifolius*
726			宜昌悬钩子	*Rubus ichangensis*
727		栒子属	湖北栒子	*Cotoneaster hupehensis*
728			麻核栒子	*Cotoneaster foveolatus*
729			平枝栒子	*Cotoneaster horizontalis*
730			木帚栒子	*Cotoneaster dielsianus*
731			泡叶栒子	*Cotoneaster bulatus*
732			散生栒子	*Cotoneaster divaricatus*
733		樱属	刺毛樱桃	*Cerasus setulosa*
734			华中樱桃	*Cerasus conradinae*
735			山缨桃	*Cerasus cyclamina*
736			尾叶樱桃	*Cerasus dielsiana*
737	茄科	颠茄属	颠茄	*Atropa belladonna*
738		枸杞属	枸杞	*Lycium chinense*
739		茄属	龙葵	*Solanum nigrum*
740		酸浆属	灯笼果	*Physalis peruviana*
741			苦蘵	*Physalis angulata*

（续）

序号	科	属	种	
			中文名	拉丁名
742	茄科	酸浆属	酸浆	*Physalis alkekengi*
743	忍冬科	荚蒾属	巴东荚蒾	*Viburnum henryi*
744			茶荚蒾	*Viburnum setigerum*
745			短序荚蒾	*Viburnum brachybotryum*
746			蝴蝶戏珠花	*Viburnum plicatum* var. *tomentosum*
747			桦叶荚蒾	*Viburnum betulifolium*
748			鸡条树	*Viburnum opulus* var. *calvescens*
749			细梗淡红荚蒾	*Viburnum erubescens* var. *gracilipes*
750			烟管荚蒾	*Viburnum utile*
751		接骨木属	接骨草	*Sambucus chinensis*
752		忍冬属	巴东忍冬	*Lonicera henryi*
753			淡红忍冬	*Lonicera acuminata*
754			吊子银花	*Lonicera similis* var. *delavayi*
755			金银忍冬	*Lonicera maackii*
756			女贞叶忍冬	*Lonicera ligustrina*
757			忍冬	*Lonicera japonica*
758			蕊帽忍冬	*Lonicera pileata*
759	瑞香科	瑞香属	瑞香	*Daphne odora*
760	三白草科	蕺菜属	蕺菜	*Houttuynia cordata*
761		三白草属	三白草	*Saururus chinensis*
762	伞形科	变豆菜属	薄片变豆菜	*Sanicula lamelligera*
763			变豆菜	*Sanicula chinensis*
764			直刺变豆菜	*Sanicula orthacantha*
765		柴胡属	北柴胡	*Bupleurum chinense*
766			大叶柴胡	*Bupleurum longiradiatum*
767			小柴胡	*Bupleurum tenue*
768			竹叶柴胡	*Bupleurum marginatum*
769		当归属	拐芹	*Angelica polymorpha*
770			紫花前胡	*Angelica decusiva*
771		毒芹属	毒芹	*Cicuta virosa*
772		独活属	短毛独活	*Heracleum moellendorffii*
773		胡萝卜属	野胡萝卜	*Daucus carota*
774		茴芹属	川鄂茴芹	*Pimpinella henryi*
775			近尖叶药芹	*Pimpinella acuminata*
776			异叶茴芹	*Pimpinella diversifolia*
777			川鄂茴香	*Foeniculum vulgasw*
778		积雪草属	积雪草	*Centella asiatica*
779		前胡属	前胡	*Peucedanum praeruptorum*

（续）

序号	科	属	种	
			中文名	拉丁名
780	伞形科	窃衣属	窃衣	*Torilis scabra*
781		芹属	细叶旱芹	*Apium leptophyllum*
782		蛇床属	蛇床	*Cnidium monnieri*
783		水芹属	卵叶水芹	*Oenanthe rosthornii*
784			水芹	*Oenanthe javanica*
785			西南水芹	*Oenanthe dielsii*
786			细叶水芹	*Oenanthe dielsii* var. *stenopylla*
787			中华水芹	*Oenanthe sinensis*
788		天胡荽属	破铜钱	*Hydrocotyle sibthorpioides* var. *batrachium*
789		天胡荽属	天胡荽	*Hydrocotyle sibthorpioides*
790		细叶芹属	细叶芹	*Chaerophyllum villosum*
791		鸭儿芹属	鸭儿芹	*Cryptotaenia japonica*
792	桑科	构属	构树	*Broussonetia papyrifera*
793			楮	*Broussonetia kazinoki*
794		葎草属	葎草	*Humulus scandens*
795		榕属	地果	*Ficus tikoua*
796			异叶榕	*Ficus heteromorpha*
797		桑属	华桑	*Morus cathayana*
798			鸡桑	*Morus australis*
799			桑	*Morus alba*
800		水蛇麻属	水蛇麻	*Fatoua villosa*
801	莎草科	荸荠属	荸荠	*Heleocharis dulcis*
802			卵穗荸荠	*Heleocharis soloniensis*
803			牛毛毡	*Heleocharis yokoscensis*
804			透明鳞荸荠	*Heleocharis pellucida*
805			野荸荠	*Heleocharis plantagineiformis*
806			羽毛荸荠	*Heleocharis wichurai*
807			具槽秆荸荠	*Heleocharis valleculosa*
808			密花荸荠	*Heleocharis congesta*
809		扁莎属	红鳞扁莎	*Pycreus sanguinolentus*
810			球穗扁莎	*Pycreus globosus*
811		扁穗草属	华扁穗草	*Blysmus sinocompressus*
812		藨草属	百球藨草	*Scirpus rosthornii*
813			扁杆藨草	*Scirpus planiculmis*
814			藨草	*Scirpus triqueter*
815			荆三棱	*Scirpus yagara*
816			庐山藨草	*Scirpus lushanensis*
817			水葱	*Scirpus validus*

（续）

序号	科	属	种	
			中文名	拉丁名
818	莎草科	藨草属	水毛花	*Scirpus triangulatus*
819			萤蔺	*Scirpus juncoides*
820		刺子莞属	华刺子莞	*Rhynchospora chinensis*
821		荆三棱属	球穗三棱草	*Bolboschoenus strobilinus*
822		飘拂草属	短尖飘拂草	*Fimbristylis makinoana*
823			复序飘拂草	*Fimbristylis bisumbellata*
824			金色飘拂草	*Fimbristylis hookeriana*
825			两歧飘拂草	*Fimbristylis dichotoma*
826			宜昌飘拂草	*Fimbristylis henryi*
827			水虱草	*Fimbristylis miliacea*
828			西南飘拂草	*Fimbristylis thomsonii*
829		球柱草属	球柱草	*Bulbostylis barbata*
830		莎草属	阿穆尔莎草	*Cyperus amuricus*
831			白鳞莎草	*Cyperus nipponicus*
832			扁穗莎草	*Cyperus compressus*
833			茳芏	*Cyperus malaccensis*
834			三轮草	*Cyperus orthostachyus*
835			碎米莎草	*Cyperus iria*
836			头状穗莎草	*Cyperus glomeratus*
837			香附子	*Cyperus rotundus*
838			旋鳞莎草	*Cyperus michelianus*
839			异型莎草	*Cyperus Difformis*
840			长尖莎草	*Cyperus cuspidatus*
841		水莎草属	水莎草	*Juncellus serotinus*
842		水蜈蚣属	无刺鳞水蜈蚣	*Kyllinga brevifolia* var. *leiolepis*
843			短叶水蜈蚣	*Kyllinga brevifolia*
844		薹草属	阿齐薹草	*Carex argyi*
845			柄状薹草	*Carex pediformis*
846			城口薹草	*Carex luctuosa*
847			川东薹草	*Carex fargesii*
848			垂穗薹草	*Carex inclinis*
849			葱状薹草	*Carex alliiformis*
850			大理薹草	*Carex rubrobrunnea* var. *taliensis*
851			大舌薹草	*Carex grandiligulata*
852			单性薹草	*Carex unisexualis*
853			短尖薹草	*Carex brevicuspis*
854			二形鳞薹草	*Carex dimorpholepis*
855			亨氏薹草	*Carex henryi*

（续）

序号	科	属	种	
			中文名	拉丁名
856	莎草科	薹草属	灰化薹草	*Carex cinerascens*
857			蕨状薹草	*Carex filicina*
858			宽叶薹草	*Carex siderosticta*
859			陌上菅	*Carex thunbergii*
860			膨囊薹草	*Carex lehmanii*
861			签草	*Carex doniana*
862			亲族薹草	*Carex gentilis*
863			青绿薹草	*Carex breviculmis*
864			穹隆薹草	*Carex gibba*
865			三穗薹草	*Carex tristachya*
866			十字薹草	*Carex cruciata*
867			书带薹草	*Carex rochebrunii*
868			条穗薹草	*Carex nemostachys*
869			翼果薹草	*Carex neurocarpa*
870			皱果薹草	*Carex dispalata*
871			褐叶鞘薹草	*Carex minuta*
872			小薹草	*Carex parva Nees*
873		砖子苗属	密穗砖子苗	*Mariscus compactas*
874			砖子苗	*Mariscus umbellatus*
875	山茶科	柃木属	翅柃	*Eurya alata*
876			柃木	*Eurya japonica*
877			微毛柃	*Eurya hebeclados*
878			细齿叶柃	*Eurya nitida*
879			细枝柃	*Eurya loquaiana*
880		山茶属	山茶	*Camellia japonica*
881			油茶	*Camellia oleifera*
882			长尾毛蕊茶	*Camellia caudata*
883	山矾科	山矾属	白檀	*Symplocos paniculata*
884			老鼠矢	*Symplocos stellaris*
885	山柑科	六道木属	糯米条	*Abelia chinensis*
886		鱼木属	鱼木	*Crateva formosensis*
887	山茱萸科	梾木属	小梾木	*Swida paucinervis*
888		青荚叶属	青荚叶	*Helwingia japonica*
889		四照花属	四照花	*Dendrobenthamia japonica* var. *chinensis*
890			尖叶四照花	*Dendrobenthamia angustata*
891	商陆科	商陆属	商陆	*Phytolacca acinosa*
892	十字花科	豆瓣菜属	豆瓣菜	*Nasturtium officinale*
893		独行菜属	独行菜	*Lepidium apetalum*

（续）

序号	科	属	种	
			中文名	拉丁名
894	十字花科	蔊菜属	风花菜	*Rorippa globosa*
895			广州蔊菜	*Rorippa cantoniensis*
896			蔊菜	*Rorippa indica*
897			无瓣蔊菜	*Rorippa dubia*
898		荠属	荠	*Capsella bursa - pastoris*
899		碎米荠属	白花碎米荠	*Cardamine leucantha*
900			光头山碎米荠	*Cardamine engleriana*
901			水田碎米荠	*Cardamine lyrata*
902			碎米荠	*Cardamine hirsuta*
903			弯曲碎米荠	*Cardamine flexuosa*
904	石松科	垂穗石松属	蛇足石松	*Palhinhaea serratum*
905	石竹科	鹅肠菜属	鹅肠菜	*Myosoton aquaticum*
906		繁缕属	繁缕	*Stellaria media*
907			雀舌草	*Stellaria uliginosa*
908			沼生繁缕	*Stellaria palustris*
909		狗筋蔓属	狗筋蔓	*Cucubalus baccifer*
910		漆姑草属	漆姑草	*Sagina japonica*
911	柿科	柿属	君迁子	*Diospyros lotus*
912	鼠李科	勾儿茶属	多花勾儿茶	*Berchemia floribunda*
913			勾儿茶	*Berchemia sinica*
914		鼠李属	冻绿	*Rhamnus utilis*
915	薯蓣科	薯蓣属	山萆薢	*Dioscorea tokoro*
916			薯蓣	*Dioscorea opposita*
917	水鳖科	黑藻属	黑藻	*Hydrilla verticillata*
918		苦草属	刺苦草	*Vallisneria spinulosa*
919			苦草	*Vallisneria natans*
920			密刺苦草	*Vallisneria denseserrulata*
921		水鳖属	水鳖	*Hydrocharis dubia*
922		水车前属	龙舌草	*Ottelia alismoides*
923		水筛属	水筛	*Blyxa japonica*
924		水蕴草属	伊乐藻	*Elodea nuttallii*
925	水马齿科	水马齿属	沼生水马齿	*Callitriche palustris*
926	水青树科	水青树属	水青树	*Tetracentron sinense*
927	水蕹科	水蕹属	水蕹	*Aponogeton lakhonensis*
928	睡莲科	莼属	莼菜	*Brasenia schreberi*
929		莲属	莲	*Nelumbo nucifera*
930		萍蓬草属	萍蓬草	*Nuphar pumilum*
931			中华萍蓬草	*Nuphar sinensis*

（续）

序号	科	属	种	
			中文名	拉丁名
932	睡莲科	芡属	芡实	*Euryale ferox*
933		睡莲属	睡莲	*Nymphaea tetragona*
934	藤黄科	金丝桃属	地耳草	*Hypericum japonicum*
935			赶山鞭	*Hypericum attenuatum*
936			黄海棠	*Hypericum ascyron*
937			金丝梅	*Hypericum patulum*
938			金丝桃	*Hypericum monogynum*
939			小连翘	*Hypericum erectum*
940	天南星科	菖蒲属	菖蒲	*Acorus calamus*
941			石菖蒲	*Acorus tatarinowii*
942		大藻属	大藻	*Pistia stratiotes*
943		天南星属	花南星	*Arisaema lobatum*
944			天南星	*Arisaema heterophyllum*
945		芋属	野芋	*Colocasia antiquorum*
946			芋	*Colocasia esculenta*
947	透骨草科	透骨草属	透骨草	*Phryma leptostachya* subsp. *asiatica*
948	卫矛科	卫矛属	刺果卫矛	*Euonymus acanthocarpus*
949			卫矛	*Euonymus alatus*
950			中华卫矛	*Euonymus nitidus*
951	无患子科	栾树属	栾树	*Koelreuteria paniculata*
952	梧桐科	马松子属	马松子	*Melochia corchorifolia*
953		梧桐属	梧桐	*Firmiana platanifolia*
954	五加科	常春藤属	常春藤	*Hedera nepalensis* var. *sinensis*
955		楤木属	毛叶楤木	*Aralia dasyphylla*
956		梁王茶属	异叶梁王茶	*Nothopanax davidii*
957	苋科	莲子草属	莲子草	*Alternanthera sessilis*
958			空心莲子草	*Alternanthera philoxeroides*
959		牛膝属	柳叶牛膝	*Achyranthes longifolia*
960			牛膝	*Achyranthes bidentata*
961			土牛膝	*Achyranthes aspera*
962		青葙属	青葙	*Celosia argentea*
963		苋属	凹头苋	*Amaranthus lividus*
964			刺苋	*Amaranthus spinosus*
965			反枝苋	*Amaranthus retroflexus*
966			绿穗苋	*Amaranthus hybridus*
967			皱果苋	*Amaranthus viridis*
968	香蒲科	香蒲属	普香蒲	*Typha przewalskii*
969			水烛	*Typha angustifolia*

（续）

序号	科	属	种	
			中文名	拉丁名
970	香蒲科	香蒲属	香蒲	*Typha orientalis*
971			小香蒲	*Typha minima*
972			长苞香蒲	*Typha angustata*
973	小檗科	十大功劳属	阔叶十大功劳	*Mahonia bealei*
974		小檗属	豪猪刺	*Berberis julianae*
975			蓝果小檗	*Berberis veitchii*
976			庐山小檗	*Berberis vingeterum*
977			硬齿小檗	*Berberis bergmanniae*
978		淫羊藿属	淫羊藿	*Epimedium brevicornu*
979	小二仙草科	狐尾藻属	澳古狐尾藻	*Myriophyllum oguraense* subsp. *yangtzense*
980			东方狐尾藻	*Myriophyllum oguraense*
981			狐尾藻	*Myriophyllum verticillatum*
982			穗状狐尾藻	*Myriophyllum spicatum*
983			乌苏里狐尾藻	*Myriophyllum propinquum*
984	玄参科	腹水草属	腹水草	*Veronicastrum stenostachyum*
985		沟酸浆属	四川沟酸浆	*Mimulus szechuanensis*
986		马先蒿属	埃氏马先蒿	*Pedicularis artselaeri*
987			美丽马先蒿	*Pedicularis bella*
988			扭旋马先蒿	*Pedicularis torta*
989		虻眼属	虻眼	*Dopatricum junceum*
990		母草属	陌上菜	*Lindernia procumbens*
991			母草	*Lindernia crustacea*
992		婆婆纳属	阿拉伯婆婆纳	*Veronica persica*
993			北水苦荬	*Veronica anagallis-aquatica*
994			华中婆婆纳	*Veronica henryi*
995			婆婆纳	*Veronica didyma*
996			水苦荬	*Veronica undulata*
997			四川婆婆纳	*Veronica szechuanica*
998			小婆婆纳	*Veronica serpyllifolia*
999		石龙尾属	石龙尾	*Limnophila sessiliflora*
1000			异叶石龙尾	*Limnophila heterophylla*
1001		水八角属	白花水八角	*Gratiola japonica*
1002		通泉草属	毛果通泉草	*Mazus spicatus*
1003			通泉草	*Mazus japonicus*
1004			纤细通泉草	*Mazus gracilis*
1005		虾子草属	虾子草	*Mimulicalyx rosulatus*
1006		小米草属	小米草	*Euphrasia pectinata*
1007	旋花科	打碗花属	打碗花	*Calystegia hederacea*

（续）

序号	科	属	种	
			中文名	拉丁名
1008	旋花科	打碗花属	旋花	*Calystegia sepium*
1009		番薯属	蕹菜	*Ipomoea aquatica*
1010			番薯	*Ipomoea batatas*
1011		牵牛属	牵牛	*Pharbitis nil*
1012			圆叶牵牛	*Pharbitis purpurea*
1013		菟丝子属	菟丝子	*Cuscuta chinensis*
1014	鸭跖草科	杜若属	杜若	*Pollia japonica*
1015		聚花草属	聚花草	*Floscopa scandens*
1016		水竹叶属	水竹叶	*Murdannia triquetra*
1017		鸭跖草属	饭包草	*Commelina bengalensis*
1018			节节草	*Equisetum ramosissimum*
1019			鸭跖草	*Commelina communis*
1020		竹叶吉祥草属	竹叶吉祥草	*Spatholirion longifolium*
1021		竹叶子属	竹叶子	*Streptolirion volubile*
1022	眼子菜科	眼子菜属	篦齿眼子菜	*Potamogeton pectinatus*
1023			穿叶眼子菜	*Potamogeton perfoliatus*
1024			光叶眼子菜	*Potamogeton lucens*
1025			微齿眼子菜	*Potamogeton maackianus*
1026			眼子菜	*Potamogeton distinctus*
1027			竹叶眼子菜	*Potamogeton malaianus*
1028			菹草	*Potamogeton crispus*
1029	杨柳科	柳属	川三蕊柳	*Salix triandroides*
1030			垂柳	*Salix babylonica*
1031			房县柳	*Salix rhoophila*
1032			旱柳	*Salix matsudana*
1033			红皮柳	*Salix sinopurpurea*
1034			南川柳	*Salix rosthornii*
1035			腺柳	*Salix chaenomeloides*
1036			皂柳	*Salix wallichiana*
1037			大叶杨	*Populus lasiocarpa*
1038			加杨	*Populus canadensis*
1039	罂粟科	白屈菜属	白屈菜	*Chelidonium majus*
1040		博落回属	博落回	*Macleaya cordata*
1041		绿绒蒿属	柱果绿绒蒿	*Meconopsis oliveriana*
1042		血水草属	血水草	*Eomecon chionantha*
1043		紫堇属	川鄂紫堇	*Corydalis wilsonii*
1044			刻叶紫堇	*Corydalis incisa*
1045			秦岭紫堇	*Corydalis crisata*

（续）

序号	科	属	种	
			中文名	拉丁名
1046	罂粟科	紫堇属	唐松草叶紫菜	*Corydalis thalictrifoli*
1047			小花黄堇	*Corydalis racemosa*
1048			紫堇	*Corydalis edulis*
1049	榆科	榆属	榔榆	*Ulmus parvifolia*
1050	雨久花科	凤眼莲属	凤眼莲	*Eichhornia crassipes*
1051		雨久花属	鸭舌草	*Monochoria vaginalis*
1052			雨久花	*Monochoria korsakowii*
1053	鸢尾科	射干属	射干	*Belamcanda chinensis*
1054		鸢尾属	蝴蝶花	*Iris japonica*
1055			黄花鸢尾	*Iris wilsonii*
1056			鸢尾	*Iris tectorum*
1057	芸香科	花椒属	砚壳花椒	*Zanthoxylum dissitum*
1058			野花椒	*Zanthoxylum simulans*
1059			竹叶花椒	*Zanthoxylum armatum*
1060	泽泻科	慈姑属	矮慈姑	*Sagittaria pygmaea*
1061			慈姑	*Sagittaria trifolia* var. *sinensis*
1062			剪刀草	*Sagittaria trifolia* var. *longiloba*
1063			欧洲慈姑	*Sagittaria sagittifolia*
1064			野慈姑	*Sagittaria trifolia*
1065		泽泻属	泽泻	*Alisma plantago-aquatica*
1066	樟科	木姜子属	木姜子	*Litsea pungens*
1067			宜昌木姜子	*Litsea ichangensis*
1068			山鸡椒	*Litsea cubeba*
1069			石木姜子	*Litsea elongata* var. *faberi*
1070		山胡椒属	大叶香叶树	*Lindera pulcherrima* var. *attenuata*
1071			绿叶甘橿	*Lindera fruticosa*
1072			三桠乌药	*Lindera obtusiloba*
1073			山胡椒	*Lindera glauca*
1074			乌药	*Lindera aggregata*
1075		新木姜子属	细柄新木姜子	*Neolitsea gracilipes*
1076		樟属	樟	*Cinnamomum camphora*
1077	紫草科	斑种草属	柔弱斑种草	*Bothriospermum tenellum*
1078		附地菜属	附地菜	*Trigonotis peduncularis*
1079		紫草属	紫草	*Lithospermum erythrorhizon*
1080	紫金牛科	紫金牛属	百两金	*Ardisia crispa*
1081	紫葳科	梓属	梓	*Catalpa ovata*
1082	棕榈科	棕榈属	棕榈	*Trachycarpus fortunei*

附录2 湖北湿地调查区域动物名录

序号	目	科	种	
			中文名	拉丁名
一、脊椎动物				
(一)鱼 类				
1	鲟形目	鲟科	达氏鲟	*Acipenser dabryanus*
2			中华鲟	*Acipenser sinensis*
3		长吻鲟科	白鲟	*Psephurus gladius*
4	鲱形目	鲱科	鲥	*Tenualosa reevesii*
5		鳀科	刀鲚	*Coilia ectenes*
6			短颌鲚	*Coilia brachygnathus*
7	鲑形目	银鱼科	寡齿新银鱼	*Neosalanx oligodontis*
8			太湖新银鱼	*Neosalanx taihuensis*
9			大银鱼	*Protosalanx hyalocranius*
10			短吻间银鱼	*Hemisalanx brachyrostralis*
11	鳗鲡目	鳗鲡科	鳗鲡	*Anguilla japonica*
12	鲤形目	胭脂鱼科	胭脂鱼	*Myxocyprinus asiaticus*
13		鲤科	宽鳍鱲	*Zacco platypus*
14			马口鱼	*Opsariichthys bidens*
15			中华细鲫	*Aphyocypris chinensis*
16			拉氏鲅	*Phoxinus lagowskii*
17			尖头鲅	*Phoxinus oxycephalus*
18			青鱼	*Mylopharyngodon piceus*
19			草鱼	*Ctenopharyngodon idellus*
20			赤眼鳟	*Squaliobarbus curriculus*
21			鳤	*Ochetobius elongatus*
22			鯮	*Luciobrama macrocephalus*
23			鳡	*Elopichthys bambusa*
24			伍氏华鳊	*Sinibrama wui*
25			银鳔鱼	*Pseudolaubuca sinensis*
26			寡鳞鳔鱼	*Pseudolaubuca engraulis*
27			似鲚	*Toxabramis swinhonsis*
28			䱗	*Hemiculter leucisculus*
29			贝氏䱗	*Hemiculter bleekeri*
30			半䱗	*Hemiculterella sauvagei*
31			汪氏近红鲌	*Ancherythroculter wangi*
32			高体近红鲌	*Ancherythroculter kurematsui*
33			黑尾近红鲌	*Ancherythroculter nigrocauda*

（续）

序号	目	科	种	
			中文名	拉丁名
34	鲤形目	鲤科	红鳍原鲌	*Cultrichthys erythropterus*
35			尖头鲌	*Culter oxycephalus*
36			翘嘴鲌	*Culter alburnus*
37			蒙古鲌	*Culter mongolicus*
38			达氏鲌	*Culter dabryi*
39			拟尖头鲌	*Culter oxycephaloides*
40			鳊	*Parabramis pekinensis*
41			三角鲂	*Megalobrama terminalis*
42			鲂	*Megalobrama skolkovii*
43			厚颌鲂	*Megalobrama pellegrini*
44			团头鲂	*Megalobrama amblycephala*
45			黄尾鲴	*Xenocypris davidi*
46			银鲴	*Xenocypris argentea*
47			细鳞鲴	*Xenocypris microlepis*
48			湖北圆吻鲴	*Distoechodon hupeinensis*
49			圆吻鲴	*Distoechodon tumirostris*
50			似鳊	*Pseudobrama simoni*
51			鳙	*Aristichthys nobilis*
52			鲢	*Hypophthalmichthys molitrix*
53			唇䱻	*Hemibarbus labeo*
54			花䱻	*Hemibarbus maculatus*
55			似刺鳊鮈	*Paracanthobrama guichenoti*
56			麦穗鱼	*Pseudorasbora parva*
57			华鳈	*Sarcocheilichthys sinensis*
58			黑鳍鳈	*Sarcocheilichthys nigripinnis*
59			川西鳈	*Sarcocheilichthys davidi*
60			嘉陵颌须鮈	*Gnathopogon herzensteini*
61			短须颌须鮈	*Gnathopogon imberbis*
62			银鮈	*Squalidus argentatus*
63			点纹银鮈	*Squalidus wolterstorffi*
64			铜鱼	*Coreius heterodon*
65			圆口铜鱼	*Coreius guichenoti*
66			吻鮈	*Rhinogobio typus*
67			圆筒吻鮈	*Rhinogobio cylindricus*
68			长鳍吻鮈	*Rhinogobio ventralis*
69			片唇鮈	*Platysmacheilus exiguus*
70			长须片唇鮈	*Platysmacheilus longibarbatus*
71			裸腹片唇鮈	*Platysmacheilus nudiventris*
72			棒花鱼	*Abbottina rivularis*

（续）

序号	目	科	种	
			中文名	拉丁名
73	鲤形目	鲤科	乐山小鳔鮈	*Microphysogobio kiatingensis*
74			福建小鳔鮈	*Microphysogobio fukiensis*
75			似鮈	*Pseudogobio vaillanti*
76			长蛇鮈	*Saurogobio dumerili*
77			蛇鮈	*Saurogobio dabryi*
78			细尾蛇鮈	*Saurogobio gracilicaudatus*
79			光唇蛇鮈	*Saurogobio gymnocheilus*
80			异鳔鳅鮀	*Xenophysogobio boulengeri*
81			南方鳅鮀	*Gobiobotia meridionalis*
82			宜昌鳅鮀	*Gobiobotia filifer*
83			无须鱊	*Acheilognathus gracilis*
84			大鳍鱊	*Acheilognathus macropterus*
85			须鱊	*Acheilognathus barbatus*
86			短须鱊	*Acheilognathus barbatulus*
87			多鳞鱊	*Acheilognathus polylepis*
88			巨口鱊	*Acheilognathus tabira*
89			寡鳞鱊	*Acheilognathus hypselonotus*
90			兴凯鱊	*Acheilognathus chankaensis*
91			斑条鱊	*Acheilognathus taenianalis*
92			彩副鱊	*Paracheilognathus imberbis*
93			中华鳑鲏	*Rhodeus sinensis*
94			高体鳑鲏	*Rhodeus ocellatus*
95			彩石鳑鲏	*Rhodeus lighti*
96			方氏鳑鲏	*Rhodeus fangi*
97			光倒刺鲃	*Spinibarbus hollandi*
98			中华倒刺鲃	*Spinibarbus sinensis*
99			鲈鲤	*Percocypris pingi*
100			侧条光唇鱼	*Acrossocheilus parallens*
101			云南光唇鱼	*Acrossocheilus yunnanensis*
102			宽口光唇鱼	*Acrossocheilus monticola*
103			多鳞白甲鱼	*Onychostoma macrolepis*
104			粗须白甲鱼	*Onychostoma barbata*
105			白甲鱼	*Onychostoma sima*
106			小口白甲鱼	*Onychostoma lini*
107			瓣结鱼	*Tor brevifilis*
108			华鲮	*Sinilabeo rendahli*
109			洞庭华鲮	*Sinilabeo tungting*
110			泸溪直口鲮	*Rectoris luxiensis*

（续）

序号	目	科	种	
			中文名	拉丁名
111	鲤形目	鲤科	泉水鱼	*Pseudogyrinocheilus procheilus*
112			墨头鱼	*Garra pingi*
113			云南盘鮈	*Discogobio yunnanensis*
114			齐口裂腹鱼	*Schizothorax prenanti*
115			中华裂腹鱼	*Schizothorax sinensis*
116			岩原鲤	*Procypris rabaudi*
117			鲤	*Cyprinus carpio*
118			鲫	*Carassius auratus*
119		平鳍鳅科	平舟原缨口鳅	*Vanmanenia pingchowensis*
120			龙口似原吸鳅	*Paraprotomyzon lungkowensis*
121			四川爬岩鳅	*Beaufortia szechuanensis*
122			犁头鳅	*Lepturichthys fimbriata*
123			短身金沙鳅	*Jinshaia abbreviata*
124			中华金沙鳅	*Jinshaia sinensis*
125			四川华吸鳅	*Sinogastromyzon szechuanensis*
126			西昌华吸鳅	*Sinogastromyzon sichuangensis*
127			峨嵋后平鳅	*Metahomaloptera omeiensis*
128			汉水后平鳅	*Metahomaloptera omeiensis hangshuiensis*
129		鳅科	中华沙鳅	*Botia superciliaris*
130			长薄鳅	*Leptobotia elongata*
131			紫薄鳅	*Leptobotia taeniops*
132			汉水薄鳅	*Leptobotia hansuiensis*
133			东方薄鳅	*Leptobotia orientalis*
134			红唇薄鳅	*Leptobotia rubrilabris*
135			花斑副沙鳅	*Parabotia fasciata*
136			武昌副沙鳅	*Parabotia banarescui*
137			点面副沙鳅	*Parabotia maculosa*
138			中华花鳅	*Cobitis sinensis*
139			大斑花鳅	*Cobitis macrostigma*
140			稀有花鳅	*Cobitis rarus*
141			大鳞副泥鳅	*Paramisgurnus dabryanus*
142			泥鳅	*Misgurnus anguillicaudatus*
143			红尾副鳅	*Paracobitis variegatus*
144			短体副鳅	*Paracobitis potanini*
145			戴氏南鳅	*Schistura dabryi*
146			贝氏高原鳅	*Triplophysa bleekeri*
147			安氏高原鳅	*Triplophysa angeli*
148			昆明高原鳅	*Triplophysa grahami*

（续）

序号	目	科	种	
			中文名	拉丁名
149	鲇形目	鲇科	鲇	*Silurus asotus*
150			南方鲇	*Silurus meridionalis*
151		鲿科	黄颡鱼	*Pelteobagrus fulvidraco*
152			长须黄颡鱼	*Pelteobagrus eupogon*
153			瓦氏黄颡鱼	*Pelteobagrus vachelli*
154			光泽黄颡鱼	*Pelteobagrus nitidus*
155			长吻鮠	*Leiocassis longirostris*
156			粗唇鮠	*Leiocassis crassilabris*
157			叉尾鮠	*Leiocassis tenuifurcatus*
158			纵带鮠	*Leiocassis argentivittatus*
159			盎堂拟鲿	*Pseudobagrus ondan*
160			条纹拟鲿	*Pseudobagrus taeniatus*
161			长臀拟鲿	*Pseudobagrus analis*
162			圆尾拟鲿	*Pseudobagrus tenuis*
163			切尾拟鲿	*Pseudobagrus truncatus*
164			凹尾拟鲿	*Pseudobagrus emarginatus*
165			短尾拟鲿	*Pseudobagrus brericaudatus*
166			乌苏拟鲿	*Pseudobagrus ussuriensis*
167			细体拟鲿	*Pseudobagrus pratti*
168			大鳍鳠	*Mystus macropterus*
169		钝头鮠科	白缘䱀	*Liobagrus marginatus*
170			黑尾䱀	*Liobagrus nigricauda*
171			司氏䱀	*Liobagrus styani*
172			拟缘䱀	*Liobagrus marginatoides*
173		鮡科	中华纹胸鮡	*Glyptothorax sinense*
174			福建纹胸鮡	*Glyptothorax fukiensis*
175			青石爬鮡	*Euchiloglanis davidi*
176			黄石爬鮡	*Euchiloglanis kishinouyei*
177			中华鮡	*Pareuchiloglanis sinensis*
178			长阳鮡	*Pareuchiloglanis changyangensis*
179		胡子鲇科	胡子鲇	*Clarias fuscus*
180	鳉形目	青鳉科	青鳉	*Oryzias latipes*
181	颌针鱼目	鱵科	间下鱵	*Hyporhamphus intermedius*
182	合鳃目	合鳃科	黄鳝	*Monopterus albus*
183	鲈形目	鮨科	鳜	*Siniperca chuatsi*
184			斑鳜	*Siniperca scherzeri*
185			大眼鳜	*Siniperca kneri*
186			长身鳜	*Coreosiniperca roulei*

（续）

序号	目	科	种	
			中文名	拉丁名
187	鲈形目	塘鳢科	暗色沙塘鳢	*Odontobutis obscura*
188			黄蚴	*Hypseleotris swinhonis*
189		鰕虎鱼科	褐吻鰕虎鱼	*Rhinogobius brunneus*
190			波氏吻鰕虎鱼	*Rhinogobius cliffordpopei*
191			子陵吻鰕虎鱼	*Rhinogobius giurinus*
192			神农吻鰕虎鱼	*Rhinogobius shennongensis*
193			四川吻鰕虎鱼	*Rhinogobius szechuanensis*
194			粘皮鲻鰕虎鱼	*Mugilogobius myxodermus*
195		斗鱼科	圆尾斗鱼	*Macropodus chinensis*
196			叉尾斗鱼	*Macropodus opercularis*
197		鳢科	乌鳢	*Channa argus*
198			月鳢	*Channa asiatica*
199		刺鳅科	刺鳅	*Mastacembelus aculeatus*
200	鲽形目	舌鳎科	窄体舌鳎	*Cynoglossus gracilis*
201	鲀形目	鲀科	暗纹东方鲀	*Takifugu obscurus*
（二）两栖类				
1	有尾目	小鲵科	中国小鲵	*Hynobius chinensis*
2			商城肥鲵	*Pachyhynobius shangchengensis*
3			黄斑拟小鲵	*Pseudohynobius flavomaculatus*
4			秦巴拟小鲵	*Pseudohynobius tsinpaensis*
5			巫山北鲵	*Ranodon shihi*
6		隐鳃鲵科	大鲵	*Andrias davidianus*
7		蝾螈科	细痣疣螈	*Tylototriton asperrimus*
8			中国瘰螈	*Paramesotriton chinensis*
9			东方蝾螈	*Cynops orientalis*
10	无尾目	铃蟾科	利川铃蟾	*Bombina lichuanensis*
11			微蹼铃蟾	*Bombina microdeladigitora*
12		角蟾科	利川齿蟾	*Oreolalax lichuanensis*
13			红点齿蟾	*Oreolalax rhodostigmatus*
14			圆疣齿突蟾	*Scutiger tuberculatus*
15			峨眉髭蟾	*Vibrissaphora boringii*
16			峨山掌突蟾	*Leptolalax oshanensis*
17			尾突角蟾	*Megophrys caudoprocta*
18			淡肩角蟾	*Megophrys boettgeri*
19			短肢角蟾	*Megophrys brachykolos*
20			小角蟾	*Megophrys minor*
21			巫山角蟾	*Megophrys wushanensis*
22		蟾蜍科	黑眶蟾蜍	*Bufo melanostictus*

（续）

序号	目	科	种	
			中文名	拉丁名
23	无尾目	蟾蜍科	中华蟾蜍指名亚种	*Bufo gargarizans gargarizans*
24			中华蟾蜍华西亚种	*Bufo gargarizans andrewsi*
25			花背蟾蜍	*Bufo raddei*
26		雨蛙科	无斑雨蛙	*Hyla immaculate*
27			华南雨蛙	*Hyla simplex*
28			秦岭雨蛙	*Hyla tsinlingensis*
29			中国雨蛙	*Hyla chinensis*
30			三港雨蛙	*Hyla sanchiangensis*
31			华西雨蛙武陵亚种	*Hyla gongshanensis wulingensis*
32		树蛙科	斑腿泛树蛙	*Polypedates megacephalus*
33			无声囊泛树蛙	*Polypedates mutus*
34			大树蛙	*Rhacophorus dennysi*
35			峨眉树蛙	*Rhacophorus omeimontis*
36			经甫树蛙	*Rhacophorus chenfui*
37			宝兴树蛙	*Rhacophorus dugritei*
38			黑点树蛙	*Rhacophorus nigropunctatus*
39		姬蛙科	北方狭口蛙	*Kaloula borealis*
40			粗皮姬蛙	*Microhyla butleri*
41			小弧斑姬蛙	*Microhyla heymonsi*
42			合征姬蛙	*Microhyla mixtura*
43			饰纹姬蛙	*Microhyla ornate*
44			花姬蛙	*Microhyla pulchra*
45		蛙科	峰斑林蛙	*Rana chevronta*
46			峨眉林蛙	*Rana omeimontis*
47			镇海林蛙	*Rana zhenhaiensis*
48			中国林蛙	*Rana chensinensis*
49			湖北侧褶蛙	*Pelophylax hubeiensis*
50			黑斑侧褶蛙	*Pelophylax nigromaculatus*
51			威宁趾沟蛙	*Pseudorana weiningensis*
52			沼水蛙	*Hylarana guentheri*
53			阔褶水蛙	*Hylarana latouchii*
54			仙琴水蛙	*Hylarana daunchina*
55			绿臭蛙	*Odorrana margaretae*
56			大绿臭蛙	*Odorrana graminea*
57			宜章臭蛙	*Odorrana yizhangensis*
58			花臭蛙	*Odorrana schmackeri*
59			泽陆蛙	*Fejervarya multistriata*
60			虎纹蛙	*Hoplobatrachus rugulosa*

（续）

序号	目	科	种	
			中文名	拉丁名
61	无尾目	蛙科	棘腹蛙	*Paa boulengeri*
62			棘胸蛙	*Paa spinosa*
63			双团棘胸蛙	*Paa yunnanensis*
64			隆肛蛙	*Feirana quadranus*
65			崇安湍蛙	*Amolops chunganensis*
66			棘皮湍蛙	*Amolops granulosus*
67			华南湍蛙	*Amolops ricketti*
68			武夷湍蛙	*Amolops wuyiensis*
（三）爬行类				
1	龟鳖目	鳖科	鳖	*Pelodiscus sinensis*
2		平胸龟科	平胸龟	*Platysernon megacephalum*
3		淡水龟科	大头乌龟	*Chinemys megalocephala*
4			乌龟	*Chinemys reevesii*
5			黄缘盒龟	*Cistoclemmys flavomarginata*
6			黄喉拟水龟	*Mauremys mutica*
7	有鳞目	鬣蜥科	草绿攀蜥	*Japalura flaviceps*
8		蜥蜴科	北草蜥	*Takydromus septentrionalis*
9			白条草蜥	*Takydromus wolteri*
10		石龙子科	黄纹石龙子	*Eumeces capito*
11			中国石龙子	*Eumeces chinensis*
12			蓝尾石龙子	*Eumeces elegans*
13			宁波滑蜥	*Scincella modesta*
14			股鳞蜓蜥	*Sphenomorphus incognitus*
15			铜蜓蜥	*Sphenomorphus indicus*
16		游蛇科	锈链腹链蛇	*Amphiesma craspedogaster*
17			草腹链蛇	*Amphiesma stolata*
18			绞花林蛇	*Boiga kraepelini*
19			钝尾两头蛇	*Calamaria septentrionalis*
20			翠青蛇	*Cyclophiops major*
21			黄链蛇	*Dinodon flavozonatum*
22			赤链蛇	*Dinodon rufozonatum*
23			双斑锦蛇	*Elaphe bimaculata*
24			王锦蛇	*Elaphe carinata*
25			玉斑锦蛇	*Elaphe mandarina*
26			黑眉锦蛇	*Elaphe taeniura*
27			中国水蛇	*Enhydris chinensis*
28			黑背白环蛇	*Lycodon ruhstrati*
29			中国小头蛇	*Oligodon chinensis*

（续）

序号	目	科	种	
			中文名	拉丁名
30	有鳞目	游蛇科	宁陕小头蛇	*Oligodon ningshaanensis*
31			红纹滞卵蛇	*Oocatochus rufodorsata*
32			山溪后棱蛇	*Opisthotropis latouchii*
33			福建后棱蛇	*Opisthotropis maxwelli*
34			钝头蛇	*Pareas chinensis*
35			斜鳞蛇	*Pseudoxenodon macrops*
36			灰鼠蛇	*Ptyas korros*
37			滑鼠蛇	*Ptyas mucosus*
38			颈槽蛇	*Rhabdophis nuchalis*
39			虎斑颈槽蛇	*Rhabdophis tigrinus*
40			环纹华游蛇	*Sinonatrix aequifasciata*
41			赤链华游蛇	*Sinonatrix annularis*
42			华游蛇	*Sinonatrix percarinata*
43			渔游蛇	*Xenochrophis piscator*
44			乌梢蛇	*Zaocys dhumnades*
45		眼镜蛇科	银环蛇	*Bungarus multicinctus*
46			丽纹蛇	*Sinomicrurus macclellandi*
47			舟山眼镜蛇	*Naja atra*
48		蝰科	尖吻蝮	*Deinagkistrodon acutus*
49			短尾蝮	*Gloydius brevicaudus*
50			原矛头蝮	*Protobothrops mucrosquamatus*
51			竹叶青蛇	*Trimeresurus stejnegeri*
（四）鸟　类				
1	䴙䴘目	䴙䴘科	小䴙䴘	*Tachybaptus ruficollis*
2			角䴙䴘	*Podiceps auritus*
3			黑颈䴙䴘	*Podiceps nigricollis*
4			凤头䴙䴘	*Podiceps cristatus*
5	鹈形目	鹈鹕科	卷羽鹈鹕	*Pelecanus crispus*
6		鸬鹚科	［普通］鸬鹚	*Phalacrocorax carbo*
7	鹳形目	鹭科	苍鹭	*Ardea cinerea*
8			草鹭	*Ardea purpurea*
9			绿鹭	*Butorides striatus*
10			池鹭	*Ardeola bacchus*
11			牛背鹭	*Bubulcus ibis*
12			大白鹭	*Egretta alba*
13			白鹭	*Egretta garzetta*
14			中白鹭	*Egretta intermedia*
15			夜鹭	*Nycticorax nycticorax*

（续）

序号	目	科	种	
			中文名	拉丁名
16	鹳形目	鹭科	栗头虎斑鳽	*Gorsachius goisagi*
17			海南虎斑鳽	*Gorsachius magnificus*
18			黑冠虎斑鳽	*Gorsachius melanolophus*
19			黄苇鳽	*Ixobrychus sinensis*
20			紫背苇鳽	*Ixobrychus eurhythmus*
21			栗苇鳽	*Ixobrychus cinnamomeus*
22			黑鳽	*Ixobrychus flavicollis*
23			大麻鳽	*Botaurus stellaris*
24		鹳科	彩鹳	*Mycteria leucocephalus*
25			东方白鹳	*Ciconia boyciana*
26			黑鹳	*Ciconia nigra*
27		鹮科	白琵鹭	*Platalea leucorodia*
28	雁形目	鸭科	鸿雁	*Anser cygnoides*
29			豆雁	*Anser fabalis*
30			白额雁	*Anser albifrons*
31			小白额雁	*Anser erythropus*
32			灰雁	*Anser anser*
33			红胸黑雁	*Branta ruficollis*
34			斑头雁	*Anser indicus*
35			大天鹅	*Cygnus cygnus*
36			小天鹅	*Cygnus columbianus*
37			疣鼻天鹅	*Cygnus olor*
38			赤麻鸭	*Tadorna ferruginea*
39			翘鼻麻鸭	*Tadorna tadorna*
40			针尾鸭	*Anas acuta*
41			绿翅鸭	*Anas crecca*
42			花脸鸭	*Anas formosa*
43			罗纹鸭	*Anas falcata*
44			绿头鸭	*Anas platyrhynchos*
45			斑嘴鸭	*Anas poecilorhyncha*
46			赤膀鸭	*Anas strepera*
47			赤颈鸭	*Anas penelope*
48			白眉鸭	*Anas querquedula*
49			琵嘴鸭	*Anas clypeata*
50			赤嘴潜鸭	*Netta rufina*
51			红头潜鸭	*Aythya ferina*
52			白眼潜鸭	*Aythya nyroca*
53			青头潜鸭	*Aythya baeri*

（续）

序号	目	科	种	
			中文名	拉丁名
54	雁形目	鸭科	凤头潜鸭	*Aythya fuligula*
55			斑背潜鸭	*Aythya marila*
56			鸳鸯	*Aix galericulata*
57			棉凫	*Nettapus coromandelianus*
58			鹊鸭	*Bucephala clangula*
59			白头硬尾鸭	*Oxyura leucocephala*
60			斑头秋沙鸭	*Mergus albellus*
61			中华秋沙鸭	*Mergus squamatus*
62			红胸秋沙鸭	*Mergus serrator*
63			普通秋沙鸭	*Mergus merganser*
64	隼形目	鹰科	［黑］鸢	*Milvus migrans*
65			赤腹鹰	*Accipiter soloensis*
66			雀鹰	*Accipiter nisus*
67			松雀鹰	*Accipiter virgatus*
68			普通鵟	*Buteo buteo*
69			灰脸鵟鹰	*Butastur indicus*
70			乌雕	*Aquila clanga*
71			白尾海雕	*Haliaeetus albicilla*
72			白尾鹞	*Circus cyaneus*
73			乌灰鹞	*Circus pygargus*
74			鹊鹞	*Circus melanoleucos*
75			白头鹞	*Circus aeruginosus*
76			白腹鹞	*Circus spilonotus*
77			鹗	*Pandion haliatus*
78		隼科	游隼	*Falco peregrinus*
79			灰背隼	*Falco columbarius*
80			红脚隼	*Falco amurensis*
81			燕隼	*Falco subbuteo*
82			红隼	*Falco tinnunculus*
83	鸡形目	雉科	灰胸竹鸡	*Bambusicola thoracica*
84			雉鸡	*Phasianus colchicus*
85	鹤形目	鹤科	灰鹤	*Grus grus*
86			白头鹤	*Grus monacha*
87			丹顶鹤	*Grus japonensis*
88			白鹤	*Grus leucogeranus*
89			白枕鹤	*Grus Vipio*
90			蓑羽鹤	*Anthropoides Virgo*
91		秧鸡科	普通秧鸡	*Rallus aquaticus*

（续）

序号	目	科	种	
			中文名	拉丁名
92	鹤形目	秧鸡科	蓝胸秧鸡	*Rallus striatus*
93			小田鸡	*Porzana pusilla*
94			红胸田鸡	*Porzana fusca*
95			斑胁田鸡	*Porzana paykullii*
96			花田鸡	*Porzana exquisite*
97			红脚苦恶鸟	*Amaurornis akool*
98			白胸苦恶鸟	*Amaurornis phoenicurus*
99			董鸡	*Gallicrex cinerea*
100			黑水鸡	*Gallinula chloropus*
101			紫水鸡	*Porphyrio porphyrio*
102			白骨顶	*Fulica atra*
103		鸨科	大鸨	*Otis tarda*
104	鸻形目	雉鸻科	水雉	*Hydrophasianus chirurgus*
105		彩鹬科	彩鹬	*Rostratula benghalensis*
106		蛎鹬科	蛎鹬	*Haematopus ostralegus*
107		鸻科	凤头麦鸡	*Vanellus vanellus*
108			灰头麦鸡	*Vanellus cinereus*
109			灰斑鸻	*Pluvialis squatarola*
110			剑鸻	*Charadrius hiaticula*
111			长嘴剑鸻	*Charadrius placidus*
112			金眶鸻	*Charadrius dubius*
113			环颈鸻	*Charadrius alexandrinus*
114			蒙古沙鸻	*Charadrius mongolus*
115			红胸鸻	*Charadrius asiaticus*
116			东方鸻	*Charadrius veredus*
117		鹬科	小杓鹬	*Numenius minutus*
118			中杓鹬	*Numenius phaeopus*
119			白腰杓鹬	*Numenius arquata*
120			大杓鹬	*Numenius madagascariensis*
121			黑尾塍鹬	*Limosa limosa*
122			鹤鹬	*Tringa erythropus*
123			红脚鹬	*Tringa totanus*
124			泽鹬	*Tringa stagnatilis*
125			青脚鹬	*Tringa nebularia*
126			白腰草鹬	*Tringa ochropus*
127			林鹬	*Tringa glareola*
128			矶鹬	*Tringa hypoleucos*
129			翻石鹬	*Arenaria interpres*

（续）

序号	目	科	种	
			中文名	拉丁名
130	鸻形目	鹬科	半蹼鹬	*Limnodromus semipalmatus*
131			针尾沙锥	*Gallinago stenura*
132			大沙锥	*Gallinago megala*
133			扇尾沙锥	*Gallinago gallinago*
134			丘鹬	*Scolopax rusticola*
135			红颈滨鹬	*Calidris ruficollis*
136			长趾滨鹬	*Calidris subminuta*
137			乌脚滨鹬	*Calidris temminckii*
138			尖尾滨鹬	*Calidris acuminata*
139			黑腹滨鹬	*Calidris alpina*
140			弯嘴滨鹬	*Calidris ferruginea*
141			勺嘴鹬	*Eurynorhynchus pygmeus*
142		反嘴鹬科	鹮嘴鹬	*Ibidorhyncha struthersii*
143			黑翅长脚鹬	*Himantopus himantopus*
144			反嘴鹬	*Recurvirostra avosetta*
145		瓣蹼鹬科	红颈瓣蹼鹬	*Phalaropus lobatus*
146		燕鸻科	普通燕鸻	*Glareola maldivarum*
147	鸥形目	鸥科	黑尾鸥	*Larus crassirostris*
148			海鸥	*Larus canus*
149			银鸥	*Larus argentatus*
150			红嘴鸥	*Larus ridibundus*
151			须浮鸥	*Chlidonias hybrida*
152			白翅浮鸥	*Chlidonias leucoptera*
153			普通燕鸥	*Sterna hirundo*
154			白额燕鸥	*Sterna albifrons*
155	鸽形目	鸠鸽科	山斑鸠	*Streptopelia orientalis*
156			珠颈斑鸠	*Streptopelia chinensis*
157			火斑鸠	*Oenopopelia tranquebarica*
158	鹃形目	杜鹃科	红翅凤头鹃	*Clamator coromandus*
159			四声杜鹃	*Cuculus micropterus*
160			大杜鹃	*Cuculus canorus*
161			小杜鹃	*Cuculus poliocephalus*
162			褐翅鸦鹃	*Centropus sinensis*
163			小鸦鹃	*Centropus toulou*
164	鸮形目	鸱鸮科	红角鸮	*Otus scops*
165			褐渔鸮	*Ketupa zeylonensis*
166			黄脚渔鸮	*Ketupa flavipes*
167			斑头鸺鹠	*Glaucidium cuculoides*

（续）

序号	目	科	种	
			中文名	拉丁名
168	鸮形目	鸱鸮科	鹰鸮	*Ninox scutulata*
169			灰林鸮	*Strix aluco*
170			短耳鸮	*Asio flammeus*
171	雨燕目	雨燕科	短嘴金丝燕	*Aerodramus brevirostris*
172			白喉针尾雨燕	*Hirundapus caudacutus*
173			楼燕	*Apus apus*
174			白腰雨燕	*Apus pacificus*
175	佛法僧目	翠鸟科	冠鱼狗	*Ceryle lugubrus*
176			斑鱼狗	*Ceryle rudis*
177			普通翠鸟	*Alcedo atthis*
178			白胸翡翠	*Halcyon smyrnensis*
179			蓝翡翠	*Halcyon pileata*
180		戴胜科	戴胜	*Upupa epops*
181		蜂虎科	蓝喉蜂虎	*Merops viridis*
182	鴷形目	啄木鸟科	大斑啄木鸟	*Picoides major*
183			星头啄木鸟	*Picoides canicapillus*
184	雀形目	百灵科	凤头百灵	*Galerida cristata*
185			云雀	*Alauda arvensis*
186			小云雀	*Alauda gulgula*
187		燕科	崖沙燕	*Riparia riparia*
188			家燕	*Hirundo rustica*
189			金腰燕	*Hirundo daurica*
190			毛脚燕	*Delichon urbica*
191		鹡鸰科	黄鹡鸰	*Motacilla flava*
192			黄头鹡鸰	*Motacilla citreola*
193			灰鹡鸰	*Motacilla cinerea*
194			白鹡鸰	*Motacilla alba*
195			田鹨	*Anthus novaeseelandiae*
196			水鹨	*Anthus spinoletta*
197		鹎科	领雀嘴鹎	*Spizixos semitorques*
198			黄臀鹎	*Pycnonotus xanthorrhous*
199			白头鹎	*Pycnonotus sinensis*
200			绿翅短脚鹎	*Hypsipetes mcclellandii*
201		伯劳科	棕背伯劳	*Lanius schach*
202			楔尾伯劳	*Lanius sphenocercus*
203		卷尾科	黑卷尾	*Dicrurus macrocercus*
204			灰卷尾	*Dicrurus leucophaeus*
205		椋鸟科	丝光椋鸟	*Sturnus sericeus*

（续）

序号	目	科	种	
			中文名	拉丁名
206	雀形目	椋鸟科	灰椋鸟	*Sturnus cineraceus*
207			八哥	*Acridotheres cristatellus*
208		鸦科	红嘴蓝鹊	*Urocissa erythrorhyncha*
209			灰喜鹊	*Cyanopica cyana*
210			喜鹊	*Pica pica*
211			秃鼻乌鸦	*Corvus frugilegus*
212			大嘴乌鸦	*Corvus macrorhynchos*
213			小嘴乌鸦	*Corvus corone*
214			白颈鸦	*Corvus torquatus*
215		河乌科	褐河乌	*Cinclus pallasii*
216		鸫科	蓝点鸲	*Luscinia svecica*
217			红点鸲	*Luscinia calliope*
218			红胁蓝尾鸲	*Tarsiger cyanurus*
219			鹊鸲	*Copsychus saularis*
220			北红尾鸲	*Phoenicurus auroreus*
221			红尾水鸲	*Rhyacornis fuliginosus*
222			小燕尾	*Enicurus scouleri*
223			灰背燕尾	*Enicurus schistaceus*
224			斑背燕尾	*Enicurus maculatus*
225			黑背燕尾	*Enicurus leschenaulti*
226			黑喉石即鸟	*Saxicola torquata*
227			灰林即鸟	*Saxicola ferrea*
228			白顶溪鸲	*Chaimarrornis leucocephalus*
229			紫啸鸫	*Myiophoneus caeruleus*
230			乌灰鸫	*Turdus cardis*
231			乌鸫	*Turdus merula*
232			白腹鸫	*Turdus pallidus*
233			宝兴歌鸫	*Turdus mupinensis*
234		画眉科	棕颈钩嘴鹛	*Pomatorhinus ruficollis*
235			黑脸噪鹛	*Garrulax perspicillatus*
236			画眉	*Garrulax canorus*
237			白颊噪鹛	*Garrulax sannio*
238			橙翅噪鹛	*Garrulax elliotii*
239			红嘴相思鸟	*Leiothrix lutea*
240			灰眶雀鹛	*Alcippe morrisonia*
241			棕头鸦雀	*Paradoxornis webbianus*
242			震旦鸦雀	*Paradoxornis heudei*
243			灰头鸦雀	*Paradoxornis gularis*

（续）

序号	目	科	种	
			中文名	拉丁名
244	雀形目	莺科	小蝗莺	*Locustella certhiola*
245			北蝗莺	*Locustella ochotensis*
246			东方大苇莺	*Acrocephalus orientalis*
247			黑眉苇莺	*Acrocephalus bistrigiceps*
248			钝翅[稻田]苇莺	*Acrocephalus concinens*
249			细纹苇莺	*Acrocephalus sorghophilus*
250			厚嘴苇莺	*Acrocephalus aedon*
251			极北柳莺	*Phylloscopus borealis*
252			乌嘴柳莺	*Phylloscopus magnirostris*
253			暗绿柳莺	*Phylloscopus trochiloides*
254			金眶鹟莺	*Seicercus burkii*
255			棕扇尾莺	*Cisticola juncidis*
256			褐头鹪莺	*Prinia subflava*
257			山鹪莺	*Prinia criniger*
258			北灰鹟	*Muscicapa latirostris*
259			方尾鹟	*Culicicapa ceylonensis*
260			寿带[鸟]	*Terpsiphone paradisi*
261		山雀科	大山雀	*Parus major*
262			绿背山雀	*Parus monticolus*
263			黄腹山雀	*Parus venustulus*
264			沼泽山雀	*Parus palustris*
265			红头[长尾]山雀	*Aegithalos concinnus*
266		攀雀科	中华攀雀	*Remiz consobrinus*
267		绣眼鸟科	暗绿绣眼鸟	*Zosterops japonica*
268		文鸟科	[树]麻雀	*Passer montanus*
269			山麻雀	*Passer rutilans*
270			白腰文鸟	*Lonchura striata*
271			斑文鸟	*Lonchura punctulata*
272		雀科	金翅[雀]	*Carduelis sinica*
273			黄雀	*Carduelis sinica*
274			普通朱雀	*Carpodacus erythrinus*
275			栗鹀	*Emberiza rutila*
276			黄胸鹀	*Emberiza aureola*
277			黄喉鹀	*Emberiza elegans*
278			灰头鹀	*Emberiza spodocephala*
279			三道眉草鹀	*Emberiza cioides*
280			栗耳鹀	*Emberiza fucata*
281			小鹀	*Emberiza pusilla*

（续）

序号	目	科	种	
			中文名	拉丁名
282	雀形目	雀科	田鹀	*Emberiza rustica*
283			黄眉鹀	*Emberiza chrysophrys*
284			苇鹀	*Emberiza pallasi*
285			蓝鹀	*Emberiza siemsseni*
（五）哺乳类				
1	食虫目	鼹科	麝鼹	*Scaptochirus moschatus*
2		鼩鼱科	纹背鼩鼱	*Sorex cylindricauda*
3			喜马拉雅水麝鼩	*Chimmarogale himalayicus*
4			灰麝鼩	*Crocidura attenuate*
5			中麝鼩	*Crocidura russula*
6	翼手目	菊头蝠科	中菊头蝠	*Rhinolophus affinis*
7			角菊头蝠	*Rhinolophus cornutus*
8			小菊头蝠	*Rhinolophus pusillus*
9		蹄蝠科	双色蹄蝠	*Hipposideros bicolor*
10			大马蹄蝠	*Hipposideros armiger*
11			普氏蹄蝠	*Hipposideros pratti*
12		蝙蝠科	水鼠耳蝠	*Myotis daubentoni*
13			大足鼠耳蝠	*Myotis ricketti*
14			东亚伏翼	*Pipistrellus abramus*
15			东亚蝙蝠	*Vespertilio superans*
16	兔形目	兔科	华南兔	*Lepus sinensis*
17			草兔	*Lepus capensis*
18	啮齿目	松鼠科	隐纹花鼠	*Tamiops swinhoei*
19		仓鼠科	黑线仓鼠	*Cricetulus barabensis*
20			罗氏鼢鼠	*Myospalax rothschildi*
21			黑腹绒鼠	*Eothenomys melanogaster*
22			东方田鼠	*Microtus fortis*
23		鼠科	巢鼠	*Micromys minutus*
24			黑线姬鼠	*Apodemus agrarius*
25			大足鼠	*Rattus nitidus*
26			黄毛鼠	*Rattus losea*
27			褐家鼠	*Rattus norvegicus*
28			社鼠	*Niviventer confucianus*
29	鲸目	白鳖豚科	白鳖豚	*Lipotes vexillifer*
30		鼠海豚科	江豚	*Neophocaena phocaenoides*
31	食肉目	犬科	赤狐	*Vulpes vulpes*
32			貉	*Nyctereutes procyonoides*
33		鼬科	青鼬	*Martes flavigula*

（续）

序号	目	科	种	
			中文名	拉丁名
34	食肉目	鼬科	黄腹鼬	*Mustela kathiah*
35			黄鼬	*Mustela sibirica*
36			鼬獾	*Melogale moschata*
37			狗獾	*Meles meles*
38			猪獾	*Arctonyx collaris*
39			水獭	*Lutra lutra*
40		灵猫科	花面狸	*Paguma larvata*
41		獴科	食蟹獴	*Herpestes urva*
42		猫科	豹猫	*Prionailurus bengalensis*
43	偶蹄目	鹿科	牙獐	*Hydropotes inermis*
44			小麂	*Muntiacus reevesi*
45			梅花鹿	*Cervus nippon*
46			麋鹿	*Elaphurus davidianus*
47			狍	*Capreolus capreolus*
二、无脊椎动物				
1	柄眼目	玛瑙螺科	褐云玛瑙螺	*Achatina fulica*
2	端足目	钩虾科	溪水钩虾	*Gammarus riparius*
3	基眼目	扁蜷螺科	白旋螺	*Gyraulus albus*
4			半球多脉扁螺	*Polypylis hemisphaerula*
5			扁旋螺	*Gyraulus compressus*
6			大脐圆扁螺	*Hippeutis umbilicalis*
7			尖口圆扁螺	*Hippeutis cantori*
8		椎实螺科	长萝卜螺	*Radix pereger*
9			耳萝卜螺	*Radix auricularia*
10			尖萝卜螺	*Radix acuminata*
11			截土蜗	*Galba trumcatula*
12			卵萝卜螺	*Radix ovata*
13			椭圆萝卜螺	*Radix swinhoei*
14			狭萝卜螺	*Radix lagotis*
15			小土蜗	*Galba pervia*
16			折叠萝卜螺	*Radix plicatula*
17	帘蛤目	蚬科	河蚬	*Corbicula fluminea*
18			黄蚬	*Corbicula aurea*
19			刻纹蚬	*Corbicula largillierti*
20	十足目	方蟹科	中华绒螯蟹	*Eriocheir sinensis*
21		蝲蛄科	克氏原螯虾	*Procambarus clarkii*
22		匙指虾科	湖北米虾	*Caridina hubeiensis*
23			细足米虾	*Caridina nilotica*

（续）

序号	目	科	种	
			中文名	拉丁名
24	十足目	匙指虾科	中华米虾	*Caridina denticulata sinensis*
25			中华新米虾	*Neocaridina denliculata sinensis*
26		溪蟹科	凹指华溪蟹	*Sinopotamon introdigitum*
27			叉肢华溪蟹	*Sinopotamon cladopodum*
28			匙指华溪蟹	*Sinopotamon cochlearidigitum*
29			光泽华溪蟹	*Sinopotamon davidi*
30			汉阳华溪蟹	*Sinopotamon hanyangense*
31			河南华溪蟹	*Sinopotamon henanense*
32			尖叶华溪蟹	*Sinopotamon acutum*
33			锯齿华溪蟹	*Sinopotamon denticulatum*
34			兰氏华溪蟹	*Sinopotamon lansi*
35			隆凸华溪蟹	*Sinopotamon convexum*
36			锐刺溪蟹	*Potamon spinescens*
37		溪蟹科	若水小石蟹	*Tenuilapotamon joshuiense*
38			陕西华溪蟹	*Sinopotamon shensiense*
39			瘦肢华溪蟹	*Sinopotamon exiguum*
40			无齿非拟溪蟹	*Aparapotamon grahami*
41			斜缘华溪蟹	*Sinopotamon obliquum*
42			兴山华溪蟹	*Sinopotamon xingshenense*
43			圆顶华溪蟹	*Sinopotamon teritisum*
44			岳阳华溪蟹	*Sinopotamon yueyangense*
45			窄小华溪蟹	*Sinopotamon decrescetum*
46			胀肢纺锤溪蟹	*Acartiapotamon inflatum*
47			肿胀华溪蟹	*Sinopotamon turgidum*
48		长臂虾科	白虾	*Palaemon carinicauda*
49			粗糙沼虾	*Macrobrachium asperulum*
50			罗氏沼虾	*Macrobrachium rosenbergii*
51			日本沼虾	*Macrobrachium nipponensis*
52			细螯沼虾	*Macrobrachium superbum*
53			秀丽白虾	*Exopalaemon modestus*
54			秀丽长臂虾	*Palaemon modestus*
55			中华小长臂虾	*Palaemonetes sinensis*
56	贻贝目	贻贝科	湖沼股蛤	*Limnoperna lacustris*
57			沼蛤	*Limnoperna fortunei*
58	真瓣鳃目	蚌科	背角无齿蚌	*Anodonta Woodiana*
59			背瘤丽蚌	*Lamprotula leai*
60			薄壳丽蚌	*Lamprotula leleci*
61			洞穴丽蚌	*Lamprotula caveata*

（续）

序号	目	科	种	
			中文名	拉丁名
62	真瓣鳃目	蚌科	短褶矛蚌	*Lanceolaria grayana*
63			橄榄蛏蚌	*Solenaia oleivora*
64			高顶鳞皮蚌	*Lepidodesma languilati*
65			棘裂嵴蚌	*Schistodesmus spiosus*
66			脊裂丽蚌	*Lamprotula rochecharuaru*
67			尖锄蚌	*Ptychorhychus pfisteri*
68			剑状矛蚌	*Lanceolaria gladiola*
69			金黄雕刻蚌	*Parreysia aurora*
70			巨首楔蚌	*Cuneopsis capitata*
71			绢丝丽蚌	*Lamprotula fibrosa*
72			刻裂丽蚌	*Lamprotula scripta*
73			卵形尖嵴蚌	*Acuticosta ovata*
74			矛形楔蚌	*Cuneopsis celtiformis*
75			扭蚌	*Arconaia lanceolata*
76			三角帆蚌	*Hyriopsis cumingii*
77			三角尖嵴蚌	*Acuticosta trisulcata traingula*
78			射线裂嵴蚌	*Schistodesmus lampreyanus*
79			失衡丽蚌	*Lamprotula tortuosa*
80			太平洋无齿蚌	*Anodonta pacifica*
81			椭圆背角无齿蚌	*Anodonta woodiana elliptica*
82			椭圆丽蚌	*Lamprotula gottschei*
83			细瘤丽蚌	*Lamprotula microsticta*
84			楔形丽蚌	*Lamprotula bazini*
85			勇士尖嵴蚌	*Acuticosta retiaria*
86			圆背角无齿蚌	*Anodonta woodiana pacifica*
87			圆顶珠蚌	*Unio douglasiae*
88			圆头楔蚌	*Cuneopsis heudei*
89			褶纹冠蚌	*Cristaria plicata*
90			真柱矛蚌	*Lanceolaria eucylindrica*
91			中国尖嵴蚌	*Acuticosta chinensis*
92			猪耳丽蚌	*Lamprotula rochechouarti*
93		截蛏科	中国淡水蛏	*Novaculina chinensis*
94		球蚬科	湖球蚬	*Sphaerium lacustre*
95	中腹足目	豆螺科	赤豆螺	*Bithynia fuchsiana*
96			大沼螺	*Parafossarulus eximius*
97			槲豆螺	*Bithynia misella*
98			纹沼螺	*Parafossarulus striatulus*
99			中华沼螺	*Parafossarulus sinensis*

（续）

序号	目	科	种	
			中文名	拉丁名
100	中腹足目	盖螺科	湖北钉螺	*Oncomelania hupensis*
101		黑螺科	方格短沟蜷	*Semisulcospira cancellata*
102			放逸短沟蜷	*Semisulcospira libertina*
103			格氏短沟蜷	*Semisulcospira gredleri*
104		黑螺科	异样短沟蜷	*Semisulcospira mandarina*
105		斛螺科	长角涵螺	*Alocinma longicornis*
106		粟螺科	光滑狭口螺	*Stenothyra glabra*
107		田螺科	包氏环棱螺	*Bellamya bottgeri*
108			长河螺	*Rivularia elongata*
109			肚胀圆田螺	*Cipangopaludina ventricora*
110			厄氏环棱螺	*Bellamya heudei*
111			耳河螺	*Rivularia auriculata*
112			方形环棱螺	*Bellamya quadrata*
113			河圆田螺	*Cipangopaludina fluminalis*
114			绘环棱螺	*Bellamya limnophila*
115			角形环棱螺	*Bellamya angularis*
116			梨形环棱螺	*Bellamya purificata*
117			卵河螺	*Rivularia ovum*
118			螺蛳	*Margarya melanioides*
119			球河螺	*Rivularia globosa*
120			三带田螺	*Cipangopaludina viviparus tricictuss*
121			双龙骨河螺	*Rivularia bicarinata*
122			铜锈环棱螺	*Bellamya aeruginosa*
123			中国圆田螺	*Cipangopaludina chinensis*
124			中华圆田螺	*Cipangopaludina cathayensis*
125		觽螺科	齿拟钉螺	*Tricula odonia*
126			湖北小豆螺	*Buthinella hupensis*
127			泥泞拟钉螺	*Tricula humida*
128			小口拟钉螺	*Tricula mircostoma*
129			懈豆螺	*Bithynia misclla*
130			中国小豆螺	*Bathinella chinensis*
131		狭口螺科	德氏狭口螺	*Stenothyra divalis*

附录3　湖北重点调查湿地概况

湖北省第二次湿地资源调查中重点调查湿地有82处，包括10处国家级自然保护区，21处省级自然保护区，8处市级自然保护区，13处自然保护小区；湿地公园20处，其中国家级湿地公园14处，省级湿地公园6处；其他具有特殊保护意义的湿地10处。

1. 湖北洪湖重点调查湿地

湖北洪湖重点调查湿地范围面积42677公顷，湿地面积41412公顷，主要湿地类型为河流湿地、湖泊湿地、沼泽湿地和人工湿地4种湿地类湿地（湖泊为淡水湖）。中心地理坐标为东经113°17′，北纬29°49′；地跨洪湖市和监利县。

湿地高等植物2门78科284属286种。

湿地植被可划分为3个湿地植被型组，5个湿地植被型，9个群系。

脊椎动物5纲32目60科222种，其中鱼纲10目18科81种；两栖纲1目3科6种；爬行纲2目6科11种；鸟纲14目27科115种，其中水鸟8目14科73种，其他湿地鸟类6目13科42种；哺乳纲5目6科9种。

国家Ⅰ级保护动物5种，国家Ⅱ级保护动物22种。

洪湖湿地自然保护区始建于1996年，2000年晋升为省级保护区，2005年成立荆州市洪湖湿地自然保护区管理局，2008年被列入《国际重要湿地名录》。洪湖湿地自然保护区管理局为正处级事业单位，行政上隶属荆州市政府领导，业务上受湖北省林业局和水产主管部门领导。

主要受到江湖阻隔、围栏养殖、外来物种入侵和面源污染的威胁。

2. 湖北长江天鹅洲故道区重点调查湿地

湖北长江天鹅洲故道区重点调查湿地范围面积3386公顷，湿地面积2800公顷，主要湿地类型为河流湿地、沼泽湿地和人工湿地3种湿地类湿地。地理坐标为东经112°25′~112°46′，北纬29°46′~29°50′；位于荆州市石首市内。

湿地高等植物18科48属59种。

湿地植被划分为2个植被型组，3个植被型，7个群系。

脊椎动物5纲31目57科141种，其中鱼纲7目11科50种；两栖纲1目3科5种；爬行纲3目6科12种；鸟纲14目28科60种；哺乳纲6目9科14种。

国家Ⅰ级保护动物4种，国家Ⅱ级保护动物10种。

天鹅洲湿地保护管理部门为石首市人民政府领导，土地所有权为国有，尚未成立湿地自然保护区或湿地公园。

主要受到农业和养殖业的威胁。

3. 湖北网湖重点调查湿地

湖北网湖重点调查湿地范围面积20495公顷，湿地面积11859公顷，主要湿地类型为河流湿地、湖泊湿地、沼泽湿地和人工湿地4种湿地类湿地(湖泊为淡水湖)。地理坐标为东经111°47′~112°04′，北纬33°20′~33°36′；位于黄石市阳新县内。

湿地高等植物53科96属107种。

湿地植被可划分为2个湿地植被型组，5个湿地植被型，11个群系。

脊椎动物5纲33目75科293种，其中鱼纲9目15科72种；两栖纲1目6科14种；爬行纲3目8科19种；鸟纲15目38科173种；哺乳纲5目8科15种。

国家Ⅰ级保护动物3种。

于2006年建立省级自然保护区，设有专门机构黄石市网湖湿地自然保护区管理局，保护区实行“管理局—保护站—保护点”三级管理体系，在管理中的执法职能依托阳新县森林公安分局及属地内的镇林业工作管理站执行。

主要受到围垦、过度捕捞和采集、泥沙淤积、污染等方面的威胁。

4. 湖北丹江口库区重点调查湿地

湖北丹江口库区重点调查湿地范围面积54680公顷，湿地面积54606公顷，主要湿地类型为河流湿地和人工湿地。地理坐标为东经109°27′~111°80′，北纬32°10′~33°20′；地跨湖北、河南两省，行政区域涉及湖北省十堰市的郧西县、张湾区、郧县、丹江口市以及河南省的淅川县。

湿地高等植物30科56属90种。

湿地植被可划分为1个湿地植被型组，2个湿地植被型，5个群系。

脊椎动物5纲29目75科267种，其中鱼纲4目12科68种；两栖纲2目8科21种；爬行纲2目8科21种；鸟纲15目35科132种，其中水鸟10目19科79种，其他湿地鸟类5目16科53种；哺乳纲6目12科25种。

国家Ⅰ级保护动物4种，国家Ⅱ级保护动物32种。

于2003年建立市级自然保护区，2009年湖北省人民政府批准晋升为省级自然保护区，设有专门机构对保护区进行管理。

主要受到基建和城市化、围垦、泥沙淤积、污染、过度捕捞和采集、外来物种入侵等方面的威胁，受威胁状况等级评价为轻度。

5. 湖北梁子湖重点调查湿地

湖北梁子湖重点调查湿地范围面积111303公顷，湿地面积54606公顷，主要湿地类型为河流湿地和人工湿地。地理坐标为东经114°31′19″~114°42′25″，北纬30°04′55″~30°20′26″；地跨武汉、鄂州、黄石、咸宁四市。

湿地高等植物37科70属102种。

湿地植被可划分为2个湿地植被型组，4个湿地植被型，7个群系。

脊椎动物5纲33目73科232种，其中鱼纲9目21科98种；两栖纲1目4科15种；爬行纲3

目6科14种；鸟纲15目35科93种；哺乳纲5目7科12种。

国家Ⅰ级保护动物5种，国家Ⅱ级保护动物22种。

2001年11月梁子湖晋升为省级自然保护区，设有专门机构对保护区进行管理。2005年8月，梁子湖被列入《亚洲重要湿地名录》。

主要受威胁因子为畜禽养殖和湖周边池塘水产养殖污染、金牛河带来的工业污水和生活污水、外来物种入侵等，除此之外，自然水位对梁子湖影响较大。其综合受威胁状况等级评价为轻度威胁。

6. 湖北神农架国家级自然保护区重点调查湿地

湖北神农架国家级自然保护区重点调查湿地范围面积70467公顷，湿地面积545公顷，主要湿地类型为河流湿地、沼泽湿地和人工湿地3种湿地类湿地。地理坐标为东经110°03′05″～110°33′50″，北纬31°21′20″～31°36′20″；地处湖北省、重庆市交界的长江、汉江之间，周边与神农架林区、房县、兴山县、巴东县、竹山县和重庆市的巫溪县接壤。

湿地高等植物优势种有：枫杨、野核桃、盐肤木、水麻、异叶梁王茶、宽叶薹草、序叶苎麻、金荞麦等。

湿地植被划分为3个植被型组，5个植被型，6个群系。

脊椎动物5纲27目74科271种，其中鱼纲4目10科42种；两栖纲2目7科26种；爬行纲2目8科32种；鸟纲13目35科137种，其中水鸟7目14科57种，其他湿地鸟类6目21科80种；哺乳纲6目14科34种。

国家Ⅰ级保护动物3种，国家Ⅱ级保护动物26种。

于1982年建立神农架自然保护区；1983年成立神农架自然保护区管理处；1986年7月国务院批准神农架自然保护区为国家森林和野生动植物类型自然保护区；1990年12月17日加入联合国教科文组织(UNESCO)世界生物圈保护区网；1992年入选世界银行全球环境基金(GEF)资助的中国自然保护区管理项目示范保护区，设有专门机构对保护区进行管理。

神农架国家级自然保护区的生态质量较高，湿地受威胁因子少，其受威胁状况评价等级为安全。

7. 湖北五峰后河国家级自然保护区重点调查湿地

湖北五峰后河国家级自然保护区重点调查湿地范围面积10340公顷，湿地面积227公顷，主要湿地类型为河流湿地和沼泽湿地。地理坐标为东经110°29′～110°41′，北纬30°02′～30°09′；位于五峰县内。

湿地高等植物16科164属224种。

湿地植被划分为4个植被型组，6个植被型，9个群系。

脊椎动物5纲21目49科199种，其中鱼纲1目1科9种；两栖纲2目9科34种；爬行纲2目7科35种；鸟纲10目18科87种，其中水鸟5目7科20种，其他湿地鸟类5目11科67种；哺乳纲6目14科34种。

国家Ⅰ级保护动物1种，国家Ⅱ级保护动物16种。

于1988年建立省级自然保护区；2000年晋升为国家级自然保护区，设有专门机构对保护区进行管理。

后河国家级自然保护区的生态质量较高，湿地受威胁因子少，其受威胁状况评价等级为安全。

8. 湖北星斗山国家级自然保护区重点调查湿地

湖北星斗山国家级自然保护区重点调查湿地范围面积42677公顷，湿地面积368公顷，主要湿地类型为河流湿地和人工湿地。分为两片，东部星斗山片地理坐标为东经108°57′~109°27′，北纬29°57′~30°10′；西部小河片地理坐标为东经108°31′~108°48′，北纬30°04′~30°14′；位于鄂西南利川市、恩施市、咸丰县三市县境内。

湿地高等植物100科220属348种。

湿地植被可划分为4个湿地植被型组，5个湿地植被型，14个群系。

脊椎动物5纲25目60科226种，其中鱼纲2目6科32种；两栖纲2目9科38种；爬行纲2目8科33种；鸟纲13目24科95种，其中水鸟8目10科41种，其他湿地鸟类5目14科54种；哺乳纲6目13科28种。

国家Ⅱ级保护动物15种。

于1988年建立省级自然保护区；2003年晋升为国家级自然保护区，设有专门机构对保护区进行管理。

星斗山国家级自然保护区的生态质量较高，湿地受威胁因子少，其受威胁状况评价等级为安全。

9. 湖北九宫山国家级自然保护区重点调查湿地

湖北九宫山国家级自然保护区重点调查湿地范围面积13648公顷，湿地面积122公顷，均为河流湿地。地理坐标为东经114°23′35″~114°39′48″，北纬29°19′27″~29°27′08″；位于幕阜山系九宫山中段，辖厦铺镇的部分地区、闯王镇的部分地区、金家田保护区、太阳山林场、九宫山林场和九宫镇。

湿地高等植物209科857属1983种。

湿地植被可划分为3个植被型组，5个植被型，6个群系。

脊椎动物5纲27目74科219种，其中鱼纲5目14科37种；两栖纲1目6科27种；爬行纲2目8科23种；鸟纲13目33科106种，哺乳纲6目13科26种。

国家Ⅱ级保护野生动物有24种。

于1988年建立省级自然保护区；2007年晋升为国家级自然保护区，设有专门机构对保护区进行管理。

九宫山自然保护区内河流多位于深山，周围不存在基建、围垦和污染等威胁因子，也未发现外来入侵物种，其受威胁状况等级为安全。

10. 湖北七姊妹山国家级自然保护区重点调查湿地

湖北七姊妹山国家级自然保护区重点调查湿地范围面积34550公顷，湿地面积1157公顷，主要湿地类型为河流湿地和沼泽湿地。地理坐标为东经109°38′30″～109°47′00″，北纬29°39′30″～30°05′15″；位于恩施州宣恩县的东部。

湿地高等植物47科77属108种。

湿地植被划分为3个植被型组，3个植被型，4个群系。

脊椎动物5纲20目47科182种，其中鱼纲2目4科25种；两栖纲2目8科25种；爬行纲2目8科30种；鸟纲7目13科72种，其中水鸟6目7科31种，其他湿地鸟类1目6科41种；哺乳纲7目14科30种。

国家Ⅱ级保护动物14种。

于2002年建立省级自然保护区；2008年晋升为国家级自然保护区，设有专门机构对保护区进行管理。

七姊妹山国家级自然保护区的生态质量较高，湿地受威胁因子少，其受威胁状况等级为安全。

11. 湖北龙感湖国家级自然保护区重点调查湿地

湖北龙感湖国家级自然保护区重点调查湿地范围面积22322公顷，湿地面积13657公顷，主要湿地类型为河流湿地、湖泊湿地、沼泽湿地和人工湿地4种湿地类湿地（湖泊为淡水湖）。地理坐标为东经115°56′～116°07′，北纬29°49′～30°03′；位于黄梅县南部。

湿地高等植物60科123属182种。

湿地植被可划分为2个湿地植被型组，5个湿地植被型，12个群系。

脊椎动物239种，隶属5纲32目70科239种，其中鱼纲8目16科65种；两栖纲1目4科11种；爬行纲3目7科18种；鸟纲15目36科126种；哺乳纲5目7科19种。

国家Ⅰ级保护动物5种，国家Ⅱ级保护动物25种。

于2002年建立省级自然保护区；2009年晋升为国家级自然保护区，设有专门机构对保护区进行管理。

主要受到湖泊养殖污染、沿湖周边农渔民生活污水排放、畜禽养殖和农田面源污染等方面的威胁，受威胁状况等级评价为轻度。

12. 湖北石首麋鹿国家级自然保护区重点调查湿地

湖北石首麋鹿国家级自然保护区重点调查湿地范围面积5252公顷，湿地面积1439公顷，主要湿地类型为河流湿地和人工湿地。中心地理坐标为东经112°33′，北纬29°49′；位于石首市境内。

湿地高等植物64科168属238种。

湿地植被可划分为3个植被型组，4个植被型，5个群系。

湿地脊椎动物5纲30目57科120种，其中鱼纲7目11科29种；两栖纲1目3科5种；爬行纲2目6科12种；鸟纲14目28科60种；哺乳纲6目9科14种。

国家Ⅰ级保护动物5种，国家Ⅱ级保护动物10种。

于1991年建立省级自然保护区；1998年晋升为国家级自然保护区，设有专门机构对保护区进行管理。

主要受到长江污染（目前，中国20000家石化工厂中有一半都位于长江沿岸，全国约40%的废水流入长江），重大洪水暴发的频率增加（气候变化所致），以及持续滥用肥料和杀虫剂可能导致栖息地退化等方面的威胁。

13. 湖北长江天鹅洲白鱀豚国家级自然保护区重点调查湿地

湖北长江天鹅洲白鱀豚国家级自然保护区重点调查湿地，湿地面积1783公顷，主要湿地类型为河流湿地。地理坐标为东经112°31′36″～112°36′90″，北纬29°46′71″～29°51′45″。位于石首市境内。

湿地高等植物64科168属238种。

湿地植被可分为3个植被型组，5个植被型，10个群系。

脊椎动物5纲31目57科141种，其中鱼纲7目11科50种；两栖纲1目3科5种；爬行纲3目6科12种；鸟纲14目28科60种；哺乳纲6目9科14种。

国家Ⅰ级保护动物4种，国家Ⅱ级保护动物10种。

于1990年建立省级自然保护区；1992年晋升为国家级自然保护区，设有专门机构对保护区进行管理。

主要受到围垦、过度捕捞、污水排放、采石场采石活动等方面的威胁。

14. 湖北长江新螺段白鱀豚国家级自然保护区重点调查湿地

湖北长江新螺段白鱀豚国家级自然保护区重点调查湿地范围面积40000公顷，湿地面积20634公顷，主要湿地类型为河流湿地。地理坐标为东经113°08′～114°04′，北纬29°37′～30°10′；地跨洪湖市和嘉鱼县。

湿地高等植物29科68属69种。

湿地植被可划分为2个植被型组，3个植被型，5个群系。

脊椎动物有鱼类9目23科130种。

国家Ⅰ级保护动物4种。

于1987年建立省级自然保护区；1992年晋升为国家级自然保护区，设有专门机构对保护区进行管理。

主要受到捕捞、凤眼莲、一年蓬等外来入侵植物等方面的威胁。

15. 湖北忠建河大鲵省级自然保护区重点调查湿地

湖北忠建河大鲵省级自然保护区重点调查湿地范围面积1043公顷，湿地面积138公顷，主要湿地类型为河流湿地。地理坐标为东经108°37′08″～109°20′08″，北纬29°19′28″～30°02′54″；位于恩施州咸丰县内。

湿地高等植物71科134属208种。

湿地植被可划分为2个植被型组，2个植被型，3个群系。

脊椎动物5纲16目34科102种，其中鱼纲1目3科14种；两栖纲2目4科14种；爬行纲1目4科14种；鸟纲6目13科44种，其中水鸟4目5科13种，其他湿地鸟类2目8科31种；哺乳纲6目10科16种。

国家Ⅱ级保护动物11种。

于1994年建立省级自然保护区，设有专门机构对保护区进行管理。

忠建河大鲵省级自然保护区的生态质量较高，湿地受威胁因子少。其受威胁状况等级评价为安全。

16. 湖北万江河大鲵省级自然保护区重点调查湿地

湖北万江河大鲵省级自然保护区重点调查湿地范围面积1125公顷，湿地面积8公顷，主要湿地类型为河流湿地。地理坐标为东经109°29′～110°08′，北纬30°31′～32°29′；位于十堰市竹溪县境内。

湿地高等植物50科95属119种。

湿地植被可划分为2个植被型组，3个植被型，4个群系。

脊椎动物249种，隶属5纲31目77科，其中鱼纲10目22科83种；两栖纲1目5科12种；爬行纲2目7科14种；鸟纲13目35科122种；哺乳纲5目8科18种。

国家Ⅱ级保护野生动物1种。

于1994年建立省级自然保护区，成立了万江河大鲵自然保护区管理站对保护区进行管理。

主要受到旅游开发、拦河养殖等方面的威胁。其综合受威胁状况等级评价为轻度。

17. 湖北长江宜昌中华鲟省级自然保护区重点调查湿地

湖北长江宜昌中华鲟省级自然保护区重点调查湿地范围面积5000公顷，湿地面积844公顷，主要湿地类型为河流湿地。地理坐标为东经111°16′～111°36′，北纬30°16′～30°44′；位于湖北省宜昌市境内。

湿地植物种类较少，湿地植被现场调查仅见1个植被型组，1个植被型，1个群系。

脊椎动物仅有鱼类123种，分属10目23科77属。其中鲤形目有83种，鲤科鱼类有69种。

国家Ⅰ级保护野生动物2种，国家Ⅱ级保护动物2种。

于1998年建立省级自然保护区，成立了长江湖北宜昌中华鲟自然保护区管理处对保护区进行管理。

主要受威胁因子为污染和非法捕捞。

18. 湖北赛武当国家级自然保护区重点调查湿地

湖北赛武当国家级自然保护区重点调查湿地范围面积19904公顷，湿地面积122公顷，主要湿地类型为河流湿地。地理坐标为东经110°35′～110°54′，北纬32°24′～32°35′；位于十堰市茅箭区内。

湿地高等植物155科627属1259种。国家级重点保护野生植物15种，其中国家Ⅰ级保护植物2种，国家Ⅱ级保护植物13种。

脊椎动物5纲26目58科162种，其中鱼纲4目8科17种；两栖纲2目4科10种；爬行纲1目6科12种；鸟纲13目28科101种；哺乳纲6目12科22种。

国家Ⅱ级保护野生动物19种。

于2002年建立省级自然保护区，于2011年晋升为国家级自然保护区。

受威胁等级为安全。

19. 湖北堵河源省级自然保护区重点调查湿地

湖北堵河源省级自然保护区重点调查湿地范围面积45531公顷，湿地面积210公顷，主要湿地类型为河流湿地。地理坐标为东经109°54′24″~110°10′32″，北纬31°30′38″~31°58′02″；位于竹山县境内。

湿地高等植物174科728属1722种。

湿地植被可划分为2个植被型组，2个植被型，2个群系。

脊椎动物5纲27目69科205种，其中鱼纲4目7科21种；两栖纲2目8科19种；爬行纲2目7科15种；鸟纲13目34科118种和哺乳纲6目13科32种。

国家Ⅱ级保护野生动物20种。

于2004年建立省级自然保护区，设有专门机构对保护区进行管理。

主要受威胁因子为水电开发，导致当地植被破坏严重，河流有干枯现象。

20. 湖北十八里长峡省级自然保护区重点调查湿地

湖北十八里长峡省级自然保护区重点调查湿地范围面积30847公顷，湿地面积140公顷，主要湿地类型为河流湿地。地理坐标为东经109°43′12″~110°28′25″，北纬31°30′05″~31°40′01″；位于十堰市竹溪县内。

湿地高等植物40科70属84种，有国家Ⅰ级、Ⅱ级保护植物共27种。

湿地植被可划分为2个植被型组，3个植被型，2个群系。

脊椎动物5纲27目66科198种，其中鱼纲3目6科14种；两栖纲2目8科21种；爬行纲3目8科23种；鸟纲13目32科108种、哺乳纲6目12科32种。

国家Ⅱ级保护野生动物23种。

于2004年建立省级自然保护区，设有专门机构对保护区进行管理。

主要受威胁因子为河流断流及人类活动。

21. 湖北宜昌大老岭省级自然保护区重点调查湿地

湖北宜昌大老岭省级自然保护区重点调查湿地范围面积22244公顷，湿地面积300公顷，主要湿地类型为河流湿地。地理坐标为东经110°54′32″~110°59′45″，北纬30°51′24″~31°07′02″；位于宜昌市夷陵区与兴山、秭归两县交界处。

湿地高等植物167科803属2085种。

湿地植被可划分为3个植被型组，8个植被型，50个群系。

脊椎动物5纲26目56科170种，其中鱼纲4目7科22种；两栖纲2目4科13种；爬行纲1目3科11种；鸟纲13目30科103种；哺乳纲6目12科21种。

国家Ⅱ级保护动物27种。

于2006年建立省级自然保护区，设有专门机构对保护区进行管理。

主要受威胁因子为污染，主要源于保护区内居民和游客接待中心的生活垃圾和生活污水。大老岭湿地综合受威胁状况等级评价为轻度威胁。

22. 湖北十堰野人谷省级自然保护区重点调查湿地

湖北十堰野人谷省级自然保护区重点调查湿地范围面积27524公顷，湿地面积380公顷，主要湿地类型为河流湿地。地理坐标为东经110°22′05″～110°46′35″，北纬31°48′08″～31°58′51″；位于房县境内。

湿地高等植物172科560属1164种。

湿地植被可划分为3个植被型组，6个植被型，22个群系。

脊椎动物5纲26目71科214种，其中鱼纲2目8科25种；两栖纲2目8科25种；爬行纲3目8科18种；鸟纲13目32科115种；哺乳纲6目15科31种。

国家Ⅱ级保护动物33种。

于2006年建立省级自然保护区，设有专门机构对保护区进行管理。

主要受威胁因子为河流断流及人类活动。

23. 湖北武汉沉湖省级湿地自然保护区重点调查湿地

湖北武汉沉湖省级湿地自然保护区重点调查湿地范围面积12126公顷，湿地面积6917公顷，主要湿地类型为河流湿地、湖泊湿地、沼泽湿地和人工湿地4种湿地类湿地(湖泊为淡水湖)。地理坐标为东经113°46′09″～113°53′53″，北纬30°15′10″～30°25′53″；位于武汉市蔡甸区境内。

湿地高等植物53科96属107种。

湿地植被可划分为2个湿地植被型组，5个湿地植被型，10个群系。

脊椎动物5纲30目70科234种，其中鱼纲6目13科55种；两栖纲1目4科10种；爬行纲2目7科16种；鸟纲15目38科133种；哺乳纲6目8科20种。

国家Ⅰ级保护动物7种；国家Ⅱ级保护动物20种。

于2006年建立省级自然保护区，设有专门机构对保护区进行管理。2013年成为国际重要湿地。

主要受威胁因子为大规模、高密度的养殖带来的水生植物摄食压力和养殖污染及外来物种入侵等。其综合受威胁状况等级评价为中度威胁。

24. 湖北大别山省级自然保护区重点调查湿地

湖北大别山省级自然保护区重点调查湿地范围面积32462公顷，湿地面积93公顷，主要湿地类型为河流湿地和人工湿地。地理坐标为东经115°30′～116°04′，北纬30°31′～31°13′；位于黄冈市罗田、英山两县北部。

湿地高等植物172科560属1164种。国家重点保护野生植物19种，其中国家Ⅰ级保护野生植物2种，国家Ⅱ级保护野生植物17种。

湿地植被可划分为5个植被型组，9个植被型，29个群系。

脊椎动物5纲27目65科198种，其中鱼纲4目8科34种；两栖纲2目6科13种；爬行纲3目8科18种；鸟纲12目30科102种；哺乳纲6目13科31种。

国家重点保护野生动物14种，其中国家Ⅰ级保护动物3种，国家Ⅱ级保护动物11种。

于2009年建立省级自然保护区，设有专门机构对保护区进行管理。

主要受威胁因子为旅游开发，受威胁状况等级评价为轻度。

25. 湖北五道峡省级自然保护区重点调查湿地

湖北五道峡省级自然保护区重点调查湿地范围面积23816公顷，湿地面积78公顷，主要湿地类型为河流湿地。地理坐标为东经111°03′18″～111°30′，北纬31°37′36″～31°46°30″；位于保康县境内。

湿地高等植物172科560属1164种。国家重点保护野生植物23种，其中国家Ⅰ级保护野生植物5种，国家Ⅱ级保护野生植物18种。

湿地植被可划分为2个植被型组，2个植被型，3个群系。

脊椎动物5纲28目73科228种，其中鱼纲5目10科33种；两栖纲2目8科23种；爬行纲3目8科24种；鸟纲12目32科112种；哺乳纲6目15科36种。

国家Ⅱ级保护动物26种。

于2009年建立省级自然保护区，设有专门机构对保护区进行管理。

主要受威胁因子为人类活动的干扰。

26. 湖北宜昌市崩尖子省级自然保护区重点调查湿地

湖北宜昌市崩尖子省级自然保护区重点调查湿地范围面积5404公顷，湿地面积90公顷，主要湿地类型为河流湿地。地理坐标为东经110°36′23″～110°48′02″，北纬30°16′04″～30°26′10″；位于宜昌市长阳县内。

湿地高等植物172科560属1164种。国家重点保护野生植物17种，其中国家Ⅰ级保护野生植物4种，国家Ⅱ级保护野生植物13种。

湿地植被可分为3个植被型组，7个植被型，22个群系。

脊椎动物5纲30目79科278种，其中鱼纲6目12科53种；两栖纲2目9科38种；爬行纲3目10科28种；鸟纲13目34科125种；哺乳纲6目14科34种。

国家重点保护野生动物14种，其中国家Ⅰ级保护动物3种，国家Ⅱ级保护动物11种。

于2010年建立省级自然保护区，设有专门机构对保护区进行管理。

主要受威胁因子为非法捕捞、偷猎和人为活动等因素的影响，但总体影响程度小。

27. 湖北巴东神农溪省级自然保护区重点调查湿地

湖北巴东神农溪省级自然保护区重点调查湿地范围面积10150公顷，湿地面积32公顷，主要湿地类型为河流湿地。地理坐标为东经110°15′40″~110°26′39″，北纬31°17′57″~31°23′54″；位于巴东县境内。

湿地高等植物172科560属1164种。国家Ⅰ级保护野生植物2种。

湿地植被划分为1个植被型组，1个植被型，1个群系。

脊椎动物5纲27目67科190种，其中鱼纲4目9科23种；两栖纲2目5科10种；爬行纲2目7科13种；鸟纲13目33科117种；哺乳纲6目13科27种。

国家Ⅱ级保护动物21种。

于2010年建立省级自然保护区，设有专门机构对保护区进行管理。

主要受威胁因子为山土滑坡造成水土流失等因素。

28. 湖北大九湖湿地省级自然保护区重点调查湿地

湖北大九湖湿地省级自然保护区重点调查湿地范围面积9320公顷，湿地面积99公顷，主要湿地类型为人工湿地。地理坐标为东经109°56′02″~110°07′32″，北纬31°25′11″~31°32′34″；位于神农架林区。

大九湖自然保护区湿地范围除了坪堑水库外，没有其他的湿地资源。由于坪堑水库刚建成不久，所以湿地植被资源还相对匮乏。

脊椎动物108种，隶属5纲18目36科，其中鱼纲2目2科8种；两栖纲2目4科8种；爬行纲1目4科11种；鸟纲8目18科67种，其中水鸟6目10科25种，其他湿地鸟类2目8科42种；哺乳纲5目8科14种。

国家Ⅰ级保护动物4种。

于2010年建立省级自然保护区，设有专门机构对保护区进行管理。

主要威胁因子是围垦、外来物种入侵、水利工程和引排水的负面影响。其受威胁状况等级评价为轻度威胁。

29. 湖北襄樊南河省级自然保护区重点调查湿地

湖北襄樊南河省级自然保护区重点调查湿地范围面积14834公顷，湿地面积141公顷，主要湿地类型为河流湿地。地理坐标为东经111°19′55.29″~111°30′56.6″，北纬31°53′11.9″~32°04′44.3″；位于襄樊市谷城县境内。

湿地高等植物30科64属70种植物。

湿地植被可划分为3个植被型组，4个植被型，7个群系。

脊椎动物5纲26目67科185种，其中鱼纲4目9科33种；两栖纲2目8科21种；爬行纲3目7科19种；鸟纲11目29科85种；哺乳纲6目14科27种。

国家重点保护野生动物24种，其中，国家Ⅰ级保护动物1种，国家Ⅱ级保护动物23种。

于2007年建立省级自然保护区，设有专门机构对保护区进行管理。

主要威胁因子是水质污染、外来物种入侵、偷猎、毒鱼和乱采乱挖等非法活动的影响。

30. 湖北咸丰二仙岩湿地省级自然保护区重点调查湿地

湖北咸丰二仙岩湿地省级自然保护区重点调查湿地范围面积5404公顷，湿地面积29公顷，主要湿地类型为沼泽湿地和人工湿地2类。其中心地理坐标为东经108°47′58″，北纬29°43′43″；位于咸丰县境内。

湿地高等植物3门24科34属42种。

湿地植被可划分为3个植被型组，3个植被型，3个群系。

脊椎动物5纲17目43科111种，其中鱼纲1目2科6种；两栖纲2目6科17种；爬行纲1目4科13种；鸟纲7目21科59种，其中水鸟2目6科17种，其他湿地鸟类5目15科42种；哺乳纲6目10科16种。

国家Ⅱ级保护动物9种。

于2010年建立省级自然保护区，设有专门机构对保护区进行管理。

31. 湖北老河口市梨花湖湿地自然保护区重点调查湿地

老河口市梨花湖湿地自然保护区重点调查湿地面积2401公顷，主要湿地类型为河流湿地。中心地理坐标为东经111°38′，北纬32°23′；位于老河口市境内汉江中游王甫洲水电站上游。

湿地高等植物2门20科29属30种。

湿地植被划分为2个植被型组，4个植被型，5个群系。

脊椎动物5纲20目46科128种，其中鱼纲4目8科43种；两栖纲1目4科7种；爬行纲2目8科13种；鸟纲9目19科56种，其中水鸟7目11科38种，其他湿地鸟类2目8科18种；哺乳纲4目7科9种。

国家Ⅱ级保护动物6种。

已经成立市级湿地自然保护区，湿地主管部门为老河口市林业局。

主要受威胁因子为基建、采挖河沙和过度捕捞等。

32. 湖北香水河自然保护区重点调查湿地

南漳香水河自然保护区重点调查湿地范围面积10888公顷，湿地面积120公顷，主要湿地类型为河流湿地。地理坐标为东经111°43′~111°49′，北纬31°34′~31°38′；位于南漳县西南部薛坪镇南漳香水河风景区内。

湿地高等植物2门22科28属28种。

湿地植被可划分为1个植被型组，1个植被型，1个群系。

脊椎动物5纲19目46科152种，其中鱼纲3目8科32种；两栖纲2目7科20种；爬行纲2目8科23种；鸟纲6目11科54种，其中水鸟4目5科15种，其他湿地鸟类2目6科39种；哺乳纲6目12科23种。

国家Ⅱ级保护动物8种。

已经建立市级自然保护区，主管部门为南漳县林业局。

主要受威胁因子为基建、污染。

33. 湖北市涨渡湖湿地自然保护区重点调查湿地

涨渡湖湿地自然保护区重点湿地范围面积5172公顷，湿地面积为5074公顷，主要湿地类型为湖泊湿地（湖泊为淡水湖）。地理坐标为东经114°52′15″～114°34′10″，北纬30°45′21″～30°32′12″；位于武汉市新洲区境内。

湿地高等植物2门55科89属114种。

湿地植被可划分为3个植被型组，4个植被型，8个主要群系。

脊椎动物5纲29目65科195种，其中鱼纲5目10科46种；两栖纲1目4科10种；爬行纲2目7科12种；鸟纲15目37科112种；哺乳纲6目7科15种。

国家重点保护野生动物8种。其中国家Ⅰ级保护动物1种，国家Ⅱ级保护动物7种。在国家重点保护野生动物中，湿地鸟类5种，其中国家Ⅰ级保护鸟类1种，国家Ⅱ级保护鸟类4种。

已建立省级自然保护区，受新洲区林业局管理，成立了涨渡湖湿地管理局。

主要受威胁因子为养殖、农业面源污染和外来物种入侵等。

34. 湖北荆州市长湖湿地自然保护区重点调查湿地

荆州市长湖湿地自然保护区重点湿地调查面积为13113公顷，主要湿地类型为湖泊湿地（湖泊为淡水湖）。地理坐标为东经112°15′～112°30′，北纬30°22′～30°32′；位于荆州区、沙市区、沙洋县三个县境内。

湿地高等植物2门52科90属110种。

湿地植被可划分为2个植被型组，5个植被型，10个主要群系。

脊椎动物5纲26目64科181种，其中鱼纲5目12科57种；两栖纲1目4科6种；爬行纲2目7科12种；鸟纲12目34科93种；哺乳纲6目7科13种。

国家重点保护野生动物15种。其中，国家Ⅰ级保护动物3种，国家Ⅱ级保护动物12种。在国家重点保护野生动物中，湿地鸟类12种，其中国家Ⅰ级保护鸟类2种，国家Ⅱ级保护鸟类10种。

于2002年成立市级自然保护区，主管部门为荆州市林业局。

主要威胁为过度开发与利用，导致湖区内及其周边的生态环境遭到破坏，野生动物栖息地面积逐渐减小，同时大规模围网（围栏）养殖对水体水质和水生植物造成严重的影响，极大影响其湖泊功能的正常发挥和可持续发展。长湖湿地综合受威胁状况等级评价为中度威胁。

35. 湖北枣阳市熊河水系湿地自然保护区重点调查湿地

熊河水系湿地自然保护区重点调查湿地范围面积5581公顷，湿地面积1493公顷，主要湿地类型为人工湿地。中心地理坐标为东经112°39′31.048″，北纬31°53′59.780″；位于枣阳市西南部。

湿地高等植物2门19科41属47种。

湿地植被可划分为1个湿地植被型组，2个湿地植被型，2个群系。

脊椎动物5纲22目45科148种，其中鱼纲5目12科48种；两栖纲1目3科8种；爬行纲2

目6科14种；鸟纲10目20科73种，其中水鸟8目9科32种，其他湿地鸟类2目11科41种；哺乳纲4目4科5种。

国家Ⅱ级保护动物3种。在国家重点保护野生动物中，湿地鸟类2种。

于2003年建立市级自然保护区，2008年成立省级湿地公园，主管部门为熊集镇人民政府。

湿地主要受威胁因子为过度捕捞、非法狩猎和水利工程修建引起的负面影响，其综合受威胁状况等级评价为轻度威胁。

36. 湖北武汉市汉南武湖湿地自然保护区重点调查湿地

汉南武湖湿地自然保护区重点调查湿地范围面积1916公顷，湿地面积961公顷。主要湿地类型为河流湿地、湖泊湿地(湖泊为淡水湖)、沼泽湿地及人工湿地。地理坐标为东经113°49′~113°50′，北纬30°11′~30°13′；位于武汉市汉南区内。

湿地高等植物2门19科39属45种。

湿地植被可划分为1个植被型组，3个植被型，5个群系。

脊椎动物5纲21目38科98种，其中鱼纲6目12科34种；两栖纲1目3科7种；爬行纲2目6科11种；鸟纲8目12科41种，其中水鸟7目8科27种，其他湿地鸟类1目4科14种；哺乳纲4目5科5种。

国家Ⅱ级保护野生动物1种。

于2008年建立市级湿地自然保护区，主管部门为汉南区林业局。

主要受威胁因子为围垦、泥沙淤积等。其综合受威胁状况等级评价为轻度威胁。

37. 湖北黄陂草湖珍稀水禽湿地自然保护区重点调查湿地

黄陂草湖珍稀水禽湿地自然保护区重点调查湿地范围面积1353公顷，湿地面积1246公顷，主要湿地类型为湖泊湿地(湖泊为淡水湖)和人工湿地。地理坐标为东经114°26′53.07″~114°29′13.3″，北纬30°44′01.5″~30°46′29.2″；位于黄陂区南部平原湖区三里镇。

湿地高等植物2门24科39属40种。记录到外来植物2科2属2种。

湿地植被可划分为2个植被型组，3个植被型，5个群系。

脊椎动物5纲24目47科143种，其中鱼纲6目10科29种；两栖纲1目4科7种；爬行纲2目6科10种；鸟纲11目22科87种，其中水鸟8目12科43种，其他湿地鸟类3目10科44种；哺乳纲4目5科10种。

国家重点保护野生动物6种。其中，国家Ⅰ级保护动物1种，国家Ⅱ级保护动物5种。在国家重点保护野生动物中，湿地鸟类5种，其中国家Ⅰ级保护鸟类1种，国家Ⅱ级保护鸟类4种。

已建立市级自然保护区，主管部门为武汉市黄陂区林业局。

主要受威胁因子有基建和城市化、污染、外来物种入侵等。其综合受威胁状况等级评价为轻度威胁。

38. 湖北江夏上涉湖湿地自然保护区重点调查湿地

江夏上涉湖湿地自然保护区重点调查湿地范围面积3812公顷，湿地面积866公顷，主要湿地类型为湖泊湿地(湖泊为淡水湖)。地理坐标为东经114°11.5′～114°16.5′，北纬30°07′～30°09′；位于江夏区西南部。

湿地高等植物2门24科50属56种。国家Ⅱ级保护植物2种。

湿地植被可划分为2个植被型组，4个植被型，6个群系。

脊椎动物5纲22目42科151种，其中鱼纲5目9科28种；两栖纲1目4科6种；爬行纲2目6科9种；鸟纲10目19科103种，其中水鸟8目11科45种，其他湿地鸟类2目8科58种；哺乳纲4目4科5种。

国家重点保护野生动物8种。其中，国家Ⅰ级保护动物2种，国家Ⅱ级保护动物6种。在国家重点保护野生动物中，湿地鸟类7种，其中国家Ⅰ级保护鸟类2种，国家Ⅱ级保护鸟类5种。

已经成立市级自然保护区，主管部门为江夏区林业局。

主要受威胁因子为污染、围垦、过度捕捞等。其综合受威胁状况等级评价为轻度威胁。

39. 湖北沮河重点调查湿地

沮河重点调查湿地范围面积14492公顷，湿地面积953公顷，主要湿地类型为河流湿地和人工湿地。地理坐标为东经111°31′～111°38′，北纬30°59′～31°16′；位于远安县境沮河中部河段，流经洋坪、旧县、鸣凤、荷花、茅坪场、花林寺、河口等乡镇以及远安县城等区域。

湿地高等植物3门39科75属82种。国家Ⅱ级保护植物1种。

湿地植被可划分为3个植被型组，5个植被型，10个群系。

脊椎动物5纲30目59科192种，其中鱼纲6目11科27种；两栖纲1目4科11种；爬行纲3目7科20种；鸟纲14目27科109种，其中水鸟6目12科38种，其他湿地鸟类8目15科77种；哺乳纲6目10科25种。

国家Ⅰ级保护动物2种，国家Ⅱ级保护动物12种。在国家重点保护野生动物中，湿地鸟类12种，其中国家Ⅰ级保护鸟类2种，国家Ⅱ级保护鸟类10种。

已经成立市级自然保护区，2014年晋升为国家湿地公园，主管部门为远安县林业局。

主要受威胁因子为基建、采挖河沙、污染、外来物种入侵等。其综合受威胁状况等级评价为轻度威胁。

40. 湖北淤泥湖自然保护小区重点调查湿地

淤泥湖自然保护小区重点调查湿地范围面积1501公顷，湿地面积1498公顷，主要湿地类型为湖泊湿地(湖泊为淡水湖)。中心地理坐标为东经112°06′37.656″、北纬29°47′56.978″；位于公安县南部。

湿地高等植物1门16科30属34种。记录到外来植物物种1科1属1种。

湿地植被可划分为2个植被型组，3个植被型，4个群系。

脊椎动物5纲21目39科126种，其中鱼纲5目12科45种；两栖纲1目4科7种；爬行纲2目6科13种；鸟纲9目12科55种，其中水鸟7目8科29种，其他湿地鸟类2目4科26种；哺乳纲4目5科6种。

国家Ⅱ级保护动物6种，其中国家Ⅱ级保护鸟类2种。

已经成立自然保护小区，主管部门为公安县林业局。

主要受威胁因子为污染、围垦、外来物种入侵等。过度养殖和投放肥料致使水质变差，湖中植被大量减少，情况较为严重。其综合受威胁状况等级评价为轻度威胁。

41. 湖北卷桥自然保护小区重点调查湿地

卷桥自然保护小区重点调查湿地范围面积230公顷，湿地面积191公顷，主要湿地类型为人工湿地。中心地理坐标为东经111° 51′ 38.554″，北纬29° 52′ 10.371″；位于公安县章庄铺镇与湖南澧县复兴场镇交界处。

湿地高等植物1门13科20属21种。

湿地植被可划分为2个植被型组，2个植被型，2个群系。

脊椎动物5纲18目34科108种，其中鱼纲4目12科48种；两栖纲1目3科5种；爬行纲1目5科10种；鸟纲8目10科40种，其中水鸟7目8科18种，其他湿地鸟类1目2科22种；哺乳纲4目4科5种。

国家Ⅱ级保护动物6种，其中国家Ⅱ级保护鸟类2种。

已经成立自然保护小区，主管部门为公安县林业局。

主要受威胁因子为污染、过度捕捞等，其综合受威胁状况等级评价为轻度威胁。

42. 湖北涴水自然保护小区重点调查湿地

涴水自然保护小区重点调查湿地范围面积3585.21公顷，湿地面积3016.24公顷，主要湿地类型为人工湿地。中心地理坐标为东经111° 31′ 10.831″，北纬29° 57′ 32.716″；位于松滋市西南部涴水镇内。

湿地高等植物分属14科32属33种。

湿地植被划分为1个植被型组，1个植被型，2个群系。

脊椎动物5纲23目52科133种，其中鱼纲5目12科43种；两栖纲1目4科7种；爬行纲2目6科12种；鸟纲10目22科58种，其中水鸟8目10科26种，其他湿地鸟类2目12科32种；哺乳纲5目8科13种。

国家Ⅱ级保护动物6种。

湿地主要受到污染和过度捕捞威胁。其综合受威胁状况等级评价为轻度威胁。

43. 湖北渔洋关大鲵自然保护小区重点调查湿地

渔洋关大鲵自然保护小区重点调查湿地范围面积524.54公顷，湿地总面积27.98公顷，主要湿地类型均为河流湿地。地理坐标为东经110°58′~111°00′，北纬30°11′~30°13′。位于五峰土家族自治县渔洋关镇。

湿地高等植物维管植物分属40科58属62种。

湿地植被划分为3个植被型组，3个植被型，3个群系。

脊椎动物5纲15目37科114种，其中鱼纲1目1科5种；两栖纲2目5科19种；爬行纲2目6科16种；鸟纲4目12科52种，其中水鸟3目3科6种，其他湿地鸟类1目9科46种；哺乳纲6目13科22种。

国家重点保护野生动物8种，其中国家Ⅱ级保护动物8种。

湿地主要受到基建、污染等威胁。其综合受威胁状况等级评价为安全。

44. 湖北圈椅淌自然保护小区重点调查湿地

圈椅淌自然保护小区重点调查湿地范围面积352.87公顷，湿地面积70.16公顷，主要湿地类型为沼泽湿地。中心地理坐标为东经111°05′03.194″，北纬31°16′30.175″。位于宜昌市夷陵区樟村坪镇樟村坪林场。

湿地高等植物维管植物分属22科32属32种。

湿地植被划分为4个植被型组，5个植被型，7个群系。

脊椎动物5纲16目36科112种，其中鱼纲2目2科7种；两栖纲1目5科16种；爬行纲1目6科22种；鸟纲6目12科46种，其中水鸟3目3科6种，其他湿地鸟类3目9科40种；哺乳纲6目11科21种。

主要受到森林过度采伐威胁。其综合受威胁状况等级评价为安全。

45. 湖北野猪湖鸟类自然保护小区重点调查湿地

野猪湖鸟类自然保护小区重点调查湿地面积2130.92公顷，主要湿地类型为湖泊湿地（永久性）。中心地理坐标为东经114°04′25.433″，北纬30°51′37.865″。

湿地高等植物分属13科20属21种。

湿地植被划分为2个植被型组，4个植被型，6个群系。

脊椎动物5纲22目42科115种，其中鱼纲5目12科38种；两栖纲1目3科5种；爬行纲2目5科8种；鸟纲10目17科58种，其中水鸟9目11科32种，其他湿地鸟类1目6科26种；哺乳纲4目5科6种。

国家Ⅱ级保护动物5种。

主要受到围垦、过度捕捞、污染和外来物种入侵等威胁，其综合受威胁状况等级评价为轻度威胁。

46. 湖北巡店鹭鸟自然保护小区重点调查湿地

巡店鹭鸟自然保护小区湿地重点调查湿地范围面积1969.44公顷，湿地总面积约221.88公顷，主要湿地类型为河流湿地。地理坐标为东经113°36′~113°38′，北纬31°07′~31°09′。小区位于安陆市巡店镇。

湿地高等植物分属12科12属12种。国家Ⅱ级保护野生植物1种。

湿地植被划分为2个植被型组，3个植被型，7个群系。

脊椎动物5纲21目36科104种，其中鱼纲3目5科21种；两栖纲1目3科5种；爬行纲2目5科8种；鸟纲11目19科66种，其中水鸟7目8科29种，其他湿地鸟类4目11科37种；哺乳纲4目4科4种。

国家Ⅱ级保护动物4种。

主要受到采挖河沙、污染和外来物种入侵等威胁。其综合受威胁状况等级评价为轻度威胁。

47. 湖北荒冲鸟类自然保护小区重点调查湿地

荒冲鸟类自然保护小区湿地重点调查湿地范围面积297.85公顷，湿地面积23.98公顷，主要湿地类型为人工湿地。中心地理坐标为东经113°35′11.064″，北纬31°08′31.164″。位于安陆市西南部巡店镇荒冲林场。

湿地高等植物分属15科36属38种。

湿地植被划分为1个植被型组，3个植被型，5个群系。

脊椎动物5纲19目34科86种，其中鱼纲2目3科14种；两栖纲1目3科5种；爬行纲1目3科6种；鸟纲11目21科57种，其中水鸟6目7科21种，其他湿地鸟类5目14科36种；哺乳纲4目4科4种。

国家Ⅱ级保护动物4种。

主要受到气候干旱以及外来物种入侵威胁。其综合受威胁状况等级评价为轻度威胁。

48. 湖北吴岭鹭鸟自然保护小区重点调查湿地

吴岭鹭鸟自然保护小区重点调查湿地范围面积793.67公顷，湿地总面积490.27公顷，主要湿地类型为人工湿地。中心地理坐标为东经113°04′29.531″，北纬30°53′40.653″。位于京山县南部钱场镇。

湿地高等植物分属19科45属47种。

湿地植被划分为1个植被型组，3个植被型，5个群系。

国家Ⅱ级保护植物1种。

脊椎动物5纲19目37科102种，其中鱼纲4目8科24种；两栖纲1目3科5种；爬行纲1目5科9种；鸟纲9目17科57种，其中水鸟7目7科17种，其他湿地鸟类2目10科40种；哺乳纲4目4科7种。

国家Ⅱ级保护动物6种。

主要受到基建、围垦、过度捕捞和污染等威胁。其综合受威胁状况等级评价为轻度威胁。

49. 湖北李家洲鹭鸟自然保护小区重点调查湿地

李家洲鹭鸟自然保护小区重点调查湿地面积531.14公顷，主要湿地类型为河流湿地。中心地理坐标为东经114°52′01.543″，北纬30°35′39.465″。位于黄冈市黄州区李家洲林场长江北岸干堤外滩。

湿地高等植物分属24科37属41种。国家Ⅱ级保护野生植物1种。

湿地植被划分为3个植被型组，6个植被型，10个群系。

脊椎动物5纲23目42科103种，其中鱼纲6目11科36种；两栖纲1目3科4种；爬行纲2目5科10种；鸟纲10目19科48种，其中水鸟6目8科15种，其他湿地鸟类4目11科33种；哺乳纲4目4科5种。

国家Ⅱ级保护动物5种。

主要受到围垦、污染等威胁。其综合受威胁状况等级评价为轻度威胁。

50. 湖北骡马河大鲵自然保护小区重点调查湿地

骡马河大鲵自然保护小区重点调查湿地范围面积117.03公顷，湿地面积7.62公顷，主要湿地类型为河流湿地。中心地理坐标为东经109°24′25.228″，北纬29°50′55.541″。位于鄂西南山区宣恩县晓关乡骡马洞村骡马河。

湿地高等植物分属26科41属45种。

湿地植被划分为2个植被型组，2个植被型，2个群系。

脊椎动物5纲12目28科89种，其中鱼纲2目2科6种；两栖纲2目5科14种；爬行纲2目6科15种；鸟纲1目6科38种，均为其他湿地鸟类；哺乳纲5目9科16种。

国家Ⅱ级保护动物5种。

主要受到泥沙淤积和污染威胁。其综合受威胁状况等级评价为安全。

51. 湖北白庙白鹭自然保护小区重点调查湿地

白庙白鹭自然保护小区重点调查湿地范围面积403.77公顷，湿地总面积15.25公顷，主要湿地类型为人工湿地。中心地理坐标为东经108°53′07.507″，北纬30°26′17.854″。位于湖北省西部利川市柏杨坝镇。

湿地高等植物10科20属23种。

湿地植被划分为1个植被型组，1个植被型，1个群系。

脊椎动物5纲25目50科128种，其中鱼纲1目2科8种；两栖纲2目7科17种；爬行纲2目7科21种；鸟纲14目22科63种，其中水鸟7目7科20种，其他湿地鸟类7目15科43种；哺乳纲6目12科19种。

国家Ⅱ级保护动物4种。

主要受到水产养殖所造成的污染威胁，其综合受威胁状况等级评价为轻度威胁。

52. 湖北借粮湖自然保护小区重点调查湿地

借粮湖湿地保护小区重点调查湿地范围面积702.29公顷，湿地面积700.42公顷，主要湿地类型为湖泊湿地(湖泊为淡水湖)。中心地理坐标为东经112°32′45.615″，北纬30°26′04.187″。位于潜江市积玉口镇。

湿地高等植物17科35属37种。

湿地植被划分为2个植被型组，3个植被型，4个群系。

脊椎动物5纲21目35科102种，其中鱼纲4目8科23种；两栖纲1目2科4种；爬行纲2目5科7种；鸟纲10目16科64种，其中水鸟8目10科36种，其他湿地鸟类2目6科28种；哺乳纲4目4科4种。

国家Ⅱ级保护动物4种。

主要受到污染和围垦威胁，其综合受威胁状况等级评价为轻度威胁。

53. 湖北熊口返湖自然保护小区重点调查湿地

熊口返湖保护小区重点调查湿地范围面积579.94公顷，湿地总面积537.61公顷，主要湿地类型为湖泊湿地(湖泊为淡水湖)。中心地理坐标为东经112°40′52.919″，北纬30°18′46.946″。位于潜江市后湖管理区。

湿地高等植物22科30属31种。

湿地植被划分为2个植被型组，5个植被型，8个群系。

脊椎动物5纲21目42科136种，其中鱼纲4目8科27种；两栖纲1目4科7种；爬行纲2目6科9种；鸟纲10目20科89种，其中水鸟8目10科51种，其他湿地鸟类2目10科38种；哺乳纲4目4科4种。

国家Ⅱ级保护动物5种。

主要受到围垦、外来物种入侵、泥沙淤积等威胁，其综合受威胁状况等级评价为轻度威胁。

54. 湖北神农架大九湖国家湿地公园重点调查湿地

神农架大九湖国家湿地公园重点调查湿地范围面积6208.45公顷，湿地面积956.24公顷，主要湿地类型为湖泊湿地和沼泽湿地。其地理坐标为东经109°56′~110°11′，北纬31°25′~31°33′。位于国家级旅游风景区神农架林区西北部。

湿地高等植物145科474属984种。

湿地植被划分为4个植被型组，5个植被型，10个群系。

脊椎动物5纲18目36科108种，其中鱼纲2目2科8种；两栖纲2目4科8种；爬行纲1目4科11种；鸟纲8目18科67种，其中水鸟6目10科25种，其他湿地鸟类2目8科42种；哺乳纲5目8科14种。

国家重点保护野生动物22种，其中国家Ⅰ级保护动物4种，国家Ⅱ级保护动物18种。

于2006年成立神农架大九湖国家湿地公园，2007年成立神农架大九湖国家湿地公园管理局。

主要受到污染和围垦威胁，其综合受威胁状况等级评价为轻度威胁。

55. 湖北黄冈蕲春赤龙湖国家湿地公园重点调查湿地

黄冈蕲春赤龙湖国家湿地公园重点调查湿地范围面积6847.18公顷，湿地面积3475.55公顷，主要湿地类型为河流湿地、湖泊湿地、人工湿地。中心地理坐标为东经115°25′28.38″，北纬30°05′22.942″。位于黄冈蕲春境内。

湿地高等植物2科3属5种。

湿地植被划分为1个植被型组，1个植被型，2个群系。

脊椎动物5纲26目53科131种，其中鱼纲7目14科44种；两栖纲2目5科7种；爬行纲2目6科13种；鸟纲11目24科62种，其中水鸟8目10科29种，其他湿地鸟类3目14科33种；哺乳纲4目4科5种。

国家Ⅱ级保护动物5种。

于2011年批准为国家湿地公园，主管部门为蕲春县林业局，管理机构为赤龙湖湿地公园管理处。

湿地受威胁状况等级评价为安全。

56. 湖北武汉东湖国家湿地公园重点调查湿地

武汉东湖国家湿地公园重点调查湿地湿地面积1001.66公顷，主要湿地类型为湖泊湿地(湖泊为淡水湖)。位于湖北省武汉市。

湿地高等植物6科8属11种。

湿地植被划分为1个植被型组，2个植被型，3个群系。

脊椎动物5纲24目55科154种，其中鱼纲5目12科32种；两栖纲1目2科4种；爬行纲2目5科7种；鸟纲12目31科106种，其中水鸟8目13科54种，其他湿地鸟类4目18科52种；哺乳纲4目5科5种。

国家Ⅱ级保护动物15种。

于2010年批准为国家湿地公园，受东湖生态旅游风景区管委会管理。

湿地受威胁状况等级评价为安全。

57. 湖北荆门漳河国家湿地公园重点调查湿地

荆门漳河国家湿地公园重点调查湿地范围面积8335.82公顷，湿地面积8166.73公顷，主要湿地类型为人工湿地。位于荆门市漳河镇境内。

湿地高等植物21科38属51种。

湿地植被划分为2个植被型组，3个植被型，5个群系。

脊椎动物5纲24目44科105种，其中鱼纲5目9科38种；两栖纲1目4科7种；爬行纲2目7科11种；鸟纲12目20科42种，其中水鸟7目6科19种，其他湿地鸟类3目14科23种；哺乳纲4目4科7种。

国家Ⅱ级保护动物8种。

于2010年批准为国家湿地公园，尚未设立专门的管理机构，受荆门市林业局管理。

主要受到污染威胁，其综合受威胁状况等级评价为安全。

58. 湖北赤壁陆水湖国家湿地公园重点调查湿地

赤壁陆水湖国家湿地公园重点调查湿地范围面积9767.94公顷，湿地面积4211.43公顷，主要湿地类型为人工湿地。中心地理坐标为东经113°57′30.54″，北纬29°40′55.882″。位于湖北省赤壁市近郊。

湿地高等植物11科16属22种。

湿地植被划分为1个植被型组，1个植被型，1个群系。

脊椎动物5纲26目57科158种，其中鱼纲6目13科42种；两栖纲1目5科9种；爬行纲2目6科21种；鸟纲12目22科68种，其中水鸟8目10科36种，其他湿地鸟类4目12科32种；哺乳纲5目11科18种。

国家Ⅱ级保护动物10种。

于2009年批准为国家湿地公园，管理机构为赤壁陆水湖国家湿地公园管理局，主管部门为赤壁市林业局，经营主管机构为陆水湖风景管理局。

主要受到基建和城市化、围垦、泥沙淤积、污染、过度捕捞和采集、非法狩猎、外来物种入侵和森林过度采伐等，其综合受威胁状况等级评价为轻度威胁。

59. 湖北襄樊谷城汉江国家湿地公园重点调查湿地

襄樊谷城汉江国家湿地公园重点调查湿地范围面积1826.81公顷，湿地面积602.79公顷，主要湿地类型为河流湿地和人工湿地。位于湖北省谷城县境内。

湿地高等植物26科40属59种。

湿地植被划分为3个植被型组，4个植被型，7个群系。

脊椎动物5纲20目46科115种，其中鱼纲4目10科36种；两栖纲1目4科6种；爬行纲2目7科11种；鸟纲9目19科55种，其中水鸟5目6科18种，其他湿地鸟类4目13科37种；哺乳纲4目4科7种。

国家Ⅱ级保护动物8种。

于2009年批准为国家湿地公园，湿地管理机构为襄樊谷城汉江国家湿地公园管理局，主管部门为湖北省林业厅，经营主管机构为谷城汉江国家湿地公园管委会。

主要受到污染、水利工程和引排水威胁，湿地受威胁状况等级评价为安全。

60. 湖北京山惠亭湖国家湿地公园重点调查湿地

京山惠亭湖国家湿地公园重点调查湿地范围面积4032公顷，湿地面积2124.28公顷，主要湿地类型为河流湿地和人工湿地。位于京山县惠亭水库。

湿地高等植物13科19属32种。

湿地植被划分为1个植被型组，2个植被型，5个群系。

脊椎动物5纲21目44科112种，其中鱼纲5目9科38种；两栖纲1目4科7种；爬行纲2目7科11种；鸟纲9目20科49种，其中水鸟8目8科19种，其他湿地鸟类1目12科30种；哺乳纲4目4科7种。

国家Ⅱ级保护动物5种。

于2011年批准为国家湿地公园，湿地主管机构为京山惠亭湖国家湿地公园管理处。

湿地受威胁状况等级评价为安全。

61. 湖北黄冈遗爱湖国家湿地公园重点调查湿地

黄冈遗爱湖国家湿地公园重点调查湿地范围面积462.73公顷，湿地面积345.8公顷，主要湿地类型为湖泊湿地(湖泊为淡水湖)和人工湿地。位于湖北省黄冈市黄州区。

湿地高等植物9科12属12种。

湿地植被划分为1个植被型组，2个植被型，6个群系。

脊椎动物5纲25目49科121种，其中鱼纲7目13科39种；两栖纲2目5科8种；爬行纲2目6科15种；鸟纲10目21科54种，其中水鸟7目8科24种，其他湿地鸟类3目13科30种；

哺乳纲 4 目 4 科 5 种。

国家Ⅱ级保护动物 6 种。

于 2010 年批准为国家湿地公园，湿地公园管理机构为黄冈遗爱湖国家湿地公园管理处，主管部门为黄冈市林业局。

主要受到污染、水利工程和引排水的负面影响和外来物种入侵威胁，其综合受威胁状况等级评价为轻度威胁。

62. 湖北钟祥市莫愁湖国家湿地公园重点调查湿地

钟祥市莫愁湖国家湿地公园重点调查湿地范围面积 6187.85 公顷，湿地面积 2951.78 公顷，主要湿地类型为河流湿地和人工湿地。位于钟祥市城区东北郊。

湿地高等植物 20 科 30 属 41 种。

湿地植被划分为 2 个植被型组，4 个植被型，6 个群系。

脊椎动物 130 种，隶属 5 纲 21 目 47 科，其中鱼纲 5 目 10 科 43 种；两栖纲 1 目 4 科 7 种；爬行纲 2 目 7 科 10 种；鸟纲 9 目 22 科 65 种，其中水鸟 7 目 7 科 26 种，其他湿地鸟类 2 目 15 科 39 种；哺乳纲 4 目 4 科 5 种。

国家Ⅱ级保护动物 6 种。

于 2011 年批准为国家湿地公园，湿地公园管理机构为钟祥市莫愁湖国家湿地公园管理处，主管部门为林业部门。

主要受到基建和城市化、围垦、泥沙淤积威胁，其综合受威胁状况等级评价为轻度威胁。

63. 湖北浮桥河国家湿地公园重点调查湿地

浮桥河国家湿地公园重点调查湿地范围面积 7722.6 公顷，湿地面积 2607.55 公顷，主要湿地类型为河流湿地和人工湿地。位于湖北省麻城市中驿镇境内。

湿地高等植物 15 科 25 属 38 种。

湿地植被划分为 1 个植被型组，2 个植被型，5 个群系。

脊椎动物 111 种，隶属 5 纲 23 目 47 科，其中鱼纲 5 目 10 科 27 种；两栖纲 2 目 5 科 7 种；爬行纲 2 目 6 科 14 种；鸟纲 10 目 22 科 58 种，其中水鸟 7 目 9 科 27 种，其他湿地鸟类 3 目 13 科 31 种；哺乳纲 4 目 4 科 5 种。

国家Ⅱ级保护动物 4 种。

于 2010 年批准为国家湿地公园，湿地主管部门为麻城市林业局，管理机构为浮桥河国家湿地公园管理处。

主要受到泥沙淤积威胁，其综合受威胁状况等级评价为安全。

64. 湖北宜都天龙湾国家湿地公园重点调查湿地

宜都天龙湾国家湿地公园重点调查湿地范围面积 1482.39 公顷，湿地面积 1239.5 公顷，主要湿地类型为湖泊湿地（湖泊为淡水湖）和人工湿地。位于湖北省宜都市境内。

湿地高等植物 7 科 9 属 9 种。

湿地植被划分为2个植被型组，2个植被型，3个群系。

脊椎动物4纲17目41科93种，其中两栖纲1目4科6种；爬行纲2目8科15种；鸟纲10目22科60种，其中水鸟8目9科24种，其他湿地鸟类2目13科36种；哺乳纲4目7科12种。

国家Ⅱ级保护动物10种。

于2011年批准为国家湿地公园，湿地公园主管部门为宜都市人民政府，管理机构为宜都天龙湾湿地公园管理处。

主要受到基建和城市化、泥沙淤积、污染、水利工程和引排水威胁，其综合受威胁状况等级评价为轻度威胁。

65. 湖北大冶市保安湖湿地公园重点调查湿地

大冶市保安湖湿地公园重点调查湿地范围面积4687.72公顷，湿地面积4354.52公顷，主要湿地类型为河流湿地和人工湿地。位于鄂州市和大冶市。

湿地高等植物6科10属13种。

湿地植被划分为1个植被型组，2个植被型，5个群系。

脊椎动物140种，隶属5纲22目48科，其中鱼纲6目11科44种；两栖纲1目4科7种；爬行纲2目6科10种；鸟纲9目23科73种，其中水鸟7目9科33种，其他湿地鸟类2目14科40种；哺乳纲4目4科6种。

国家Ⅱ级保护动物9种。

于2011年批准为国家湿地公园，湿地主管部门为大冶市林业局，管理机构为大冶市保安湖湿地管理办公室。

主要受到围垦、泥沙淤积、污染、过度捕捞和采集威胁，其综合受威胁状况等级评价为轻度威胁。

66. 湖北洋澜湖省级湿地公园重点调查湿地

洋澜湖省级湿地公园重点调查湿地范围面积420.93公顷，湿地面积300公顷，主要湿地类型为湖泊湿地(湖泊为淡水湖)。中心地理坐标为东经114°53′14.73″，北纬30°23′17.848″。位于鄂州市鄂城区东南边

湿地高等植物2科3属4种。

脊椎动物85种，隶属5纲21目41科，其中鱼纲5目11科31种；两栖纲1目2科4种；爬行纲2目5科7种；鸟纲9目18科38种，其中水鸟7目8科16种，其他湿地鸟类2目10科22种；哺乳纲4目5科5种。

国家Ⅱ级保护动物2种。

于2006年批准为省级湿地公园，湿地主管部门为鄂州市林业局，经营管理机构为鄂州市园林局。

湿地受威胁状况等级评价为安全。

67. 湖北杜公湖省级湿地公园重点调查湿地

杜公湖省级湿地公园重点调查湿地范围面积 750. 14 公顷，湿地面积 297. 81 公顷，主要湿地类型为湖泊湿地（湖泊为淡水湖）和人工湿地。地理坐标为东经 114°08′45. 578″，北纬 30°42′42. 207″。位于武汉市东西湖区柏泉农场。

湿地高等植物 9 科 13 属 15 种。

湿地植被划分为 1 个植被型组，2 个植被型，4 个群系。

脊椎动物 5 纲 21 目 48 科 120 种，其中鱼纲 5 目 12 科 32 种；两栖纲 1 目 2 科 4 种；爬行纲 2 目 5 科 7 种；鸟纲 9 目 24 科 72 种，其中水鸟 8 目 12 科 38 种，其他湿地鸟类 1 目 12 科 34 种；哺乳纲 4 目 5 科 5 种。

国家Ⅱ级保护动物 12 种。

于 2007 年批准为省级湿地公园，湿地主管部门为东西湖区柏泉办事处，经营主管机构为东西湖区柏泉办事处经济发展办公室。

湿地受威胁状况等级评价为安全。

68. 湖北沙湖省级湿地公园重点调查湿地

沙湖省级湿地公园重点调查湿地面积 3915. 40 公顷，主要湿地类型为湖泊湿地、人工湿地和沼泽湿地。位于仙桃市城区东南部沙湖镇境内。

湿地高等植物 14 科 25 属 37 种。

湿地植被划分为 1 个植被型组，2 个植被型，7 个群系。

脊椎动物 5 纲 24 目 49 科 135 种，其中鱼纲 6 目 13 科 44 种；两栖纲 1 目 3 科 6 种；爬行纲 2 目 6 科 11 种；鸟纲 11 目 22 科 67 种，其中水鸟 9 目 14 科 58 种，其他湿地鸟类 2 目 8 科 9 种；哺乳纲 4 目 5 科 7 种。

国家重点保护野生动物 14 种，其中国家Ⅰ级保护动物 1 种，国家Ⅱ级保护动物 13 种。

于 2007 年批准为国家湿地公园，湿地主管部门为仙桃市林业局，经营管理机构为仙桃市沙湖芦苇场。

湿地受威胁状况等级评价为安全。

69. 湖北后官湖省级湿地公园湿地公园重点调查湿地

后官湖省级湿地公园重点调查湿地范围面积 3828. 3 公顷，湿地面积 1655. 66 公顷，主要湿地类型为湖泊湿地（湖泊为淡水湖）和人工湿地。位于湖北省武汉市蔡甸区境内、武汉市三环线与绕城公路之间。

湿地高等植物 8 科 10 属 14 种。

湿地植被划分为 1 个植被型组，1 个植被型，4 个群系。

脊椎动物 5 纲 24 目 52 科 147 种，其中鱼纲 6 目 13 科 44 种；两栖纲 1 目 3 科 7 种；爬行纲 2 目 5 科 8 种；鸟纲 11 目 26 科 81 种，其中水鸟 8 目 12 科 48 种，其他湿地鸟类 3 目 14 科 33 种；哺乳纲 4 目 5 科 7 种。

国家Ⅱ级保护动物11种。

于2010年批准为国家湿地公园，湿地经营管理机构为武汉蔡甸现代农业投资有限公司。未成立专门的管理机构。

主要受到围垦、基建和城市建设、过度捕捞和采集、污染威胁，湿地受威胁状况等级评价为安全。

70. 湖北藏龙岛省级湿地公园重点调查湿地

藏龙岛省级湿地公园重点调查湿地范围面积398.88公顷，湿地面积91公顷，主要湿地类型为湖泊湿地(湖泊为淡水湖)。位于武汉市江夏经济开发区藏龙岛科技园。

湿地高等植物9科9属10种。

湿地植被划分为2个植被型组，3个植被型，4个群系。

脊椎动物75种，隶属5纲18目39科，其中鱼纲4目8科27种；两栖纲1目4科6种；爬行纲1目3科4种；鸟纲9目21科35种，其中水鸟7目9科12种，其他湿地鸟类2目12科23种；哺乳纲3目3科3种。

国家Ⅱ级保护动物4种。

于2009年批准为省级湿地公园，湿地主管部门为江夏经济开发区藏龙岛管委会，经营管理机构为江夏经济开发区藏龙岛办事处。

湿地受威胁状况等级评价为安全。

71. 湖北崔家营省级湿地公园重点调查湿地

崔家营省级湿地公园重点调查湿地范围面积2691.78公顷，湿地面积2182.1公顷，主要湿地类型为河流湿地。位于湖北省襄阳市城区下游。

湿地高等植物17科31属40种。

湿地植被划分为2个植被型组，3个植被型，5个群系。

脊椎动物5纲25目52科143种，其中鱼纲7目14科56种；两栖纲1目3科5种；爬行纲2目7科10种；鸟纲12目25科69种，其中水鸟8目10科38种，其他湿地鸟类4目15科31种；哺乳纲3目3科3种。

国家Ⅱ级保护动物6种。

于2011年批准为省级湿地公园，湿地主管部门为湖北省交通厅，经营管理机构为崔家营航电枢纽管理处。

主要受到基建和城市建设、泥沙淤积、外来种入侵威胁，其综合受威胁状况等级评价为轻度威胁。

72. 湖北武山湖省级湿地公园重点调查湿地

武山湖省级湿地公园重点调查湿地范围面积2090公顷，湿地面积1972公顷，主要湿地类型为湖泊湿地(湖泊为淡水湖)。中心地理坐标为东经115°35′14″，北纬29°54′44″；位于武穴市北郊。

湿地高等植物2门6科8属8种。

湿地植被可划分为3个植被型组，4个植被型，4个群系。

脊椎动物5纲25目48科119种，其中鱼纲7目14科41种；两栖纲2目5科7种；爬行纲2目6科13种；鸟纲10目18科52种，其中水鸟7目8科27种，其他湿地鸟类3目10科25种；哺乳纲4目5科6种。

国家Ⅱ级保护动物6种，其中国家Ⅱ级保护鸟类2种。

于2010年成立武山湖省级湿地公园，2011年晋升为国家湿地公园，湿地主管部门为武穴市林业局。

武山湖湿地主要威胁因子为基建和城市化、围垦、泥沙淤积、污染、过度捕捞和采集、非法狩猎、水利工程和引排水的负面影响、外来物种入侵和森林过度采伐。湿地受威胁状况等级评价为轻度。

73. 湖北斧头湖重点调查湿地

斧头湖重点调查湿地范围面积15092公顷，湿地面积为14663公顷，主要湿地类型为湖泊湿地(湖泊为淡水湖)、沼泽湿地和人工湿地。地理坐标为东经114°09′～114°20′，北纬29°55′～30°07′；位于咸安区、嘉鱼县和江夏区3县(区)境内。

湿地高等植物2门44科86属109种。国家Ⅱ级保护植物2种。

湿地植被可划分为3个植被型组，5个植被型，17个群系。

湿地脊椎动物5纲28目59科160种，其中鱼纲9目14科62种；两栖纲1目4科9种；爬行纲2目6科10种；鸟纲12目28科67种；哺乳纲4目7科12种。

国家Ⅱ级保护动物10种，其中国家Ⅱ级保护鸟类4种。

现在由湖北省斧头湖管理局对斧头湖的工农业开发、渔业养殖、生态旅游和环境保护等活动进行统一监管。目前，斧头湖管理局在斧头湖进行生态环境整治，并推行生态养殖，经过多年的努力，取得了积极进展。

斧头湖湿地主要受到以下四个方面的威胁：一是无序过度开发；二是水位标准过低；三是水体交换困难；四是污染严重。斧头湖湿地综合受威胁状况等级评价为轻度威胁。

74. 湖北长江干流(葛洲坝以下)重点调查湿地

长江干流(葛洲坝以下)重点调查湿地范围面积145139公顷，湿地面积144052公顷，主要湿地类型为河流湿地、沼泽湿地和人工湿地。位于葛洲坝以下到黄梅县与安徽交界处的长江干流区，共流经7个地区35个县(市、区)。

湿地高等植物2门17科28属34种。

湿地植被可划分为2个植被型组，3个植被型，9个群系。

脊椎动物5纲36目79科252种，其中鱼纲12目25科116种；两栖纲2目5科8种；爬行纲2目7科15种；鸟纲14目33科101种，其中水鸟8目9科35种，其他湿地鸟类6目24科66种；哺乳纲6目9科12种。

国家重点保护野生动物21种。其中，国家Ⅰ级保护动物6种，国家Ⅱ级保护动物15种。在国家重点保护野生动物中，湿地鸟类3种，其中国家Ⅰ级保护鸟类1种，国家Ⅱ级保护鸟类2种。

长江干流(葛洲坝以下)重点调查湿地主管部门为长江水利委员会，境内所辖县(市、区)水利部门负责区域内河道的保护和管理。部分县(市、区)通过建立自然保护区，对区域内珍稀濒危野生动物进行保护。

长江干流(葛洲坝以下)湿地主要威胁因子为污染、过度捕捞和采集、水利工程和引排水的负面影响。少数县(市)长江干流段还受沙化影响。总的来讲，长江干流湿地受威胁状况等级评价为轻度。

75. 湖北武汉城市湖泊群重点调查湿地

武汉城市湖泊群重点调查湿地面积12949公顷，主要湿地类型为湖泊湿地(湖泊为淡水湖)。武汉城市湖泊群集中分布于武汉市市区内及周边地区，范围广泛，数量众多。

湿地高等植物3门66科121属158种。

湿地植被可划分为2个植被型组，5个植被型，11个群系。

脊椎动物5纲31目67科229种，其中鱼纲9目15科74种；两栖纲1目4科15种；爬行纲2目6科15种；鸟纲14目35科111种；哺乳纲5目7科14种。

国家重点保护野生动物13种。其中，国家Ⅰ级保护动物3种，国家Ⅱ级保护动物10种。

武汉城市湖泊群湿地主管部门为武汉市各区级政府部门。

武汉市城市湖泊湿地群主要威胁如下：①过渡围湖造地导致湖泊数量和面积急剧减少；②湿地水体水质污染严重，水体富营养化趋势明显，水体质量下降；③湿地生态环境日趋恶化，生物多样性急剧下降；④湿地水土流失现象严重。造成上述状况的主要原因有：一是围湖造田的深远影响；二是过渡渔业影响；三是污染和富营养化影响；四是房地产业对湖州浅滩的开发影响。湿地受威胁状况等级评价为中度威胁。

76. 湖北水布垭库区重点调查湿地

水布垭库区重点调查湿地调查范围面积6793公顷，湿地面积为6672公顷，主要湿地类型为人工湿地。水布垭水库位于湖北省巴东县境内。

湿地高等植物1门4科10属10种。

湿地植被可划分为1个植被型组，2个植被型，4个群系。

脊椎动物5纲24目58科167种，其中鱼纲4目10科59种；两栖纲2目5科14种；爬行纲1目6科17种；鸟纲11目24科57种，其中水鸟8目9科16种，其他湿地鸟类3目15科41种；哺乳纲6目13科20种。

国家Ⅱ级保护动物12种，其中国家Ⅱ级保护鸟类4种。

水布垭库区湿地目前尚未成立保护区或湿地公园，水布垭库区湿地主管部门为海事局。

目前，水布垭库区湿地基本还未受到相关威胁因子的影响，湿地受威胁状况等级评价为轻度。

77. 湖北隔河岩库区重点调查湿地

隔河岩库区重点调查湿地范围面积7133公顷，湿地面积6882公顷。隔河岩水库位于湖北省长阳土家族自治县清江干流上。

湿地高等植物1门14科17属21种。

湿地植被可划分为1个植被型组，2个植被型，4个群系。

脊椎动物5纲26目60科160种，其中鱼纲5目12科61种；两栖纲1目4科13种；爬行纲2目8科18种；鸟纲12目23科48种，其中水鸟8目9科18种，其他湿地鸟类4目14科30种；哺乳纲6目13科20种。

国家Ⅱ级保护动物10种，其中国家Ⅱ级保护鸟类3种。

隔河岩库区湿地目前尚未成立保护区或湿地公园，主管部门为长阳土家族自治县人民政府。

目前，隔河岩库区基本未受到相关威胁因子的威胁，湿地受威胁状况等级评价为安全。

78. 湖北高坝洲库区重点调查湿地

高坝洲库区重点调查湿地范围面积2614公顷，湿地面积2395公顷，主要湿地类型为人工湿地。高坝洲库区位于湖北省宜都市和长阳县境内。

湿地高等植物2门9科11属11种。

脊椎动物5纲25目57科156种，其中鱼纲5目12科62种；两栖纲1目3科10种；爬行纲2目8科16种；鸟纲11目21科49种，其中水鸟8目9科24种，其他湿地鸟类3目12科25种；哺乳纲6目13科19种。

国家Ⅱ级保护动物11种，其中国家Ⅱ级保护鸟类3种。

于2005年建立市级湿地自然保护区，高坝洲库区湿地宜都市境内部分主管部门为宜都市人民政府，长阳县部分主管部门为长阳县人民政府。

高坝洲库区宜都部分湿地生态系统主要威胁因子为基建和城市化、泥沙淤积、污染、水利工程和引排水的负面影响、外来物种入侵。湿地受威胁状况等级评价为轻度。

79. 湖北汉江干流(丹江口至钟祥皇庄段)重点调查湿地

汉江干流(丹江口至钟祥皇庄段)重点调查湿地面积315900公顷，主要湿地类型为河流湿地、沼泽湿地、人工湿地。位于丹江口市、宜城市、老河口市、谷城县、襄城区、襄州区、钟祥市7个县(市、区)境内。

湿地高等植物2门22科36属48种。

湿地植被可划分为2个植被型组，3个植被型，5个群系。

脊椎动物5纲27目57科191种，其中鱼纲7目14科72种；两栖纲1目4科6种；爬行纲2目8科14种；鸟纲13目27科91种，其中水鸟8目10科47种，其他湿地鸟类5目17科44种；哺乳纲4目4科8种。

国家Ⅱ级保护动物10种，其中国家Ⅱ级保护鸟类2种。

汉江干流(丹江口至钟祥皇庄段)湿地尚未成立自然保护区和湿地公园，主管部门为长江水利委员会，境内所辖县(市、区)水利部门负责区域内河道的保护和管理。

汉江干流(丹江口至钟祥皇庄段)湿地主要威胁因子为工农业污染、围垦、泥沙淤积、过度捕捞和采集、水利水电工程和引排水的负面影响。总的来讲，境内湿地受威胁状况等级评价为轻度。

80. 湖北汉江干流(钟祥皇庄以下段)重点调查湿地

汉江干流(钟祥皇庄以下段)重点调查湿地范围面积27120公顷，湿地面积达23559公顷，主要湿地类型为湖泊湿地(湖泊为淡水湖)、沼泽湿地、河流湿地和人工湿地。位于钟祥市、沙洋县、天门市、潜江市、仙桃市、汉川市、江汉区、东西湖区、硚口区、蔡甸区、汉阳区11个县(市、区)境内。

湿地高等植物2门13科27属33种。

湿地植被可划分为2个植被型组，3个植被型，5个群系。

脊椎动物5纲27目60科180种，其中鱼纲7目14科60种；两栖纲1目4科8种；爬行纲2目8科13种；鸟纲13目29科91种，其中水鸟8目13科53种，其他湿地鸟类5目17科38种；哺乳纲4目5科8种。

国家重点保护野生动物10种。其中，国家Ⅰ级保护动物1种，国家Ⅱ级保护动物9种。在国家重点保护野生动物中，国家Ⅱ级保护鸟类2种。

汉江干流(钟祥皇庄以下段)湿地尚未成立自然保护区和湿地公园，主管部门长江水利委员会，境内所辖县(市、区)水利部门负责区域内河道的保护和管理。

汉江干流(钟祥皇庄以下段)湿地主要威胁因子为污染、过度捕捞和采集、水利工程和引排水的负面影响。总的来讲，湿地受威胁状况等级评价为轻度。

81. 湖北三峡库区重点调查湿地

湖北三峡库区重点调查湿地面积为16222公顷，主要湿地类型为人工湿地。位于夷陵区、秭归县、兴山县和巴东县4个县(区)境内。

湿地高等植物2门7科15属17种。

湿地植被可划分为1个植被型组，1个植被型，3个群系。

脊椎动物5纲32目76科282种，其中鱼纲8目19科114种；两栖纲2目8科26种；爬行纲2目8科26种；鸟纲14目29科91种，其中水鸟8目9科29种，其他湿地鸟类6目20科62种；哺乳纲6目12科25种。

国家重点保护野生动物20种。其中，国家Ⅰ级保护动物2种，国家Ⅱ级保护动物18种。在国家重点保护野生动物中，国家Ⅱ级保护鸟类3种。

湖北三峡库区湿地尚未成立自然保护区或湿地公园，主要管理部门为湖北三峡库区湿地保护管理局。

由于三峡库区重要的政治意义，受到国家、省、市各级政府的高度重视，目前，库区湿地基本上未受到相关威胁因子的威胁，湿地受威胁状况等级评价为安全。

82. 湖北葛洲坝库区重点调查湿地

葛洲坝库区重点调查湿地面积2788公顷，主要湿地类型为人工湿地。位于点军区、西陵区、夷陵区3个区境内。

湿地高等植物2门5科11属11种。

湿地植被可划分为1个植被型组，1个植被型，2个群系。

脊椎动物5纲27目62科212种，其中鱼纲8目15科96种；两栖纲1目5科12种；爬行纲2目8科25种；鸟纲10目23科60种，其中水鸟8目9科22种，其他湿地鸟类2目14科38种；哺乳纲6目11科19种。

国家Ⅱ级保护动物10种，其中国家Ⅱ级保护鸟类3种。

葛洲坝库区湿地尚未成立自然保护区或湿地公园，主要管理部门为湖北三峡库区湿地保护管理局。

库区湿地基本上未受到相关威胁因子的威胁，湿地受威胁状况等级评价为安全。

参考文献

[1]曹文宣. 我国的淡水鱼类资源[M]. 北京：科学出版社，1992.
[2]陈服官等. 中国动物志·鸟纲，第9卷，雀形目(太平鸟科—岩鹨科)[M]. 北京：科学出版社，1998.
[3]但新球，吴后建. 湿地公园建设理论与实践[M]. 北京：中国林业出版社，2009.
[4]雷富民，卢汰春. 中国鸟类特有种[M]. 北京：科学出版社，2006.
[5]李振宇，解焱. 中国外来入侵种[M]. 北京：中国林业出版社，2002.
[6]任瑞丽，刘茂松，章杰明，等. 过水性湖泊自净能力的动态变化[J]. 生态学杂志，2007，26(8)：1222~1227.
[7]庹德政，刘胜祥. 湖北湿地[M]. 武汉：湖北科学技术出版社，2006.
[8]王应祥. 中国哺乳动物种和亚种分类名录与分布大全[M]. 北京：中国林业出版社，2003.
[9]吴征镒等. 中国植被[M]. 北京：科学出版社，1995.
[10]吴征镒. 世界种子植物科的分布区类型系统[J]. 云南植物研究，2003，25(3)：245~257.
[11]吴征镒.《世界种子植物科的分布区类型系统》的修订[J]. 2003，25(5)：535~539.
[12]吴征镒，王荷生. 中国自然地理——植物地理(上册)[M]. 北京：科学出版社，1983.
[13]张词祖，庞秉璋. 中国的鸟[M]. 北京：中国林业出版社，1997.
[14]张荣祖. 中国动物地理区划[M]. 北京：科学出版社，1999.
[15]郑光美. 中国鸟类分类与分布名录[M]. 北京：科学出版社，2005.
[16]中国科学院武汉植物研究所. 湖北植物志[M]. 武汉：湖北科学技术出版社，2002.
[17]中国湿地植被编辑委员会. 中国湿地植被[M]. 北京：科学出版社，1999.
[18]中国野生动物保护协会. 中国鸟类图鉴[M]. 郑州：河南科学技术出版社，1995.
[19]朱松泉. 中国淡水鱼类检索[M]. 南京：江苏科学技术出版社，1995.
[20]朱曦，邹小平. 中国鹭类[M]. 北京：中国林业出版社，2001.
[21]John Mackinon，Karen Phillipps，何芬奇. 中国鸟类野外手册[M]. 长沙：湖南教育出版社，2000.

附　件

湖北省湿地资源调查参加人员(1013 人)

湖北省林业调查规划院(34 人)

周胜利　高友珍　韩朝新　胡必平　王春俊　吴盛德　谈建文　黄光体　冯顺柏
徐　立　潘自辉　李　晶　黄克文　杨　安　刘俊明　白栩翔　罗登书　胡　静
冯根宝　付世福　钱　一　黄绍君　陈　玮　刘春江　王家华　徐鹏飞　宋　艳
胡　超　邓全利　秦国金　朱开宪　熊励励　李　俊　孙湘菲

湖北省野生动植物保护总站(40 人)

李中强　孔令阳　刘胜祥　方　超　胡明玉　沈　芬　高艳娇　焦致娴　汪海妮
雷　波　陈　佳　张　前　杨其仁　张　垚　李妮娅　王　敏　杨　丽　张俊华
刘文治　肖　葳　史玉虎　庞宏东　郑兰英　蔡　晟　吉　运　吴　翠　厉恩华
蔡晓斌　姜刘志　赵素婷　蒲云海　郝　涛　曹国斌　梅　浩　肖　利　钱维荣
王荣军　刘　瑛　肖　宇　陈　芬

武汉市(99 人)

彭　扬　徐用文　汤吉超　丁汉华　杜元胜　陈　敏　王小红　田国庆　汪社高
孙巧峰　左晓华　陈　林　叶　剑　高立刚　汪志文　李　玲　李　元　王金华
叶　维　郭继顺　黄建军　姜新记　李启文　高传民　朱　畅　王　凯　李绪林
王佑华　陈　君　余向阳　章　伟　陈云国　冯　江　刘继勇　徐　凡　王　科
刘中义　雷以国　李燕玲　谌志芳　胡　芳　张方奇　李伯黎　杜家斌　徐　壮
易诗平　刘传志　张　群　杨国清　操朝阳　郑昌友　程开文　后兴国　左宗勤
张　华　柳　军　何娇菊　黄绪友　杨长江　彭　斌　张　斌　夏红卫　蔡明松
熊学明　吴正千　张云翔　徐建忠　王荣盛　熊本胜　后兴国　饶先均　万雷明
曾　冲　李光珍　金　龙　胡晓玲　夏　婷　万　俊　宋海林　施建国　周耀生
胡长发　罗惠菊　苏　英　张福安　程少先　王国和　王　永　何界英　徐胜红
胡　俊　栾院平　肖长玉　徐祖国　张祥文　周桂珍　秦　露　胡　铭　胡少红

荆门市(49 人)

王　平　刘慧娟　王学银　王匡明　孙权山　刘　燕　曹新琳　姚明海　舒珍明
董少武　何永红　姚跃玲　范时林　祝晓东　祝弼富　杨　帆　陈　杰　张友林
祝　叶　王翠萍　吉　娟　周　军　王鹏程　刘于钦　杨艳敏　张小艳　何建军
龚远满　刘　怡　方　琦　李学峰　范　军　胡志安　温广银　杨　君　张　明
肖红萍　肖　兵　唐亦农　吴凤璨　王　盼　万　佳　邱映天　杨道平　彭雪莲
胡雯泳　周刘灿　熊永华　田　源

咸宁市（67 人）

熊启松 廖卫军 陈定雷 吴高潮 宋登发 陈书林 桂瑞仁 杨 平 毛礼文
张大华 徐志星 王 洪 况秋平 李云钊 毛崇军 黄定如 潘名胜 陈文武
周大汉 周细萍 杨江红 伍兰芳 宋东波 蔡贤壁 魏水华 李南河 毛庆山
丁 益 丁三清 洪 波 王双胜 肖 鹏 郑 智 蒋 维 黄仁波 庞超英
郑和平 汪文华 陈四平 王世雄 钟修文 龚顺宝 魏维良 程继明 胡清龙
饶俊良 魏维斌 胡和龙 庞 鹏 王树雄 庞 军 饶浩珍 张 明 钟修文
毛圣明 汪 勇 王建敏 尹彬生 江青火 金新家 樊新华 杜安平 江培香
张方涛 孙 兵

宜昌市（194 人）

张成刚 陈 华 刘文刚 尹红星 李自勤 朱德宏 李 新 杨 凤 张田国
尹红新 严文雨 李祥春 王春波 曾令红 陈志军 常 震 陈少军 谭思宽
郑升烈 刘 青 周建军 邹正华 申应蓉 黄传喜 白家法 徐绍东 陈 章
姚 清 刘全芳 李春霖 刘统元 肖正林 曾庆泉 刘长龙 田光全 陈支雄
田开清 张启东 田 毕 杨智深 黄 明 易行波 姚东艳 覃 勇 刘春玉
肖云峰 汪红卫 刘宗钊 陆万明 汪 夔 吴兴昌 钟品海 潘家轩 杨祖培
彭育红 付晓静 陈 军 徐 涛 汪 耿 姜 焱 向祖德 王黎明 王 生
汪东伟 姜 琦 张 芳 李发忠 梅 春 屈建忠 马尚周 韩永世 王 安
秦 玲 姜 林 屈定斌 万义华 王 印 黄 艳 周子龙 梅建新 宋学沽
史永鑫 彭 新 周高峪 汪贵兴 王 军 秦学勇 秦 英 王迎春 刘 雄
梅 峰 黄卫民 赵昌泽 黄东明 吕云波 刘宏星 刘金华 钟家军 沈 明
郝明亮 彭泽洪 卢洪波 张兴林 万忠银 朱国华 王清红 万能季 向兴俊
黄 会 吴胜前 胡学义 胡志虎 舒化伟 董庭祥 王继新 阎 亮 路玉钦
余孝银 孙国芳 周发玲 赵冬容 付世华 陈 武 张建华 唐桂林 张力泉
占全胜 冯 勇 林文益 付 兵 曹光明 卢桂平 邵 华 魏国兴 肖本海
卢必胜 张春秀 卢良成 季 云 马协春 刘思春 包 羿 郑方林 邹金科
蔡永芬 郑吉华 蒋家柱 杨树人 汤 东 李晓银 索建中 姜雪丽 谢延平
万晓艳 李先艳 江广华 覃少吾 李 波 祝友春 冉昌太 黄 鑫 肖春芳
闵治政 谭雨亭 赵爱民 邵贤甫 鲍同任 裴启元 胡孙杰 廖忠华 陈金良
左 杰 邓 昊 邓长胜 郑志章 向明喜 陈建英 许海波 杜建峰 王业清
朱晓琴 龚仁琥 向明贵 杨继红 徐胜东 韩庆瑜 李道新 王功芳 朱作全
郭义东 刘益平 高新章 黄利民 邓明友

孝感市（57 人）

陈乾堂 陈小芳 许炳峰 胡建华 王志勇 陈 龙 张水清 代耀荣 魏三庭
丁华俊 丁荣华 陈红霞 丁水生 陈军祥 华新华 徐革清 李民伟 罗浩云
汤义明 祝智鹏 谢庶麟 褚正明 罗兴国 吴 春 汤玉泉 鲁雄利 曹铁松
李华礼 胡 勇 张 飞 胡志刚 高小平 林学炎 杨 华 陈艳林 陈永新

王　军　廖和发　冷劲武　张文祥　涂少怀　刘功波　吴　展　王　慧　胡兴安
李安平　谭　慧　樊永胜　肖　舷　罗义金　潘小平　殷光付　黄大勇　许保东
杨乐平　杨国才　何金恩

荆州市(69 人)

毛新宇　赵文年　陈长青　周　冰　秦　义　雷健锋　谭振林　刘　刚　常自松
朱典武　喻德昌　张云贵　夏循海　陈定军　喻云睿　黄忠祥　李佳幸　邹先维
程为祖　张　旭　朱运清　邹享平　吴高荣　杨新中　陈　军　胡爱民　沙　轼
李兴猛　来生艳　王　超　陈　红　秦前联　黄世金　黄建国　方　彬　王　磊
朱海琴　刘英彪　徐炎宏　晏儒洲　李　鹏　黄祥凯　温　峰　颜昌龙　付光华
乔茂禄　卢　山　李乐山　乔茂喜　吴　建　乔茂盛　杨　涛　汪君芳　郑银山
曾红城　刘春方　雷祥高　代炳贵　杜耀平　肖惠富　卢木祥　肖铁诗　马　骏
陈　勇　李　斌　肖国红　洪海彦　谭诗顺　杨唐金

襄阳市(95 人)

周建元　谢　琪　李红海　周凤英　檀正刚　罗敏华　邹　涛　曾　莉　朱风轩
习心亮　相觅贤　刘　强　张鸿明　梁在成　赵世海　张香顶　胡广超　邹政敏
杨和福　郑德林　姜正武　石深杰　章启强　王惠林　宋培霖　梁尊友　魏绵双
刘　彬　罗永安　刘国斌　何青林　王　旭　谢庆丰　刘国斌　吕光林　杨桂芬
曹　雨　孙　勇　刘兴虎　郭　婷　胡家文　刘　仕　有楚军　张　喆　王　辉
杨元福　卢发刚　田　力　杨公举　贾永慧　卢　飞　陈雪扬　宋光继　陈　君
孙书珍　雷清功　周　欣　梁万成　张玉清　魏　来　周传正　罗启敏　赵开德
严小飞　杨建国　柳齐相　郭明强　邓正群　汤怀升　郭　娟　黄海砚　李自刚
李德超　赵传波　王传吉　陈　杰　郭明安　童光正　张小勇　赵传涛　黄晓晨
冯顺国　高茂林　万光平　陈洁辉　熊文化　王　波　丁国良　王建峰　付德江
李　燕　杜海斌　黄华俊　周安林　尹先涛

恩施州(100 人)

李春茂　刘　强　谭　皓　唐明榜　宋殿钦　陈学艺　冉启陆　杨胜富　向泽超
唐永洲　冯炳刚　田昌顺　汪　刚　冉启念　石余平　向永旭　董元伦　周相众
夏　敏　张　海　谭明凤　田宗伟　宋秀云　宋发义　曾凡忠　余志成　刘发松
熊龙享　高和成　符国汉　陈端华　罗家琼　卓仁发　李明恩　田远达　谢迭飞
张茂友　刘诗学　谭代恩　兰江涛　卢荣华　黄启松　熊泽友　庞业长　艾方义
李晶深　张　奎　姚茂汉　李清江　冯本阁　张国庆　张圣平　杨南山　唐章国
郑兴华　陈起鹤　胡　胜　李家辉　胡志军　石　磊　舒正刚　谭志忠　郭　勇
曾昭敏　贺　敏　黄毕华　谭远山　余昔涛　黄长艳　付龙清　刘乾峰　万贵毓
罗泽华　贾德军　李玉程　杨天杰　谈孝国　何传统　黄　华　唐自登　朱月彪
魏一林　侯　伟　黄庭文　李尚勇　王顺安　何元佳　刘宇箭　张光陆　覃发高
宋兴平　姚建军　张礼万　马　超　熊　敏　刘本洲　杜齐海　谭启超　肖功华
黄　祥

黄冈市（69 人）

余水兵 郝建明 冯展祥 罗国芳 傅瑜东 罗建武 陈水林 程德峰 秦建明
江仁意 戴胜利 周晚生 何少华 吴贵台 陈治理 罗敬华 肖军利 唐明孝
董守波 李 恒 周平原 贺 勇 黄世才 韩德炎 张学军 石河波 秦钜浩
吴红星 余 警 乐治先 薛 志 汤汉军 甄爱国 汤均友 段学权 叶盛伟
叶佑华 张长顺 周小芳 郝 超 李 强 赵焕羽 宋典良 王海军 袁承志
吴兰勤 潘昶宇 马超雄 李和新 梅爱先 吴利平 胡华国 费国旺 汪炼峰
黎志彬 徐维中 乐正雄 石小毛 潘胜东 黄红慧 王健雄 赵继良 杨勤跃
董明君 余 勇 吴泉江 吴雄平 徐维忠 潘胜东

黄石市（27 人）

严定方 游炎明 张 克 艾水林 柯应军 安建新 刘道锦 袁知雄 柯文光
肖文化 石教余 陈海东 陈敦林 柯贤剑 柯于恒 邓乾伍 阮思谦 汪先振
廖 格 刘道锦 安建新 詹群策 柯常柏 郑和松 柯 华 蔡华锐 石 凯

十堰市（51 人）

方 群 杨 文 范 奇 张明双 王定聊 万远雄 王 青 陈 飞 石从朝
陈明慧 程海林 杨国英 何建平 刘 涛 叶章均 胡全福 王 均 陈家良
吴有彦 李 军 何 雨 黄承浦 易光华 夏晓楠 张庆涛 秦本均 时富彬
杨长均 陈永国 吴运兵 尚守强 朱辉兵 张泽文 许 勇 徐远启 石崇国
沈玉明 赵宝全 周宗敏 赦清敏 赵 体 卜文有 王 贵 陶香华 梁文新
付子明 胡忠仁 王志强

神农架林区（12 人）

许家政 程品权 向 剑 陈晓光 李培明 黎宏林 叶春华 杜 华 王 涛
张志麒 姜从义 田 琼

随州市（28 人）

黄和平 普 超 王玉春 殷 敏 胡 祺 聂晓明 余亮生 陈晓华 沈新林
吴怀谷 吴坤明 李 晖 朱 奎 徐清平 李本涛 杨小志 舒 文 胡宗敖
罗华宗 柳富奎 周先春 沈 斌 郭 建 刘海霞 苏 杰 姜德鸿 祁守信
晏雪峰

鄂州市（12 人）

廖贵斌 黄法利 万 曦 王克林 王向东 周 昊 盖新强 熊艳林 刘 虎
邱崇华 刘润华 邓新安

仙桃市（5 人）

李建红 张国雄 胡中坦 孙培亮 付云坤

潜江市（2 人）

陈绪忠 马成文

天门市（3 人）

刘宝平 沈志宏 胡 莎

后　记

湿地被誉为"生命的摇篮"。素有"千湖之省"美誉的湖北省，湖泊众多，江河交汇，水网密布，是独具魅力的湿地大省。"天门中断楚江开，碧水东流至此回"，唐代诗人李白曾歌咏楚江的辽阔；"极目疑无岸，扁舟去渺然"，清朝诗人洪良品曾吟唱洪湖的浩渺。千百年来，江河湖泊滋养了独具魅力的荆楚文化，湖北人民世世代代与湿地生生相息。湖北悠久的历史，就是人与湿地共存共荣的历史。

近年来，在国家林业局的大力支持和湖北省委省政府的正确领导下，湖北湿地保护管理成效显著，受保护面积逐步增加，湿地保护率逐年提高，已基本形成涵盖不同层次的湿地保护网络和体系。洪湖湿地已被列入国际重要湿地名录，梁子湖群湿地、石首天鹅洲长江故道区湿地、丹江口库区湿地、网湖湿地等4处湿地列入《中国湿地保护行动计划》中的"中国重要湿地名录"。在湖北，莲影摇曳、野鸭凫水、草长莺飞的湿地风景随处可见。娟秀迷人的东湖风景区、风景如画的清江画廊、高峡出平湖的三峡风光等闻名遐迩。

根据国家林业局的安排部署，2010年12月开始至2012年2月，湖北省开展了第二次湿地资源调查，查清了全省湿地资源家底及环境现状。全省湿地总面积为144.50万公顷，占全省国土面积1859万公顷的7.8%；湿地率位居全国第11位，中部第1位。

为充分展示全国第二次湿地资源调查成果，科学制定湿地保护管理政策，国家林业局决定组织开展《中国湿地资源》系列图书编辑出版工作。湖北省林业厅高度重视，成立了《中国湿地资源·湖北卷》编辑委员会和编写组，于2014年3月至2015年12月编写完成了《中国湿地资源·湖北卷》，历时21个月。全书分六章：第一章简要介绍湖北湿地资源的基本情况；第二章归纳总结湖北湿地类型与面积、湿地特点及分布规律；第三章研究分析湖北湿地动植物资源的特点、类型及分布；第四章全面评价湖北湿地资源利用和保护现状，并对湿地资源可持续利用的潜力和优势进行前景分析；第五章认真分析湖北湿地生态状况、受威胁状况及湿地资源变化原因；第六章对湖北湿地保护管理现状做出客观评价，并提出相关建议和措施。

《中国湿地资源·湖北卷》第一章由王春俊、胡静编写，第二章由胡静、王春俊、梅浩编写，第三章由胡静、郝涛、蒲云海、曹国斌编写，第四章由黄绍君、陈伟编写，第五章由黄绍君、陈波编写，第六章由黄绍君、王春俊、肖宇编写；潘自辉、徐立负责对湿地分布进行地图绘制；潘自辉还参与了附录3重点调查湿地部分内容的编写；全书由黄绍君统稿。

《中国湿地资源·湖北卷》是全面反映湖北省湿地资源概况的重要文献，也是今后加强湿地资源保护管理的重要依据。我们相信，《中国湿地资源·湖北卷》的正式编辑出版还将有利于普及湿地知识，宣传湿地与人类生产生活唇齿相依的关系，宣传湿地的重要价值，提高广大人民群众的湿地保护意识，有助于在全社会形成爱护湿地、爱护野生动植物、保护生态环境、崇尚生态文明的良好风尚，有益于弘扬湿地生态文化，建设生态文明。

湖北省林业厅湿地保护中心、湖北省林业调查规划院、湖北省野生动物保护总站组织并参与了《中国湿地资源 · 湖北卷》的编撰工作，相关专家教授对书稿进行了认真审阅，提出了宝贵意见，在此一并致谢。由于编者水平有限，疏漏之处在所难免，敬请批评指正。

《中国湿地资源 · 湖北卷》编写组

2015 年 12 月